南海深水测试关键技术

李 中 郭永宾 王尔钧 编著

石油工业出版社

内 容 提 要

本书以深水油气测试技术为研究对象，从深水油气测试技术难点、深水油气测试工艺、深水油气测试管柱、深水油气地面测试技术、测试资料录取与处理、深水油气测试设计、深水油气测试安全与应急程序及深水油气测试技术在南海西部的应用情况等几个方面进行了深入研究。

本书可供从事深水油气测试技术研究的科研人员参考，也可供从事深水油气测试作业的技术人员参考。

图书在版编目（CIP）数据

南海深水测试关键技术／李中等编著 . — 北京：
石油工业出版社，2019.12
ISBN 978-7-5183-3623-4

Ⅰ. ①南… Ⅱ. ①李… Ⅲ. ①南海-深海-油气测井
-研究 Ⅳ. ①F631.8

中国版本图书馆 CIP 数据核字（2019）第 212189 号

出版发行：石油工业出版社
　　　　　（北京安定门外安华里 2 区 1 号楼　　100011）
　　　　　网　　址：www. petropub. com
　　　　　编辑部：（010）64523537
　　　　　图书营销中心：（010）64523633
经　　销：全国新华书店
印　　刷：北京中石油彩色印刷有限责任公司

2019 年 12 月第 1 版　2019 年 12 月第 1 次印刷
787×1092 毫米　开本：1/16　印张：14.75
字数：370 千字

定价：58.00 元

序

当前在中国大力发展海洋经济，强化国家能源战略的大趋势下，中国海洋石油产业结构调整也发生了积极变化，海洋油气勘探开发进一步向远海深海拓展迈步，实现从水深300米到3000米的跨越。对于深海油气资源，需要采用科学的技术手段和方法，安全高效地深挖海洋宝藏。

《南海深水测试关键技术》以南海西部石油管理局多年以来的深水测试工程技术生产实践为基础，结合了深水测试工程相关领域的科研成果，凝聚了目前世界上最先进深水工具的应用经验及管理智慧，经各路专家的认真研究编撰而成。本丛书是国内深水测试领域首次系统地从深水测试的理论计算、作业设计到作业准备和现场施工，进行了技术指导式的全程讲解，具有丰富的理论基础和实际应用价值。

目前南海西部石油管理局通过自营勘探测试，已陆续发现了陵水 17-2、陵水 25-1、陵水 18-1 和永乐 8-3 等深水大中型气田，在这过程中，通过技术引进、总结和创新，逐步形成了中海油自有的深水测试技术体系，成功实现了中国首次自营深水井测试和超深水井测试，因此该书对于后续中国深海油气资源的勘探开发，具有重要指导意义。也希望从事海洋石油勘探开发的广大工程技术人员能够抓住国家大力发展海洋经济的机遇，不断总结和研发深水测试工艺和新技术，提升深水勘探开发技术竞争力，保障我国深水油气资源的安全高效勘探开发，为国家海洋能源战略做出更大贡献。

中国工程院院士

2019 年 10 月

目　　录

第一章 国内外深水油气测试现状及挑战

第一节 世界深水油气勘探开发概况

自 20 世纪 40 年代以来，为开辟油气勘探新领域，寻找新的油气资源，许多国家把目光投向海洋，海洋油气资源的勘探开发逐渐成为人们关注的热点。自 1903 年，美国在加利福尼亚发现世界第一个海上油气田，到 1947 年，美国在墨西哥湾钻出世界上第一口海上商业性的油井，再到 1979 年美国建成世界上第一座工作水深超过 100m 的半潜式平台，直至今天，海上油气田作业水深超过 3000m，海上油气田勘探开发已走过了 100 多年的历程。

经过 100 多年的勘探开发，大陆边缘浅水海域油气资源的开发逐步进入中后期，浅水海域越来越难以获得新的重大发现，在此背景下，各大国际石油公司开始向深海寻找石油和天然气资源，世界油气勘探开发的脚步从浅海、半深海向深海、超深海延伸。

"深水"的概念在国际上一直没有一个统一的定义，其界定范围随着时间的推移在不断改变。1998 年以前，一般认为水深达到 200m 即可称为"深水"；1998 年后的一段时间，"深水"的界限通常认为是 300m；2002 年在巴西召开的世界石油大会上提出将 400m 作为划分"深水"的标志线；Shell 及 BP 公司内部划定水深超过 500m 是"深水"；全球主要深水钻井承包商之一的 Oceaneering 公司认为水深超过 910m 才属于"深水"；在我国，目前将水深 500m 至 1500m 作为"深水"的界定范围，而 1500m 以上划定为"超深水"。

深水油气勘探现已遍布各大洋的 18 个深水盆地。全球深水区油气资源丰富，据美国地质调查局和国际能源机构估计，全球深水区最终潜在石油储量有可能超过 1000×10^8 bbl❶，而随着深水油气勘探的不断深入，全球深水油气资源的评估潜力很可能还会不断增加。

当前，世界深水油气勘探主要集中在墨西哥湾、南大西洋两岸的巴西与西非沿海三大海域，如图 1-1 所示，被称为深水油气勘探的"金三角"。这三个地区集中了当前大约 84% 的深水油气钻探活动，其中墨西哥湾最多，占到 32%；其次为巴西，占 30%；最后为西非，它们集中了全球绝大部分深水探井和新发现储量。此外，北大西洋两岸、地中海沿岸、东非沿岸及亚太地区都在积极开展深水勘探活动。近来，挪威和俄罗斯准备在巴伦支海联合开展油气勘探。

深水油气资源的潜力十分惊人，国际能源署的数据显示，近 10 年发现的超过 1×10^8 t 储量的大型油气田中，海洋油气占到 60%，其中一半是在水深 500m 以上的深海海域。1990—2010 年的 20 年间，1990—2000 年这 10 年到 2000—2010 年这 10 年，深水油气发现储量占总

---

❶ 1bbl ≈ 158.9873L。

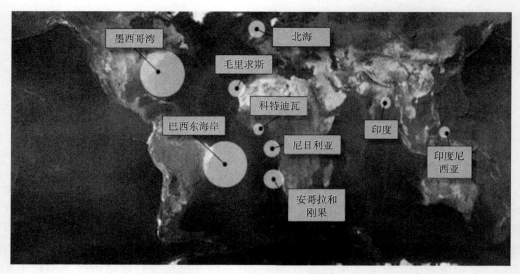

图 1-1　世界深水油气主要勘探海域

发现储量比例的平均值从 40% 上升到了 60%（图 1-2），累计发现油气储量 $1330×10^8$ bbl（油当量）。

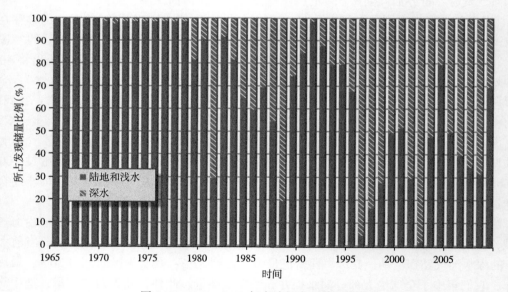

图 1-2　1965—2009 年全球新发现储量构成

随着勘探开发的不断深入，深水油气田产量在海洋油气资源开发中的比例急速上升，1965—2015 年全球陆地及浅水与深水油气产量变化如图 1-3 所示。2000 年，全球海上油气产量约占总产量的 22%，深水油气产量仅为 1%。2010 年分别上升为 33% 和 7%。2015 年深水油气产量所占比例升至 15%。

世界范围内，越来越多的国家意识到，深水油气资源对未来全球能源格局的影响将与日俱增，各大石油公司在深水领域的投资力度正快速增长。由 Douglas-Westwood 统计，

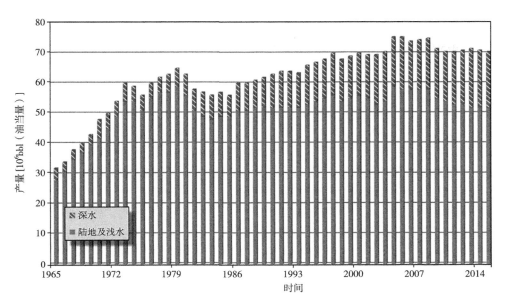

图 1-3　1965—2015 年全球陆地及浅水与深水油气产量变化

2003—2007 年间，全球深水油气勘探投资以平均每年 14.98%的速度增长；2008 年全球经济危机后投资额有所下降，但又迅速回升，2011 年达到历史新高；2012 年全球海域油气勘探投资额达到 3016 亿美元，其中深水勘探约占 70%。2003—2011 年全球深水油气勘探投资变化如图 1-4 所示。

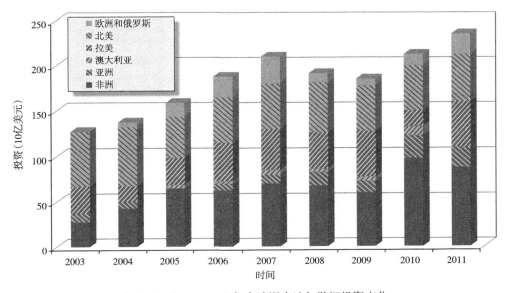

图 1-4　2003—2011 年全球深水油气勘探投资变化

　　我国的深水油气资源主要集中在南海，其面积十分广阔，包括东沙、西沙、中沙和南沙 4 个群岛，共有 270 多个岛屿和海礁，海域面积约为 $350×10^4km^2$，中国疆界内海域面积

约 $210×10^4 km^2$，平均海水深度 1212m，最深处达 5567m。

早在 20 世纪 80 年代，国务院副总理、石油工业部部长康世恩就提出要在南海寻找万亿大气区的设想，随着对南海勘探程度的日益加深，南海油气资源开发的先行者们越来越意识到，要使这一设想变成现实，必须向深水进军。

南海深水油气资源蕴藏在广袤的中南部海域，分布在这一海域的琼东南盆地、中建南盆地、礼乐盆地等 14 个油气聚集盆地。目前对南海油气资源勘探开发的认识：南海是东南亚地区具有极好油气远景的地区，是继波斯湾、北海和墨西哥湾后，全球又一个海洋油气聚集中心，被称为"第二个波斯湾"。对南海油气资源量的估算中外差距较大，1993 年美国地质调查局对南海地区海上盆地的资源所做的估计为：石油 $280×10^8 bbl$，天然气 $266×10^{12} m^3$。而其他西方国家乐观的估计仅为：石油 $100×10^8 bbl$，天然气 $35×10^{12} m^3$。我国的估计为：石油 $1050×10^8 bbl$，天然气 $2000×10^{12} m^3$。最有潜力的含油气盆地为曾母暗沙盆地、万安盆地、南薇盆地和东纳土纳盆地。

南海南部周边国家从 20 世纪 60 年代起，不顾我国政府的强烈抗议，非法在我国海域浅水区勘探，并取得巨大油气发现，近年来仍然大举向深水区推进，且已取得几十个深水油气发现。

目前在南海周边地区的多数国家均有油气发现，估计探明的石油储量约 $77×10^8 bbl$，天然气储量约 $4.36×10^{12} m^3$，石油产量约 $175×10^4 bbl/d$，天然气产量约 $710.33×10^8 m^3/a$。

南海潜力惊人的油气资源中，70% 都蕴藏于 $153.7×10^4 km^2$ 的深海区域，而在这些海域，现有 8 个周边国家与国际石油公司合作（表1-1）其中包括很多在我国海域的非法开采。已经发现了 100 多个油气田，每年的开采量达 $5000×10^4 t$，天然气每年被采出 $300×10^8 m^3$，是西气东输量的 2 倍。而我国在这一区域的勘探开发基础较为薄弱。

表1-1　南海周边国家油气田开发概况

国家	各国油气田合计					九段线内油气田合计				
	数量	地质储量		可采储量		数量	地质储量		可采储量	
		油	气	油	气		油	气	油	气
	个	（10^8t）	（10^{12}m³）	（10^8t）	（10^{12}m³）	个	（10^8t）	（10^{12}m³）	（10^8t）	（10^{12}m³）
越南	43	3.60	5491.28	1.18	4175.69	18	2.13	3289.49	0.72	2196.50
马来西亚	207	27.33	29595.90	9.27	21040.90	109	14.14	22865.40	5.12	16783.70
菲律宾	29	2.26	2091.84	0.45	1541.47	1	0.19	707.98	0.07	509.74
文莱	36	12.55	8496.95	4.07	6314.15	4	0.57	439.05	0.21	227.97
印度尼西亚	10	0.21	18785.80	0.08	13911.00	3	0.07	18255.40	0.03	13544.00
总计	325	45.05	64499.70	15.12	47372.70	135	17.11	45557.40	6.15	33261.90

我国深水油气勘探开发起步的较早，但发展缓慢。现阶段，我国对于深水油气勘探开发主要集中在南海北部珠江口盆地—琼东南盆地的陆坡深水区，水深介于 300~3200m，面积约 $12×10^4 km^2$。早在 20 世纪 30—50 年代，我国地质工作者根据陆上地质调查，以东亚区域构造提出我国南海海域存在新生代沉积盆地，推测具有含油气远景。20 世纪 60 年代开始，原石油部和地矿部等单位对我国南海海域的油气勘探开始了区域概查的实质性探

索，完成了一批重磁震地球物理资料采集和钻探工作，首次发现了我国南海海域发育珠江口盆地、莺琼盆地等一系列大型新生代盆地，最大沉积厚度达到 $1×10^4m$，并获得了油气发现，初步揭示了油气资源潜力，但限于技术条件的落后和认识的局限，未能发现商业性油气田。20 世纪 80 年代初，中国海洋石油总公司开始对中国近海盆地进行了全面的调查和评价，认为南海海域具有巨大的油气资源潜力，其中珠江口盆地白云凹陷的总资源量达 $32×10^8t$，占全盆地总资源量的 52%。随着南海区块的对外开放，一大批国际石油公司纷纷进入。外方在 1983—1996 年间仅在珠江口盆地就采集了数万千米的二维地震资料，并在白云凹陷北缘的浅水区共钻探井 14 口（其中 1987 年由西方石油公司钻探的 BY7-1-1 井水深达到 500m，接近当时钻探水深的世界纪录），除白云凹陷东北缘的流花 11-1 生物礁油田外，未获得商业发现。外方纷纷知难而退，南海的对外合作进入低潮期。

从 20 世纪 70 年代末期到 1995 年，深水勘探的投入不断加大，在珠江口盆地深水区和琼东南盆地深水区部署了一批新的地震勘探工作，但与浅水区相比，南海北部深水区地震勘探工作整体上仍显不足。深水勘探由于地质认识以及技术条件的限制，油气勘探始终没有获得突破。另外，1995 年以前，白云凹陷北缘的对外合作区钻探 14 口探井，无一商业发现，对白云凹陷的生烃潜力和储层产生了质疑，国外合作者撤走，由此使白云凹陷勘探沉寂了多年。

从 1995 年到 2000 年，对南海北部深水区开展了基础油气地质条件研究，从而对深水区油气地质条件、有利区带和圈闭有了新的认识。

层序地层学及高分辨率层序地层学理论和方法的研究与应用，在以往以构造解释为主的研究思路基础上，针对白云凹陷开展了一系列的系统性层序地层学的解释和研究，预测白云凹陷存在烃源岩，有相当规模的资源潜力，中新统发育深切谷—深水扇陆坡沉积系统，存在储集体。在白云凹陷北坡首钻 LH19-3-1 井并获得天然气发现的突破，证实了深水区生烃潜力，从此坚定了白云凹陷天然气勘探的信心。

通过研究，在南海北部陆缘深水区油气基本地质条件分析、国外深水区勘探成果和经验分析调研、类比评价南海深水区勘探潜力等方面取得了一定的进展。

截至 2005 年，在南海海域水深超过 200m 的探井共有 27 口，主要分布在珠江口盆地，钻井最大水深为 543.8m；在深水区共钻探构造 20 个，其中 5 个构造获油气发现。中国海油与国外石油公司合作开发了两个深水油田，即水深 332m 的陆丰 22-1 油田和水深 312m 的流花 11-1 油田。

2006 年 4 月，在南海东部海域珠江口盆地 29/26 区块（水深 1500m），成功钻探了荔湾 3-1 井大型深海天然气田（图 1-5），预测天然气地质储量达到（1000~1500）$×10^8m^3$。荔湾 3-1 气田成为中国海上最大的天然气发现。荔湾 3-1 气田的发现拉开了南海深水油气勘探开发的序幕，加快了南海深水油气勘探开发的步伐，标志着中国海油的作业领域实现了由浅水向深水的跨越。

2014 年 9 月 15 日，是载入中国深水油气勘探开发史的重要日子。中国海域自营深水勘探的第一个重大油气发现——陵水 17-2 深水气田首次测试成功获得高产油气流，测试日产天然气 $56.5×10^6ft^3$❶，相当于 9400bbl（油当量），打响了我国海洋石油自营深水勘探

❶ $1ft^3 = 28.31685×10^{-3}m^3$。

图 1-5　荔湾 3-1 气田

的第一枪。进军南海深水区是中国海洋石油人多年的梦想。陵水 17-2 的勘探突破，打开了一扇通往南海深水油气宝藏的大门。这一重大发现坚定了我国进军深水、在南海深水区找油找气的信心和决心，更展现了该区域油气产量的巨大潜力。

陵水 17-2 测试的成功创下三项"第一"：这是中国海油深水自营勘探获得的第一个高产大气田，也是"海洋石油 981"深水钻井平台第一次成功完成深水油气测试，同时还是自主研发的深水模块化测试装置的第一次成功运用。

陵水 17-2 的成功，验证了中国海油对南海深水油气分布的规律性认识，检验了深水钻井、测试、项目管理能力，首个自营深水项目全方位锻炼了深水项目技术及管理人员，中国海油自主培养的深水队伍基本上掌握了全套深水钻井技术、全套深水油气测试技术和全套深水管理要素，自主勘探开发深水油气资源的能力迈上新台阶。

第二节　国内外深水油气测试现状

在 100 多年海洋油气开发过程中，深水油气测试系统在欧美国家已拥有了较为成熟的研发、制造和专利技术，并广泛应用于墨西哥湾、西非、巴西、东南亚和澳大利亚等海域的深水油气测试作业中。

墨西哥湾是目前世界范围内深水油气开发最为成熟的海域，在该区域进行过大量的深水油气测试，主要是美国的石油公司，如雪佛龙股份有限公司（Chevron）、墨菲石油公司（Murphy）、阿纳达科石油公司（Anadarko）等，除此之外，其他国家的石油公司在该海域也进行了一些油气勘探开发作业，如荷兰皇家壳牌集团（Shell）、巴西国家石油公司（Petrobras）等。表 1-2 是近几年在墨西哥湾完成的部分深水油气测试作业情况。

表 1-2　近年墨西哥湾部分深水油气测试概况

时间	作业者	平台类型	水深 （m）	井深 （m）	井底压力 （psi）	井底温度 （℃）
2011.11	墨菲石油公司	半潜式	998	6997	11340	175
2012.06	墨菲石油公司	Spar	998	5981	12353	175
2012.02	墨菲石油公司	Spar	998	5935	12762	167
2012.10	巴西国家石油公司	钻井船	2716	8780	19000	247
2013.04	雪佛龙海外石油公司	TLP	1558	7376	10660	265
2013.05	阿纳达科石油公司	钻井船	1495	9023	17870	194
2013.08	巴西国家石油公司	钻井船	2948	9067	20000	250
2013.10	巴西国家石油公司	钻井船	2716	9218	20000	250
2013.11	阿纳达科石油公司	钻井船	1495	9013	19950	243
2014.06	阿纳达科石油公司	半潜式	1600	6643	8665	144
2014.12	阿纳达科石油公司	钻井船	1495	9180	17685	151

除墨西哥湾、巴西东海岸、西非深水油气的"黄金三角区域"外，亚洲和澳大利亚的深水油气勘探开发进程也在快速向前推进。

2010 年 7 月，雪佛龙公司对澳大利亚 WA-371-P 区块的深水井 Concerto 2 井进行测试，该井位于澳大利亚 Broome 市东北方 450km 处，该井深 4162m，水深 305m，测试最高气产量 141×10⁴ m³/d，采用 "Songa Venus" 平台完成测试作业。

2010 年 10 月，雪佛龙公司在澳大利亚的 Orthrus 油田的深水探井 Orthrus-2 井进行了测试，该井井深 3300m，水深 1214m，测试 2 层，目的层温度 196.5℃，使用深水钻井平台 "Atwood Eagle" 进行测试作业。该井采用 NaCl 盐水作为测试液；测试管柱采用斯伦贝谢公司标准的 DST&TCP 测试管柱，包括井口的 3¹⁄₁₆in 10K 流动头，4¹⁄₂in PH4 油管，3in 水下测试树，采用 4.5in 射孔枪。大部分井下工具压力等级为 15000psi，最低为 10000psi。

2013 年 4 月，日本 JX NIPPON 石油公司在 Joetsu Kaikyu 深水探井进行了测试，该井位于日本西部约 50km 处，距离日本柏崎港 55km，水深 1100～1200m，采用动力定位深水钻井平台 "Chikyu" 进行测试作业。该井主要目的层为新近纪中新世上部的世泊组，深度约 2963m，次要目的层为上新世的椎谷组，深度约 1669m。该井采用斯伦贝谢标准的 10kpsi DST/TCP 测试管柱完成测试作业。

2010 年 12 月，印度石油天然气公司（ONGC）在 KG-DWN-98/2-UD-AC 区块的深水探井 UD-3-ST 进行了测试作业，该井井深 6446m，水深 2721m，井底温度 172.4℃。采用斯伦贝谢 DST 测试管柱，坐落管柱采用 4¹⁄₂in Tenaris 管柱，在 7in 尾管内使用 4.72in 射孔枪。

2013 年 10 月，泰国国家石油公司（PTT）在缅甸 Moattama 盆地完成了泰国第一口深水井——Manizawta-1 井的钻井和测试作业。该井位于 Moattama 盆地的 M11 区块，距离缅甸西海岸 260km，该井井深 4000m，水深 1030m，共测试 2 层，使用超深水钻井船 "Tungsten Explorer" 完成测试作业。

深水油气测试技术属于垄断程度较高的尖端技术，国外深水油气测试作业一般都由几家大型石油服务公司提供全套技术服务，长期以来，深水油气测试先进工艺技术掌握在这些油气田技术服务公司手中，如 EXPRO、Schlumberger、Baker Hughes、PTS 和 Halliburton 等。同时，这些公司研发和制造出来大量具有自主知识产权的关键设备系列化产品，例如 EXPRO 公司的 ELSA 系列、Schlumberger 公司的 SenTREE 系列以及 PTS 公司的 SST MODUTree 水下测试树等，几乎垄断了先进深水油气测试相关设备研发和制造领域，全球所有的深水油气测试都依赖这些设备和技术，形成了严密的技术壁垒。

我国深水油气勘探起步较晚，深水油气测试是在没有经验、没有技术积累、没有成熟队伍的条件下一步一步探索着逐步往前推进。

2014 年 9 月，中国海洋石油股份有限公司（CNOOC）在南海琼东南盆地深水区陵水凹陷的 LS17-2-1 井进行了深水油气测试（图 1-6），该井位于海南省三亚市东南偏东方向 155km 处，使用"HYSY981"第六代动力定位半潜式深水钻井平台进行测试作业。该井设计井深 3532m，水深 1455m，井底温度 92.6℃，地层压力 5827psi，测试管柱采用斯伦贝谢公司的 DST 测试工具，封隔器采用 QUANTUM MAX 可回收式永久封隔器，采用 3in 电液控制坐落管柱，地面设备应用了先进的地面设备模块化技术，测试最高气产量 $160 \times 10^4 \mathrm{m}^3/\mathrm{d}$。

LS17-2-1 井是我国自营深水油气田的第一口测试井。在此之前，相关技术人员对水下测试树、井下测试工具等深水油气测试关键技术和设备进行多年的研究和攻关，并开展了"LS17-2-1&2 深水井测试管柱作业安全分析""LS17-2-1/2 井储层保护技术研究""HYSY981 深水测试地面设备模块化设计"等 10 余项专项科研技术攻关，取得了一系列技术突破，为 LS17-2-1 井深水油气测试的顺利完成打下了坚实基础，填补了我国深水油气测试的空白。

图 1-6　LS17-2-1 井测试

2014 年 11 月，中国海洋石油股份有限公司在南海琼东南盆地深水区陵水 25-1 区块的深水气井 LS25-1-1 井进行了测试（图 1-7）。该井使用"南海 9 号"锚泊定位半潜式深水钻井平台进行测试作业。该井井深 3950m，水深 974m，井底温度约 117℃，井底压力 8162psi，测试最高气产量 $100.8×10^4 m^3/d$，该井是我国首次尝试使用锚泊式钻井平台进行深水油气测试作业的井。

图 1-7　LS25-1-1 井测试

2015 年 11 月，中国海洋石油股份有限公司在南海琼东南盆地深水区陵水 18-1 区块的超深水气井 LS18-1-1 井进行了测试。该井位于海南省三亚市东南偏东方向 167km 处，使用"HYSY981"第六代动力定位半潜式深水钻井平台进行测试作业。该井设计井深 2909m，水深 1683m，井底温度 69℃，地层压力 4270psi，测试管柱采用斯伦贝谢公司的 DST 测试工具，封隔器采用 QUANTUM MAX 可回收式永久封隔器，采用 3in 电液控制坐落管柱，采用地面设备模块化技术，最高日产气量超过百万立方米。

LS18-1-1 井是我国第一口真正意义上的超深水井，该井测试作业的顺利完成标志着我国深水油气勘探进程迈入超深水时代。

随着三次深水油气测试的顺利完成，我国已基本掌握深水油气测试的关键技术，已逐步建立起完善的深水油气测试技术体系，为我国深水油气勘探进程的推进打下了坚实的基础。

第三节　深水油气测试的特点与挑战

深水油气田所处环境特殊，与陆地及浅水油气田相比，影响工程作业的因素更多、更复杂，给深水油气测试带来一系列挑战。

一、气候多变

海上作业都会受到台风和气候突变的影响，相对于浅水油气测试，深水油气测试作业受台风和风浪流的影响更大，深水环境的风浪流会引起钻井船的移位，导致隔水管发生变形和涡激振动，因此对其疲劳强度设计提出了更高的要求。环境载荷超出隔水管作业极限载荷时，需要断开隔水管系统和水下防喷器的连接。悬挂隔水管的动态压缩也可能造成局部失稳，增大隔水管的弯曲应力和碰撞月池的可能性。强烈的海洋风暴对钻井平台具有灾难性的破坏作用，因此深水钻井对海洋风暴的预测及钻井平台快速撤离危险海域提出了更严格的要求，在特殊情况下要求测试系统能够快速关井并实现上部管柱的快速退出，同时具有快速回接功能。

二、平台空间限制

海上钻井平台空间狭小，设备和人员密集、自然条件恶劣，测试过程中一旦发生井喷或引入平台的油气流发生泄漏，都可能导致爆炸、火灾、中毒和环境污染等重大事故。因此，深水油气测试对风险控制有极高的要求。为了实现整个测试过程的安全可控，在平台测试系统、井下测试管串和联顶管柱上安装了一系列功能各异的电、液控装置。在紧急情况下具有多种应急预案和手段控制油气流动，确保人员、测试设备及油气井的安全。

三、低温海水环境

低温海水环境是深水油气田区别于浅水的最大特点之一，以南海海域为例，当水深小于 200m 时，海底温度约为 16℃；当水深大于 850m 时，海底温度低于 4℃，低温可以影响到海底泥线以下数百米的岩层。

深水低温海水环境给测试作业带来一系列的工程难题。一是测试液的耐温性能。测试液在地层环境与海水环境之间循环，温度差高达上百摄氏度，这对测试液的温度稳定性提出了极高的要求。二是天然气水合物带来的流动保障问题。随着深水油气勘探开发步伐的逐步加快，深水油气测试中水合物带来的危害日益受到重视（图 1-8）。水合物危害非常

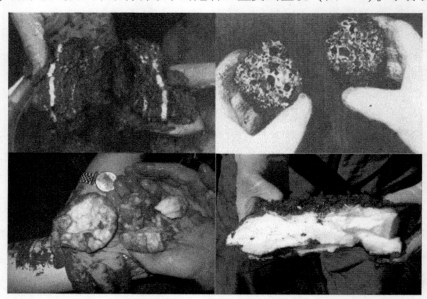

图 1-8　管柱中形成的天然气水合物

大，会对测试作业带来以下影响：阻塞节流、压井管汇和钻井液（气）分离器，无法进行循环作业；在防喷器中部或下部造成阻塞，妨碍油井压力监测；阻塞物在井眼环空中形成，妨碍钻杆旋转和移动；关井、诱喷或节流效应导致井内温度降低，低温生成的水合物会堵塞测试管柱，造成测试失败；水合物分解出的气体进入井筒使钻井液密度降低，诱发井涌和井喷。此外，如果在钻井过程中钻遇水合物层（藏），由于钻井破坏了水合物藏的温度、压力环境，会导致水合物层中水合物的分解，影响井筒稳定性等。因此，深水油气测试管柱通常都带有化学试剂注入口，防止水合物的堵塞。

四、地质特点及危害

与陆地及浅水油气田相比，深水油气田大段的上覆岩石介质被海水所取代，引起压实强度降低，导致储层疏松，极易出砂。而深水油气田大多产量较高，出砂对测试管柱、井下工具和地面设备破坏大，极易造成管柱和地面设备刺漏，引发安全事故，因此必须评估深水高温高压高产井测试出砂对生产管柱冲蚀的影响，同时开展管柱结构设计技术与井下工具选择的研究，从而保证深水高温高压高产井的井筒安全。

深水地质灾害包括海底表层疏松、浅层流动等引起的灾害，其中浅层流动危害是重要的危害之一。海底浅层流包括浅层气流和浅层水流。浅层流冲刷可能造成水下井口、防喷器组和导管塌陷。而浅层气危害也非常大：一是破坏水下井口装置的稳定性，上窜气体冲刷水下井口装置的基座可能造成井口的松动和失稳；二是上窜气体在海水中产生大量气泡降低了平台周围海水的密度，可能导致平台或钻井船失去应有的浮力而造成沉船事故；三是上窜气体可能造成火灾和爆炸事故。

五、设备性能要求高

在深水油气测试时，海底井口以下部分的测试管柱通过槽式悬挂器悬挂在井口上，因此不能采用上提式、下放式测试工具，只能采用压控式测试工具。

深水油气测试周期长，成本高、风险大。可能的情况下应尽量简化测试程序，缩短所用时间、降低测试成本。

深水高温高压井地面测试流程设备必须经受高温、高压、出砂冲蚀、水合物堵塞、高产气流引起的管线振动和热辐射的考验。深水高温高压井具备高温、高压、高产等特点，高压和高产在节流处容易形成水合物，从而堵塞流程通道；而高产伴随着出砂则会造成管道和测试设备的冲蚀；高速高压的气体在管道中流动，由于管道有弯曲及固定不牢固，必然会产生振动，如果管道振动过大就会影响安全生产，管道本身、管道附件产生疲劳破坏，使连接部件松动，带来严重后果。因此，深水高温高压井地面测试流程的安全控制尤其重要。为了确保测试过程中的安全，针对高温高压高产的特点，必须建立全方位安全监测系统，包括环空压力监测、出砂监测、壁厚检测系统及振动监测，同时实现对压力的控制和水合物预防。

随着水深的增加，钻具、钻井液、隔水管用量和海洋环境复杂性都相应增加，这对平台承载能力、钻机载荷、甲板空间等提出了更高的要求。随着工作水深的增加，作为深水油气开发的主要装备——浮式钻井平台已经开发出了六代产品。工作水深从几百米增加到超过3000m；载荷也从几千吨增加到上万吨。另外，随着水深的增加，隔水管需要具备更大的抗挤压能力，对测试液、完井液的流变性也提出了新的要求。同时，海底的所有装备也要承受更低的温度和更高的压力。

测试管柱的伸缩问题。深水完井测试时，由于受海浪或温度变化的影响，测试管柱会产生纵向伸缩，为消除此影响，需采用伸缩短节对管柱的伸缩进行补偿。

六、成本控制

深水作业费用昂贵，陆地、浅水和深水作业费用对比如图 1-9 所示。目前南海深水作业船的日操作费用约为 100 万美元，因此，在确保作业安全的基础上，应做到既要满足气藏资料录取要求，又要尽量节省测试时间和费用。基于此，深水气田测试与常规气田测试流程设计会有所不同，比如常规气田测试在开关井程序设计及流量设计中不必考虑天然气水合物的防治问题，在开关井时间及流体取样设计方面也没有特别迫切的需求。在测试设计的各个环节，都会将成本作为一项重要影响因素，对测试设计进行优化。

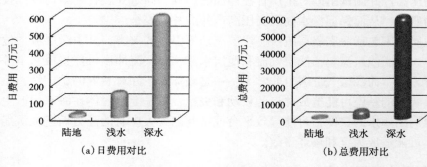

（a）日费用对比　　　　　　　（b）总费用对比

图 1-9　作业费用对比

第二章　深水油气测试工艺

中国南海深水区域蕴藏着 $300×10^8t$ 油气资源，为我国深水勘探重点区域。南海深水油气资源已成为周边各国竞相争夺的目标，周边国家不仅在其所属海区进行勘探、开发，还频繁在我国海域内进行非法的掠夺性勘探和开发活动。据 2004 年不完全统计，南沙海域的大陆架区共钻井约 680 口，发现含油气构造约 197 个，油气田约 95 个，探明可采储量石油约 $1.2×10^8t$、天然气约 $3300×10^8m^3$。目前已有约 30 个油田、4 个气田投入生产，年产油约 $2600×10^4t$、天然气约 $18×10^8m^3$。相对而言，我国在南沙的勘探、开发活动远远落后于周边国家，不仅无产量可言，而且相关的研究也极为薄弱。2004 年开始，HUSKY、BG 和 CHEVRON 等公司在我国琼东南深水区域完成 6 口合作探井。在合作勘探阶段，作业遭遇了严重技术挑战：复杂情况频发、建井周期长、平均生产时效仅 71.68%。高风险及高成本严重制约了南海深水油气勘探、测试与开发进程。深水油气测试工艺技术与陆上和浅海测试工艺技术相比主要面临着以下系列挑战：

（1）深水油气测试作业风险及费用高、时效低；

（2）深水区泥线低温带来的测试过程水合物的生成风险高；

（3）测试管柱的设计安全问题；

（4）地层出砂堵塞冲蚀问题；

（5）大产量放喷带来的安全控制问题；

（6）地面测试设备的安全、高效安装问题。

深水油气测试设备工具众多、平台空间狭小、人员集中，存在水合物堵塞隐患，测试管柱伸缩量大，管柱受力复杂且受气候突变影响大，地层容易出砂，成本高。因此，对于深水油气测试作业，测试过程中的安全控制是首要考虑的问题，在确保安全条件的情况下，尽可能缩短整个测试过程的时间，达到优质、高效地评价产能的目标。

第一节　测　试　液

油气井测试作业中用到的作业流体统称为测试液，按照功能分为压井液、诱喷液垫、清洗液等。在保证井控安全和作业工艺安全的前提下，作为深水油气测试还要考虑储层保护，降低测试液对储层的损害，以便准确地评价油气层。深水油气井测试过程中储层损害主要有：外来流体中固相颗粒堵塞油气层引起的损害；外来流体与岩石不配伍造成的损害；外来流体与地层流体不配伍引起的损害。测试过程中所用到的测试液体系不仅要对储层特性具有很好的适应性和优良的储层保护效果，而且要求与其他的入井流体（地层水、钻井液、水泥浆）的配伍性好，同时测试过程中全程防治水合物，与地层压差尽量小。

一、测试液应用现状

2003 年杨勇等人针对非自喷井不能实现连续大量排液，单纯的抽汲、气举、气化水、螺杆泵或水力泵等进行排液又不能实现地下关井的状况，提出了一种"射孔—测试—排液"一体化三联作试油测试技术，既能满足常规测试取资料的要求，又能利用排液设备实现长时间连续产能测试。同时，采用有机盐射孔液保护已射开的油气层，并利用水力泵可加温、加药降黏的特点，能较好地满足非自喷高凝稠油井产能测试的要求。

2011 年哈里伯顿对位于沙特中南部 ABJF 构造上的一口详探井 ABJF-41 井的三个层位进行了测试。根据预测地层压力配制无固相测试液，由于要求盐水密度达到 $1.70g/cm^3$，只能使用溴化钙和氯化钙混合配置。此次测试哈里伯顿公司使用了一只最新研制的完井测试井底阀，该阀连接在测试管柱下端封隔器上部。通过关井在环空打压、稳压、泄压等操作来形成一段特殊的压力波形编码，测试阀的指令接收装置接收到编码指令后进行阀的开启和关闭。与传统井底阀需要开井上提下放测试管柱来实现开关相比，既简化了操作程序，又降低了作业风险。

2012 年林涛等人提出的多元热流体热采技术在渤海油田生产平台已经得到应用，对于一些依靠常规测试技术得不到工业油流的稠油油藏，开展多元热流体热采技术在海上探井测试中适应性研究。通过对支撑平台的适应性分析研究，运用数值模拟方法预测多元热流体热采测试的开采效果，并对相应的井口、供给方式等进行了优化研究。通过现场实施，多元热流体热采测试的日产油量可达常规冷采测试产油量的 2 倍以上，实际效果与数值模拟的结果基本相当。该技术的应用更能准确反映油田的真实产能，为海上稠油油田的探井测试提供了一个新方法。同年谭忠健等人针对渤海 PLA-2 特稠油油藏测试目的层储层疏松、油稠的特点以及钻井平台的作业条件，开展了注热工艺、注热参数优化、测试管柱优化等方面的研究，形成了一套探井特稠油热采测试技术，并获得成功，实现了低成本、高时效并真实地认识特稠油油藏。王国政等人在研究凝析气井测试期间组分相态变化和储层多相渗流规律的基础上，分析了凝析气井探井测试曲线出现数据偏差的可能原因。根据多年的测试工作实践，对探井测试施工工艺进行了技术改进，提出了适合现场操作的测试工艺改进方法，将小尺寸油嘴多点递增测试法成功地运用于实例井测试，结果表明改进的工艺能够较好地取得现场效果，为此类油气井的测试工艺提供设计和施工参考。

2014 年英国北海 Jackdaw 凝析气田采用新型基准用于测试，获得了高质量的数据及反馈信息，确保安全无故障的测试作业。该技术采用了新型的测试器，能够提供一个可调节的堰板识别最佳高分辨率，现场应用效果较好。

从资料调研情况来看，测试液研究较少，外国石油公司基本都用清洁盐水、有机盐、溴盐作为测试液，或者直接用压井液作为测试液，以满足工程安全的需要，该类测试液具有成本低和施工简单的特点，但没有针对性考虑储层保护。国内外测试液的选择一般根据地层压力系数的大小，选择 $CaCl_2$、$CaCl_2/CaBr_2$ 和 $CaCl_2/CaBr_2/ZnBr_2$ 盐水作为测试液，近几年采用甲酸盐加重盐水作为测试液得到应用和推广。国内外测试技术及测试液应用情况见表 2-1。

表 2-1　国内外测试技术及测试液应用情况

项目	测试技术	测试液
国外	美国墨西哥海湾 A-537 油田测试成功	$CaCl_2/CaBr_2/ZnBr_2$ 和 $CaCl_2/CaBr_2$ 测试液
	2011 年哈里伯顿公司对位于沙特中南部 ABJF 构造上的一口详探井 AB-JF-41 井的三个层位进行了测试	$CaCl_2/CaBr_2$ 测试液
	2014 年英国北海 Jackdaw 凝析气田采用新型基准用于测试，获得了高质量的数据及反馈信息，确保安全无故障的测试作业	
国内	2003 年杨勇等人提出了一种"射孔—测试—排液"一体化三联作试油测试技术	有机盐射孔液
	2005 年 MDT 裸眼测试技术在大港油田进行了初步应用	未提及
	2007—2011 年中国海油先后在渤海 QHD、KL、BZ 等区块成功进行复合射孔与测试联作作业 20 余次	BZ2 井射孔液（海水）
	2012 年谭忠健等人针对渤海 PLA-2 特稠油油藏研制了一套探井特稠油热采测试技术，应用成功	注氮气正挤防膨剂
	中国南海深海海域进行的几次深水油气井地层测试和常规试油作业主要依靠国外专业测试公司	
	中国渤海 BZ13-1-2 井测试成功	$CaCl_2/CaBr_2/ZnBr_2$ 测试液
	2009 年华北油田在岔 25-44X 井进行了超正压射孔测试联作	2%KCl 溶液+液氮射孔液

　　中国南海深海海域前期进行的几次深水油气井地层测试作业主要依靠国外专业测试公司，花费高额的日租费用租赁其先进的深水油气测试相关设备，并高资聘请服务公司专业测试人员，在国内测试人员协同情况下完成。

　　2012 年 5 月 9 日，"海洋石油 981"在南海海域正式开钻，是我国石油公司首次独立进行深水油气的勘探，标志着中国海洋石油工业的深水战略迈出了实质性的步伐。为了满足 LS17-2-1 井深水油气测试作业储层保护要求，中国海油针对拟测试井 LS17-2-1 井储层特点开发了络合水测试液、络合水暂堵液和络合水弃置液三套络合水测试工作液体系。2014 年 8 月 LS17-2 项目创下三项"第一"：中国海油深水自营勘探获得了第一个高产大气田，"海洋石油 981"深水钻井平台第一次深水油气测试获得圆满成功，自主研发的络合水测试工作液第一次在"海洋石油 981"LS17-2-1 井深水油气测试中完美亮相，取得了测试产量 $160×10^4 m^3/d$，表皮系数 0.2 的应用效果。

二、测试液性能要求

对测试液的性能要求如下：

（1）低温—高温—低温流变性好；

（2）保温效果好，水合物抑制性强；

（3）沉降稳定性好；

（4）储层保护效果好；

（5）配伍性好；

（6）现场可操作性强。

钻井液与无固相盐水作为测试液的优缺点对比如下。

（1）钻井液作测试液。

优点：配置和处理方便，成本较低。

缺点：过冷度比较高，生成水合物风险高，且水合物防治难度大，测试长时间静止易沉淀，目前无水基钻井液做测试液的先例。

（2）无固相盐水作测试液。

优点：水合物抑制效果非常好，能实现全防，测试期间不会产生沉淀。

缺点：需要配置高密度的盐水，现场钻井液池容量有限，需要基地预先配置，拖轮存储，费用昂贵。

三、诱喷液垫

在油气井测试作业中，为了造成一定的射孔诱喷压差（又叫负压），尽快实现油气自喷，需在测试管柱中灌入一定的测试液垫来造成诱流负压。测试作业一般选择柴油或其他轻质流体作为液垫。另外根据地层压力的大小，也可使用乙醇、海水、盐水等作为诱喷液垫。诱喷液垫的选择应尽量保证地质需要的诱喷压差，另外要小于临界出砂压差，以避免在测试期间井筒出砂。

灌注液垫过程中，如果灌入速度过快会阻塞柴油向下流动的通道，造成柴油灌入困难或者溢出，造成环境污染，致使测试下管柱灌柴油液垫时间较长，大大影响了作业时效。

为了实现测试生产压差的动态控制，使用氮气垫控制生产压差。在测试工具下到设计位置后，在油管内注入一定压力的氮气，然后进行开关井测试，开井期间根据井口氮气压力的变化，有控制地释放油管内氮气压力，从而调整井底测试生产压差，使得井底生产压差介于出砂极限压差和最小启动生产压差之间，确保地层流体安全产出。出于安全考虑，为保证测试生产压差小于出砂极限压差，通常会提高氮气垫压力，这就要求在施工前确定出砂极限压差和最小启动生产压差的区间范围，在施工中通过井口氮气压力精确预测出井底测试生产压差，做到实时调整井口氮气压力，动态控制测试生产压差。

采用氮气垫控制测试生产压差时，根据井口氮气压力的实时监测数据，通过公式计算可以准确地预测井底流压，从而实现地面对井底生产压差的精确控制。根据井口压力计算井底氮气压力的方法可以用于氮气气举作业、地层测试作业，还可以推广应用于高产气井试气作业中的井底压力预测，在现场施工作业中具有推广价值。

四、测试工作液

测试工作液一般有两个方面的作用。

（1）防腐：隔离液具有防腐性，能防止油套管和井下工具（如封隔器、井下安全阀）受到腐蚀。

（2）平衡压力：具有一定密度的隔离液能平衡地层压力、油管压力和套管压力，从而保护油套管及封隔器。

实际上，在海上油气井隔水管与油管之间环空，以及内隔水管与外隔水管之间环空注入的流体也称为隔离液，它主要起隔热作用。隔离液要实现防腐、平衡压力的作用，必须具有长期稳定性、防腐性及保护储层性。对于隔热性隔离液，它还需具有隔热性能。根据连续相的性质，可把隔离液分为气体型、油基型以及水基型三大类，其中气体型隔离液和油基隔离液的应用较少，国内外目前主要应用水基隔离液。

（一）气体型测试（隔离）液

气体型隔离液一般只应用在注蒸气热采井及深水油气井隔水管中，作用是隔热。由于气体的导热系数很低，热量从油管通过环空介质（隔离液）的热传导大大削弱，从而起到减少热损失的作用。这些气体有水蒸气、氮气及氩气等气体，其中效果最好且最常用的是氮气。

国外深水气田在环空中注入氮气进行隔热，再配合使用隔热油管，大大地提高了测试井口温度。但是，气体在环空中的"回流"（Wellbore Refluxing）造成的热量损失比预想的要多 6 倍以上，有研究表明，热量损失仅仅是不充入隔热性封隔气体时的 30%～40%。其实质是导热造成的损失大大降低，而起决定作用的对流传热并没有明显削弱。因此，气体类隔离液的隔热作用很有限。

（二）油基测试（隔离）液

油基隔热测试（隔离）液包括油包水体系和合成基体系，具有热稳定性强、腐蚀性小的优点。把油基钻井完井液改性后留在油套环空作为隔离液是一种既经济又方便的方法。然而这种方法存在两大问题：固相慢慢地沉积在封隔器上，导致封隔器工作的不稳定性，而在必须取出封隔器时，甚至发生封隔器无法取出的后果；测试结束，油基测试（隔离）液会与储层接触，造成储层损害。如果专门配制油基隔离液，成本高是其最大的缺点，并且也可能造成一定的储层损害。

油基隔热测试（隔离）液耐温性能好，性能稳定，导热系数很小，大大减小了导热损失量，隔热效果较好。但由于油基隔离液会对海洋造成污染，环保难度大，在国内深水气田测试中的应用受到了一定限制。总体而言，油基隔离液腐蚀、隔热性能、水合物抑制性能较水基隔离液优良，因此油基隔离液的应用在国外比较常见。

（三）水基测试（隔离）液

当前国内外普遍使用的隔离液体系是无固相清洁盐水体系，通过改变盐的种类和加量来调节体系密度，再配合增黏剂、杀菌剂、缓蚀剂、除氧剂等处理剂来实现防腐、保护储层及隔热等功能。有些情况下，还加入降滤失剂来控制滤失，防止滤液进入储层造成损害。按照所使用的盐类型，可分为无机盐型和有机盐型两大类。

1. 无机盐型测试（隔离）液

无机盐型测试（隔离）液主要是指以钠（钾、钙或锌）的卤化盐为加重剂而配制的封隔液，典型的有 $NaCl$、KCl、$CaCl_2$、$NaBr$、$CaBr_2$、$ZnBr_2$ 等 6 种。单独使用或使用 2～3 种的组合来配制满足不同需要的隔离液，各种盐水的特点不一，表现在价格、腐蚀性和密度范围等方面。

总体而言，含氯盐的盐水价格低，配制简单，但密度范围较窄，且因含有大量破坏金属钝态的 Cl^- 而腐蚀性大；含溴盐的盐水能达到较高密度，但价格较高；含 Ca^{2+} 和 Zn^{2+} 的盐水因生成沉淀，不适宜用在碱性环境中，也不适宜在含 H_2S 或 CO_2 的气井中使用；含 Zn^{2+} 的体系一般呈酸性，腐蚀性很大。无机盐型隔离液种类多，不同的体系适合不同的情况。现场应用这些盐水配制隔离液时，应根据压力系数、生产井种类（油井还是气井，气

井是否含 H_2S、CO_2）而选择合适的体系。

2. 有机盐型测试（隔离）液

有机盐型测试液是近年来发展起来的新型油气井测试工作液，用作隔离液时，也显示出了优良的特性。所使用的有机盐包括甲酸盐和乙酸盐，其中乙酸盐应用较少。甲酸盐一般包括 NaCOOH（甲酸钠）、KCOOH（甲酸钾）和 CsCOOH（甲酸铯）。由于甲酸铯极其昂贵，目前用作隔离液的情况极其少见。甲酸盐隔离液与无机盐隔离液相比具有很多独特的性质。

1）腐蚀性极小

由于甲酸盐盐水呈弱碱性，pH 值较易调节，并且不含 Cl^-、Br^- 等侵蚀性离子，故对油套管及井下工具的腐蚀很小。

2）密度范围宽

NaCOOH 体系最大为 $1.30g/cm^3$，KCOOH 体系最大为 $1.60g/cm^3$，CsCOOH 体系最大可达 $2.30g/cm^3$。

3）与 Ca^{2+} 和 Mg^{2+} 等不生成沉淀

即使甲酸盐隔离液与地层水接触，也不会产生伤害储层的钙、镁沉淀。

4）不易分解

甲酸盐隔离液长期在井下的高温高压环境下稳定性强，不易发生分解，即使在油套管钢所含杂质金属的催化作用下可能发生分解，但也可以通过加入特定的 pH 值缓冲剂（如 K2CO3/KHCO3）来有效抑制。

5）能够抵御酸性气体侵入带来的风险

在酸性气田的测试中，含 CO_2 和 H_2S 的天然气从密封不佳的封隔器缝隙侵入隔离液中是无法避免的。含有 pH 值缓冲剂（如 $K_2CO_3/KHCO_3$）的甲酸盐隔离液能够维持体系 pH 值的稳定，起到原有的防腐效果。

6）体系生物毒性很小，环保性强

基于以上优点和特性，甲酸盐隔离液得到了越来越多的应用。由于甲酸盐昂贵，因此只有在密度需求较高、井下高温高压或高酸性气田，甲酸盐隔离液才相对无机盐体系显示其绝对的优越性。

3. 新型水基测试（隔离）液

无机盐测试（隔离）液的高腐蚀性和甲酸盐隔离液的高成本分别制约了两者的广泛应用。近年来，在开发高温高压复杂油气田的过程中，人们研究并现场应用了一些新型测试（隔离）液体系，如碳酸钾、磷酸盐体系。

碳酸钾盐水在中东和北海地区测试中被一些作业者用作隔离液，主要具有以下适合用作隔离液的优点：

（1）K_2CO_3 是强碱弱酸盐，其盐水具有天然的弱碱性，本身腐蚀性小；

（2）K_2CO_3 在水中的溶解度大，其盐水密度范围宽，最大能够达到 $1.52g/cm_3$，能够满足较宽范围压力系数油气井的需要；

（3）K_2CO_3 盐水本身的黏度低；

（4）盐水中不含 Cl^-，消除了油套管钢发生氯化物应力开裂的风险；

（5）K_2CO_3 盐水结晶温度低，一般情况下不会有晶体析出。

　　然而，如果碳酸钾测试（隔离）液与储层接触，会与地层水中含有的大量 Ca^{2+}、Mg^{2+} 等二价阳离子生成沉淀，在高温下还会与砂岩储层中的硅酸盐矿物作用，造成严重的储层损害，两者制约了该体系的广泛应用。

　　磷酸盐测试（隔离）液是近几年开始应用的一种新型盐水隔离液（国内称作复合盐的主要成分），所用磷酸盐是磷酸的碱金属盐，主要是指钠盐和钾盐。自 2008 年起，已经在印度尼西亚 Pertamina EP 公司所属的 5 口高温高压酸性气井（深水探井）中应用。它的特点有：

　　（1）密度高（能够达到 2.5g/cm³）；

　　（2）腐蚀性低；

　　（3）具有较高的黏度，可以悬浮一定岩屑或砂粒；

　　（4）在 232℃下仍然具有良好的性能；

　　（5）弱碱性的 pH 值（9~10.5）；

　　（6）由于所用的盐是用作肥料的磷酸盐，对环境基本无害。

　　4. 水基保温测试（隔离）液

　　气基测试（隔离）液和油基测试（隔离）液都具有极低的导热系数，但因为分别存在"回流"和"热点"现象，其隔热效果并不理想。近年来，国外研究出了隔热效果优良的水基保温隔离液，并在现场得到了成功应用。体系具有很低的导热系数，导热损失少。另外，当它在环空中静置时，具有一定的黏度，从而把对流传热损失大大削弱。

　　国外有两种具有代表性的体系：N-SOLATE 和 NAIF。N-SOLATE 是一种"盐水—聚合物"体系。盐既起加重作用，又起到降低导热系数的作用。体系中的聚合物主要是指两种特殊的无机增黏剂，它们在配制和泵送过程中不发生作用，而在井下环空中受热后发生交联反应，体系黏度剧增，并保持长期稳定，从而有效降低了对流传热损失。NAIF 也是"盐水—聚合物"体系。

　　同样地，可溶性盐的加入既增加体系密度，又降低基液的导热能力。体系的核心处理剂有两种：增黏剂和"固化剂"。增黏剂是一种多糖类聚合物，形成的溶液具有极佳的剪切稀释性，保证隔离液在泵送过程中黏度极低，而在环空低剪切速率下具有极高的黏度，自然对流热损失大幅度下降；固化剂使隔离液体系中的自由水部分地"固化"，进一步减小自然对流的热量损失。

　　室内实验表明，NAIF 在 82.2℃温度下经过 1 年多的时间而性能稳定，体系具有广泛的应用前景。水基隔热性隔离液有效地降低了热量损失，确保了深水油气井以及永久冻土区油气井的井筒完整性，有效提高了井筒温度，控制了水合物生成风险，保证了测试成功，是目前最为科学合理的深水气井测试保温隔热方式。随着海上油气田开发对深水的不断挑战，它必将会得到石油工业界的深入研究和广泛应用。

　　从 20 世纪末起，BJ Services 公司的 Javora 等人研发并应用了三代水基保温隔离液体系，即 ABIF、ATIF（图 2-1）及 NAIF。该系列隔离液是溶剂固化体系，其基本构成是"水+可溶性盐+增黏剂+二醇+固化剂"。可溶性盐调节体系密度并减小导热系数；增黏剂是一种多糖类聚合物，用它来调节体系的流变性，获得极佳的剪切稀释性；二醇既可以减小体系的导热系数，又可以增强体系的抗温性能。使用固化剂来固化体系中的溶剂（水和二醇），进一步减小自然对流传热损失。

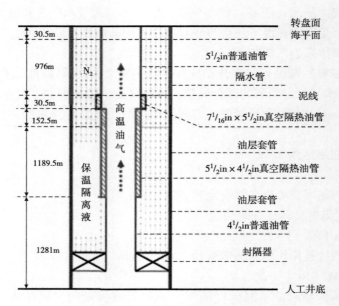

图 2-1　保温隔离液 ATIF 的应用

Baroid 公司的自交联保温隔离液体系 HTIPF（the Ultra High-temperature Insulating Packer Fluid）不含交联剂，体系在一定温度下发生"高温自交联"。该体系的主要构成是：水+可溶性盐+多元醇+增黏剂 A+增黏剂 B+其他。两种增黏剂都是纳米型无机聚合物，具有"温度活化"的特性，当达到一定温度时，增黏剂活化，从而发生交联作用。

常温下，两种增黏剂的水溶液具有很低的黏度，便于隔离液被泵送进入井下环空；一旦处于井下环空特定的温度环境，二者即发生交联，黏度迅猛增加，并能保持长期稳定，长效降低自然对流传热损失。该交联体系抗温高至 177℃，其密度在 1.02~2.04g/cm³ 间连续可调，导热系数小于 0.35W/(m·K)。精确的室内模拟实验测得 HTIPF 的对流传热系数仅为 17.3W/(m²·K)，而同等条件下水的对流传热系数达 503.9W/(m²·K)，热损失量仅为纯水损失量的 3%，陵水某深水井保温隔离液效果预测见表 2-2。

另外，水基保温隔离液体系表现出抗温性能力强、密度范围宽、隔热性能佳的特点。该体系成功地避免了墨西哥湾地区深水井的环空带压问题及注蒸汽热采井井口上升过大问题。

表 2-2　陵水某深水井保温隔离液效果预测表

地层温度（℃）	储层深度/水深（m）	产量（10⁴m³/d）	RCM 处温度（℃）（泥线以上20m 左右）	井口温度（℃）	预测温度（℃）[盐水测试液0.55W/(m·K)]	预测温度（℃）[保温隔离液0.12W/(m·K)]	提高温度（℃）
132.7	3920/975	20	40.56	20.4	19.6	22.90	3.30
		50	42.22	21.7	20.9	24.24	3.34
		100	55.56	20.9	23.0	35.36	12.36
		120	60.00	22.4	25.4	40.40	15.00

五、压井液

在深水油气测试求产结束后，向井筒内注入压井液是必不可少的环节，研制优质的压井液对于保证井控安全、保护油气层、提高开发后的油气井产能、增加采收率、延长油气井寿命等都具有重要的现实意义。压井液按照固相含量可分为有固相压井液、低固相压井液、无固相压井液三种，目前海上油气田现场普遍使用的是有固相压井液、无固相压井液。国内石油高校、各油田从各个层次进行了全方位的探索和应用，20 世纪 90 年代后有了很大的进展，形成了无固相压井液、油基压井液、防漏型压井液、抗高温压井液、低伤害压井液、高密度压井液等各种类型压井液体系。

（一）无固相压井液

为了减少对油气层的伤害，目前国内外深水油气田多数采用无固相压井液，其中用得最多的是无固相清洁盐水。清洁盐水由一种或多种盐类和水配制而成，这类流体不需通过悬浮固相来控制静液柱压力。密度通过加入不同类型和数量的可溶性无机盐进行调节，选用的无机盐包括 $NaCl$、KCl、$CaCl_2$、$NaBr$、KBr、$CaBr_2$、$ZnBr_2$ 和 $HCOONa$ 等。适当选择盐类能满足大部分地层条件的修井需要，其密度范围是 $1.06 \sim 2.3 g/cm^3$。其防止地层伤害的机理是由于它本身不存在固相，不会夹带固体颗粒侵入产层，无机盐类改变了体系中的离子环境，使离子活性降低，即使部分压井液侵入产层也不会引起黏土膨胀和运移。其优点还表现在能有效抑制黏土膨胀和微粒运移，与储层有很好的配伍性。典型代表是甲酸盐体系，甲酸盐体系作为一种新型的具有进攻性的钻井液和完井液体系，正得到全世界石油工业界的认可和重视。其缺点是对于衰竭气藏，由于没有固相，漏失会比较严重。

（二）油基压井液

油基压井液用油作连续相，水形成液体内不连续相的压井液，其适用于压力梯度低于淡水梯度的地层和水敏性地层。如果现场原油适合作业需要，则原生原油是一种最好的压井液，它不损害地层。其缺点是含有石堵和沥青颗粒，会乳化地层，闪点和燃点低，有着火危险。该体系主要针对多数油气田在修井作业过程中遇到的低孔隙、低渗透及水敏性地层，具有较强的抑制性能和良好的返排能力。

（三）防漏型压井液

防漏型压井液采用可降解的高黏聚合物及粒径匹配的复合暂堵剂，利用颗粒的屏蔽暂堵作用和聚合物溶液的高黏性漏失阻力提高漏失压力，既可防止油气井漏失，又可依靠压井液良好的配伍性来保护油层。现场应用表明，防漏型压井液具有抗温性好、防漏能力强、地层损害低、配制方便、工艺简单、环保性好的特点，成为解决砂岩深水高渗透油气藏漏失井的有效手段。

（四）抗高温压井液

抗高温、高压、深井复杂地层的压井液技术仍是国际上各大压井液公司的主攻目标，而且竞争激烈，互相保密。各公司各自命名了自己体系的名称，但从配方组成来分析，基本上是大同小异的，也就是说其研制或选择处理剂的机理是基本相同的。其可概括为以下四个方面。

（1）阴离子型聚合物水基压井液。其所使用的聚合物在其 C-C 主链上的侧基上含有磺酸根（$-SO_3H$），如磺化聚合物 Polydrill。

（2）阳离子型聚合物水基压井液。这种抑制能力很强的新型压井液与原阴离子聚合物压井液的本质区别就是在"有机聚合物包被剂"这一主剂上引入了阳离子基团。

（3）非离子型聚合物水基压井液（聚多醇类）。聚醇类是一种非离子型表面活性剂，在一般水基压井液中，将上述化合物加入一定的量就可以明显提高该体系的页岩抑制性、润滑性，并且毒性低，可以生物降解；也可加入磺乙基纤维素的碱金属盐、铝盐等复配使用。

（4）合成基压井液。合成基压井液是以人工合成的有机物为连续相，盐水为分散相，再加上乳化剂、降滤失剂流型改进剂等组成。合成基压井液无毒、可生物降解、对环境无污染、高温稳定性好。

第二节　井筒清洁工艺

井筒清洁是深水油气测试准备阶段为保证后续测试管柱和测试工具的安全顺利下入和作业期间的正常操作，而下入专门的刮管、洗井管柱，并携带切、削、刮、吸等系列工具，依靠物理和化学的方法对钻井作业结束后的井筒进行清洁的作业过程。在深水油气测试作业期间，井筒的清洁程度直接影响后续作业是否顺利。深水油气测试的刮管洗井工具串组合应能达到套管刮管、替液和冲洗防喷器内腔的目的。常用的深水刮管洗井工具有：隔水管刷、防喷器喷射接头、刮管器、刮管刷、过滤器、磁铁、文丘里工具等。目前深水油气测试井筒清洁工艺有一趟式井筒清洁工艺和分趟式分井段井筒清洁工艺。从国内外深水油气测试的实际作业来看，一趟式井筒清洁工艺目前应用最为普遍。

一、深水油气测试井筒清洁工艺

深水油气测试施工难度大，对井筒清洁程度的要求高。根据安全、高效的作业原则，通过专用洗井工具组合一趟作业对套管、隔水管进行清刮，替入测试液，并在起钻过程中通过多功能过滤器对井筒内测试液进行过滤，并在起 BOP 喷射接头至 BOP 时，对 BOP 及井口头进行冲洗，一趟下钻完成整个井筒的彻底清洁过滤，直至返出液体满足设计要求。测试作业时考虑到钻井临时弃井水泥塞以及钻井液对井筒清洁的影响，须及时置换残存井底的钻井液，清除井筒内的水泥碎块等杂质，重点清刮隔水管内壁、防喷器内腔、防砂封隔器坐封位置、沉砂封隔器坐封位置、射孔对应井段和临时弃井桥塞坐封位置。

一趟式井筒清洁系统主要由套管刮削器、套管刷、强磁打捞器和钻头四部分组成，采用模块化设计，可根据需要灵活组装，使用方便。其主要用于完井测试作业前清洁井筒，同时也可用于井壁掉块、沉砂、磨铣落物等导致井筒内废屑较多而需要清洁的情况，可显著降低复杂时间，提高生产时效。

系统的各个组成模块均采用一体成型式心轴设计，抗拉、抗扭强度高，操作可靠性强。系统允许的最大转速为 150r/min，正常工作时，钻柱旋转而一趟式井筒清洁系统保持不转，避免了对套管的磨损。套管刮削器和套管刷与套管内壁保持 360°全接触，刮削器为双面刀刃，可以使清洁效果加倍，并且刀刃为螺旋形设计，有助于增加环空流速；强磁打捞器使用 Grabit 强力磁铁，吸附力是常规磁铁的 5 倍，可以有效吸附金属碎屑，且配备有大容量打捞篮，岩屑承载量大。

深水典型的一趟管柱刮管钻具组合：平台冲洗头+5.875in 钻杆 1 柱+变扣接头+9⅝in 旋转刮管器+9⅝in 强磁+9⅝in 套管刷+ 9⅝in 多功能过滤器+变扣接头+5.875in 钻杆+变扣接头+BOP 喷射接头+变扣接头+5.875in 钻杆+变扣接头+19.63in 隔水管刷+变扣接头+5.875in 钻杆。

关键工具有冲洗头、旋转刮管器、强磁、套管刷、多功能过滤器、BOP 喷射接头、隔水管刷。

（一）隔水管刷

功能描述：上部毛刷可以有效清洁导管内壁，下部自带的捞篮可以有效回收刮下的碎屑。

工具特色：整体没有活动的部件，减少了井下落物的风险；工具外径较大，有效增加环空返速；采用了高强度的毛刷，对内壁清洁效果更好；可以承受高达 100r/min 的转速且转动时毛刷不动，减少导管的磨损。

尺寸规格：目前的隔水管刷可以对以下四种内径的隔水管进行清洁：19.25in、18.63in、19.63in、20.5in。

（二）BOP 喷射接头

功能描述：喷射钻井液，清除内壁的碎屑。可以清洁 BOP 内部、导管内壁、井口头内壁、套管挂内壁和油管挂内壁，提高环空返速。其内部结构如图 2-2 所示。

结构原理：通过内部投堵头，堵头上下两端是截面积不同的锥面，井口打压至约1300psi，靠锥面上下的压差剪切喷射接头内部的销钉，滑阀下移，露出冲洗水眼，通过喷射功率较大的水眼，可以对 BOP 内部、井口头内壁、套管挂内壁实现充分全方位的喷射，高效地对以上部位实现清洁。

工具特色：优质的碳化钨喷嘴，可以随时根据钻井泵功率进行更换，适应性更强；堵头内部结构可以用电缆回收，效率更高；投堵后，不会堵塞管柱内部的流通通道，便于处理紧急情况。

（三）磁铁

功能描述：通过工具携带超强磁铁，吸附井筒中的铁屑。主要应用于以下情况：清除井筒里的金属碎屑；套铣作业时，回收产生的金属碎屑（不能用于粗磨，否则容易形成桥堵）。

（四）多功能过滤器

功能描述：通过上部专用毛刷和下部筛缝过滤器实现一趟下钻，同时起到刮管和收集碎屑的效果，其结构如图 2-3 所示。

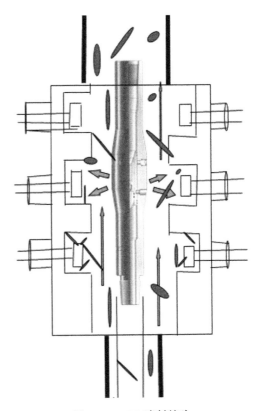

图 2-2　BOP 喷射接头

图 2-3　多功能过滤器

工具应用：大位移井、大斜度井（井斜 40°或者以上）；在环空难以提高返速的井中使用；钻井液携砂能力不足的井中使用；大部分深水井中使用；要求确保井筒清洁的井中使用。

工作原理：多功能过滤器（MTWF）在下入（RIH）和起出（ROOH）井筒时，分别有两种不同的工作状态，下入时的工作状态，有大的流通通道，可以避免压活塞情况出现，方便快速下入；当起出井筒时，毛刷清洁套管内壁，环空只有唯一的通道可以供井内流体通过，并且必须经由多功能过滤器的滤网，可以有效地回收井筒中的碎屑，达到一趟刮管、同时回收的效果。

（五）套管刮管器

功能描述：清刮套管内壁，清除内壁的滤饼、水泥环、射孔产生的毛刺、磨铣产生的碎屑、石蜡等。其结构如图 2-4 所示。

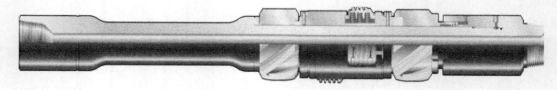

图 2-4　套管刮管器

工作原理及功能特点如下。

两种工作状态可以自由选择：自由旋转状态，该状态下刀片和扶正套相对套管不发生旋转，心轴可以高速旋转，从而增加环空返速和降低套管磨损；解卡状态，当遭遇井下复杂情况时，上提管柱，刮管器可以通过剪切相应的剪切环，实现刀片和扶正套同步转动，达到解卡效果。

（六）VACS 打捞篮

VACS 打捞篮原理：理论依据是文丘里效应，也称文氏效应。这种现象以其发现者，意大利物理学家文丘里（Giovanni Battista Venturi）命名。这种效应是指在高速流动的气体附近会产生低压，从而产生吸附作用。当气体或液体在文丘里管中流动，在管道的最窄处，动态压力（速度头）达到最大值，静态压力（静息压力）达到最小值。气体（液体）的速度因为涌流横截面积变化的关系而上升。整个涌流都要在同一时间经历管道缩小过程，因而压力也在同一时间减小。进而产生压力差，这个压力差给流体提供一个外在吸力。

对于理想流体（气体或者液体，其不可压缩和不具有内摩擦力），其压力差通过伯努利方程获得。说得通俗一点就是当风吹过阻挡物时，在阻挡物的背风面上方端口附近，气压相对较低，从而产生吸附作用并导致空气的流动。文氏管的原理其实很简单，它就是把气流由粗变细，以加快气体流速，使气体在文氏管出口的后侧形成一个"真空"区。当这个真空区靠近工件时会对工件产生一定的吸附作用。

在 VACS 短节中，通过投入一个坐封球，此时，循环通道会如图 2-5 中箭头所示，在工具内部形成一个低压区，这个低压区域会对附近的物体产生强吸附作用，从而达到将落物吸入工具内部的效果。

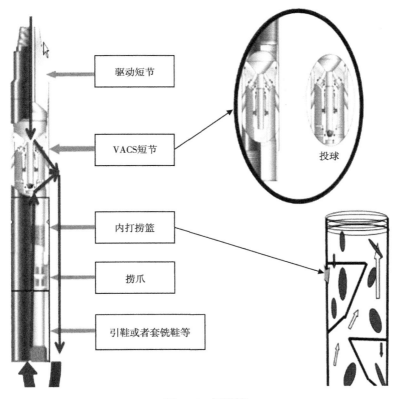

图 2-5　打捞篮

二、刮管洗井作业程序

（一）作业准备

（1）工具的所有孔眼都需要清洗并去除杂物；

（2）所有入井工具必须绑扎好，并通径；

（3）为节省时间，刮管器、刮管刷、磁铁等工具应尽量提前预接；

（4）彻底清洗钻井液池、循环系统，预先配制清洗液、隔离液、完井液和射孔液；

（5）确认刮管洗井管柱表。

（二）刮管洗井作业程序

1. 刮管和冲洗防喷器

（1）组合刮管洗井管柱；

（2）控制下钻速度，在水泥塞位置、封隔器坐封位置、射孔段位置及其上下刮管至少三次，同时使用隔水管刷对隔水管清刷；

（3）下钻到位前，泵入稠浆，用海水顶替，冲洗防喷器内腔，上下活动管柱，大排量循环，用稠浆清扫，直至井眼干净。

2. 循环洗井

（1）按照设计泵入洗井液，同时转动和上下活动管柱；

（2）替过滤海水，直到洗井液返出井口为止；

（3）洗井液返至防喷器以上时，启动隔水管增压泵；

（4）大排量循环过滤海水，直至返出液清洁程度满足作业要求；

（5）替入完井液及射孔液。

3. 起刮管洗井工具

（1）起钻，控制起钻速度；

（2）甩刮管洗井管柱，检查并记录磁铁及回收筒内所收集到的碎屑和异物情况。

4. 注意事项

（1）如果碎屑超过过滤器容积的 80%，需重新下入刮管洗井工具；

（2）确保隔水管刷在挠性接头上面；

（3）管柱旋转速度不应超过推荐的工具最高转速。

第三节 射 孔 工 艺

射孔是目前国内外使用最广泛的深水油气测试及完井方法。射孔技术是指将射孔器用专用仪器设备输送到井下预定深度，对准目的层引爆射孔器，穿透套管及水泥环，构成目的层至套管内连通孔道的一项工艺技术。它包含的主要内容有：射孔器材、射孔工艺、射孔对油气井产能的影响、射孔评价以及射孔器材的检验等方面。涉及包括数学、物理学、地质、钻井、测井、油藏工程、机械、火工等多学科的专业理论。所以，射孔是一门综合性比较强的石油工程技术。

自射孔被应用于油气井以来，从子弹式射孔到聚能式射孔，从简单的电缆输送射孔到油管输送射孔，穿深从十几毫米到上千毫米，射孔工艺技术自 20 世纪 70 年代以来，得到了比较快的发展。目前的射孔已不仅仅是沟通地层与井筒通道的工艺技术，它又增加了改造油气层、提高油气产量的任务。随着油气勘探开发难度的加大，油藏工程师们对射孔工艺技术的要求也越来越高，他们希望射孔对地层的穿透更深、对产层的伤害最小、完善系数高，能获得很理想的产能。因而，改进射孔工艺、优化射孔设计是完井试油中的重要环节。

目前，世界各国的射孔技术按输送方式基本可分为两类：一是电缆输送射孔；二是油管（钻杆、连续油管）输送射孔。按其穿孔作用原理可分为子弹式射孔技术、聚能式射孔技术、水力喷射式射孔技术、机械割缝（钻孔）式射孔技术、复合射孔技术。深水油气测试常用的是油管输送射孔联作的方式。

射孔前应确定射孔弹类型、射孔枪尺寸、相位及孔密等参数，需进行射孔模拟，确认射孔后的渗流面积是否可达到测试产能的要求。射孔时应首先考虑采用射孔防砂联作方式进行，以提高作业时效并减少对产层的污染，并模拟射孔后是否生成水合物以制订水合物的防治措施，射孔管柱及工艺的设计还需考虑平台漂移及升沉的影响。

一、聚能射孔原理

聚能射孔技术产生于1946—1948年间，是从反装甲武器中演变而来。

聚能射孔技术是指由聚能射孔弹与其他部件组合对地层进行射孔的技术。这项技术的关键单元是聚能射孔弹。聚能射孔弹由三个基本部分组成：弹壳、炸药和药型罩。

药型罩一般为锥型或抛物线型，它是由拉制的铜合金或是由铜、铅、钨等金属粉末压制而成。制造弹壳的材料比较多，有纸、陶瓷、玻璃、金属等，金属弹壳是应用最广泛的弹壳。

炸药是射孔弹穿孔的动力源，其技术参数直接影响到射孔弹的穿孔性能。射孔弹的炸药主要有RDX（黑索金）、HMX（奥克托金）、HNS（六硝基砥）、PYX（皮威克斯）、TACOT（塔考特）等5种。

聚能射孔弹是利用聚能效应进行穿孔的。所谓聚能效应是利用装药一端有锥型或抛物线型空穴来提高装药对空穴前方介质局部破坏作用的效应。当雷管将主炸药引爆后，主炸药产生的爆轰波到达药型罩罩面时，药型罩由于受到爆轰波的剧烈压缩，迅速向轴线运动，并在轴线上发生高速碰撞挤压，药型罩内表面的一部分金属以非常高的速度向前运动。随爆轰波连续地向药型罩底部运动，从内表面连续地挤出速度大于6000m/s的具有极高能量的金属流，该金属流沿轴线方向对目标靶进行挤压穿孔。聚能效应是炸药爆炸作用的一种特殊形式，它之所以具有穿孔（破甲）作用，根本原因在于能量集中。

二、射孔测试联作技术

（一）射孔测试联作

油管输送射孔（TCP）与地层测试器联合作业工艺技术简称射孔测试联作，该技术将射孔、试油两种工艺集于一体，在射孔的同时进行地层测试一次下井可以完成油管输送负压射孔和地层测试两项作业。同时由于测试在较理想的负压条件下同步进行，从而可以获得在动态条件下的地层和流体的多种特性参数。根据这些参数，可以预测产油量、产气量和产水量，可以判断测试层有无开采价值、如何开采以及有无必要采取增产措施，能帮助工作人员及时、准确地认识新油藏，加快勘探步伐，扩大勘探成果，科学指导增产措施。

（二）联作工艺的优越性

（1）联作工艺的最大优越性是在负压条件下射孔后立即进行测试，因而能提供最真实的地层评价机会。其他测试方式是在压井条件下作业，会使压井液或测试液沿射孔孔道向地层深处渗入，造成对油气层的伤害。而选择合理的负压值射孔，首先可以避免流体流入地层，其次是射孔后依靠地层自身的压力来消除通道的残留物和孔道周围的压实带，使射孔孔道立即得到清洗，从而获得最理想的流量。

（2）由于测试是在爆炸时记录，因此可根据变化率褶积方法在早期获得储层渗透率总污染系数的估算。

（3）可缩短测试周期，减轻劳动强度，降低成本。

（4）可有效防止井喷，由于射孔是在各种井口设备、流程管线装配完毕后进行的，所以更加安全可靠。

（5）可以解决大斜度井、水平井和稠油井及高温、高压井井底射孔问题。

（6）可以与多种试油和采油工艺方法结合起来，实现联合同步作业。

（7）可以使用自然伽马曲线校深，保证了射孔深度的准确无误。

目前，射孔测试联作工艺技术在国内内陆和海上油田已经得到广泛应用，形成了一整套的测试工具、作业规范和数据处理方法，技术成熟。

三、射孔工艺的选择

表2-3是目前主要选用的射孔工艺方法，不同的射孔工艺具有不同的优缺点。

表 2-3　各种射孔工艺方法的比较

射孔方法		优点	缺点
电缆输送射孔枪射孔	正压	施工简单，成本低，高孔密，高穿透	污染严重，不适用于斜井、水平井和稠油井
	负压	具有负压清洗和穿透较深的优点，适用于低压油藏	不适用于自喷井、斜井、水平井和稠油井，不能保证多次射孔的负压
油管输送射孔		高孔密，高穿透，易形成负压，便于和其他工艺联作，适用于各种井	联作工艺复杂
电缆输送过油管射孔		污染小，适用于生产井不停产补射孔和打开新层位	负压值小，穿透能力小，电缆易卡，射孔枪的长度和直径受到限制
喷射射孔	高压液体射流	孔径大，穿透能力特强	工艺复杂，成本高
	水力喷射	孔径大，穿透能力特强	方向性差，不适用于软地层

射孔工艺优选的基本原则是：

（1）对井斜不超过20°、地层压力较低、无负压射孔要求、井身规则无变形、无油帽、原油黏度低、清水或压井液黏度低、射孔段小的井，可选用电缆输送射孔工艺；对井斜不超过20°、地层压力高、无负压射孔要求、井身规则无变形、无油帽、原油黏度低、清水或压井液黏度低的井，可选用电缆输送密闭式射孔工艺。

（2）对井斜大于20°、地层压力高或不清楚、原油黏度较高、需进行负压或超正压射孔的井，应选用油管输送射孔工艺；在井斜不大于35°时，可选用机械投棒方式的起爆装置；当井斜大于35°时，应选用压力起爆方式的起爆装置。

（3）当井内有钻井液、稠油时，应选择密闭式起爆装置加开孔器的组合管柱进行油管输送射孔。

（4）当井内有油管，因某些原因不宜起出而又需要射孔时，可选择电缆输送张开式过油管射孔工艺或电缆输送无枪身过油管射孔工艺。

（5）在井内射孔段以上套管有变形，但变形处最小直径大于80mm时，可选用电缆输送张开式过油管射孔工艺。

四、射孔参数的优选

（一）射孔参数对孔隙性油藏产能的影响

1. 孔深、孔密的影响

如图 2-6 所示，油气井产能比随着孔深、孔密的增加而增加，但提高幅度逐渐减小，即靠增加孔深、孔密提高产能有一个限度。从经济角度来考虑，孔深小于 800mm 而孔密小于 24 孔/m 时，增加孔深和孔密，其增产效果比较明显。

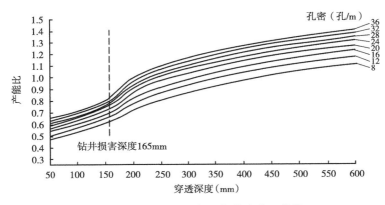

图 2-6　孔深、孔密与油气井产能比曲线

2. 相位角的影响

图 2-7 表明在各向异性不严重时（$0.7 \leqslant K_z/K_r \leqslant 1.0$，其中 K_z 为地层的纵向渗透率，K_r 为地层的水平渗透率），90°相位最好，0°相位最差，依产能比从高到低的顺序，相位角依次为 90°、120°、60°、45°、180°、0°。

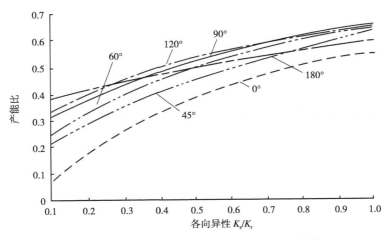

图 2-7　相位角和各向异性与油气井产能比曲线

3. 孔径的影响

从图 2-8 可以看出，随着孔径的增加，油井产能比增加，但相对而言，孔径的影响并不大，一般保证孔径在 10mm 以上即可。

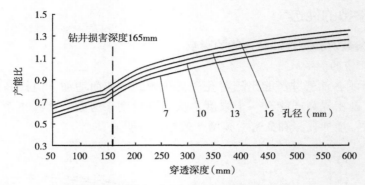

图 2-8　孔径对油气井产能比影响曲线

（二）射孔压实对油井产能的影响

国内对射孔压实带影响射孔完井产能进行了大量研究，研究结果表明，压实带厚度增加，产能比降低，如图 2-9 所示。

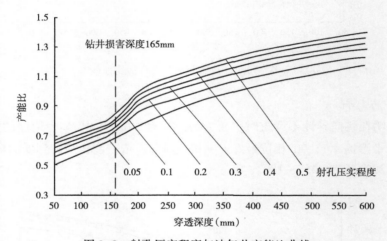

图 2-9　射孔压实程度与油气井产能比曲线

（三）射孔参数的优选

综上所述，射孔参数选择高孔密、深穿透、大孔径是比较适合的。若孔渗条件较好，且深水油气测试后有转开发井的需要，可以适当降低孔密，以保证生产套管的强度。南海深水油气测试全部使用的是这种射孔参数组合，效果比较好。

五、射孔负压值

负压射孔是通过人为降低井内液柱高度，减少井内液柱压力，从而改变地层在射孔时的压力环境，使射孔时井内液柱压力低于储层的原始地层压力。在负压条件下射孔，打开地层的瞬间即会产生比较强的冲击回流，使钻井过程中进入地层的固相颗粒及地层中可移动的颗粒外移，同时避免射孔弹爆炸后固相颗粒和压井液进入地层。足够的负压值，不但能够形成完全清洁畅通的孔道，而且可以减轻射孔压实损害，同时也避免了射孔液对储层的伤害，从而提高油井产能。大庆油田现场试验结果表明，负压射孔比正压射孔表皮系数减少率为109%，堵塞比减少率为43%，流动系数提高了105%，日产量增加率为33%，效果非常明显。负压射孔的作用明显，但合理选择负压值非常重要，因为，既要保证射孔时形成负压，同时又要防止地层出砂。

针对南海深水各盆地储层特征，利用美国 CONOCO 公司的计算方法进行确定。

若油层没有出砂历史，则：

$$\Delta p_{rec} = 0.2\Delta p_{min} + 0.8\Delta p_{max} \tag{2-1}$$

若油层有出砂历史，则：

$$\Delta p_{rec} = 0.8\Delta p_{min} + 0.2\Delta p_{max} \tag{2-2}$$

其中：

$$\Delta p_{min} = 2.17/K^{0.3} \tag{2-3}$$

$$\Delta p_{max} = 24.132 - 0.0399\Delta T_{as} \quad (\Delta T_{as} \geqslant 300\mu s/m) \tag{2-4}$$

$$\Delta p_{max} = 0.8\Delta p_{tub,max} \quad (\Delta T_{as} \leqslant 300\mu s/m) \tag{2-5}$$

式中　$\Delta p_{tub,max}$——出砂时的生产压差；

　　　K——产层渗透率；

　　　ΔT_{as}——声波时差。

六、深水射孔工具

（一）射孔丢枪装置

如图 2-10 所示，深水射孔自动丢枪装置可在射孔枪点火射孔后自动丢弃射孔枪，在深水作业中具有广泛的应用。深水自动丢枪装置设计选型应遵从以下原则：

（1）在点火瞬间自动丢枪，避免辅助作业，减小振动对管柱的影响；

（2）射孔丢枪装置下部连接的射孔枪重量按厂家推荐要求配置；

（3）丢枪后，射孔管柱前端完全敞开，并形成一个用于钢丝作业的引鞋；

（4）丢枪时点火头和 NO-GO 接头被完整地丢落到井底，如需打捞出井，可一趟完成打捞作业；

（5）自动丢枪装置需适配于多种点火头，适用范围广。

（二）深水液压延时点火头

液压延时点火头是通过加压的方式操作，其不受井筒内的固相颗粒影响。液压延时点火头内部设计有一个特殊的腔室，这一设计可以避免井筒内的固相碎

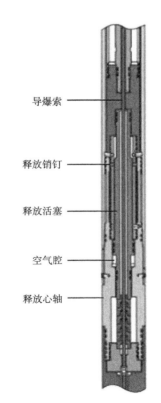

导爆索

释放销钉

释放活塞

空气腔

释放心轴

图 2-10　斯伦贝谢公司 SXAR
自动丢枪装置示意图

屑对点火头造成影响。深水液压延时点火头设计选型依据：

（1）液压点火头至少考虑一用一备，射孔管柱应安装两个液压延时点火头，这两个点火头并列安装，压力等级一样，但延时不同；

（2）采用氮气或其他方式建立负压时，可控的液压延时能为泄掉点火压力留足时间；

（3）两个点火头与下面的射孔枪通过导爆索连接；

（4）在井温条件下能够确保其功能正常。

第四节　防砂工艺

一、国际上深水防砂方式

A. L. Martins 等人论述了在巴西深水的防砂方式，其主要采用裸眼完井、砾石填充的方式。在巴西近海，已有 260 余口水平井采用该方式完井，一般水平段长度在 500~700m，防砂效果明显，成功率较高。Bennett 等人在 2000 年提出，对于巴西近海超过 500m 的水深，需要裸眼砾石填充和优质筛管共同使用。随着裸眼砾石填充操作技术的发展，在巴西深水防砂过程中，目前有 18 口水平段超过 1000m 的井也运用砾石充填方法进行防砂，在现阶段砾石填充的水平长度已达到 1200m 的长度。对于裸眼砾石填充，需要考虑以下几个因素：密度窗口，液体流速，合适的钻井液设计等。在巴西深水防砂中，可膨胀筛管在该地区多次失败以及在防砂过程中出现事故，使其处于淘汰的边缘。国际公司对于独立筛管防砂的可行性分析已经在进行，并得出了在此地区砾石填充和独立筛管在相同井段的效果区别不大。

在 Campos 和 Espirito Santo 盆地，裸眼砾石充填是使用最为广泛的一种防砂方式，其充填过程如图 2-11 所示。在深水及超深水地层，该防砂技术使用条件比较苛刻。与常规储层相比，深水地层沉积时间短，破裂压力低，施工作业窗口窄，向水平段泵入砾石带来的动态压力容易导致地层破裂，为保证施工正常进行，施工动态压力应该介于孔隙压力和地层破裂压力之间，典型的浅水储层和深水储层孔隙压力和破裂压力如图 2-12 所示。

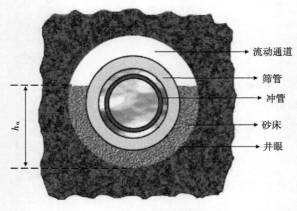

流动通道
筛管
冲管
砂床
井眼
储层

h_a

图 2-11　裸眼砾石充填过程

深水地层裸眼砾石充填完井成功的关键就是降低泵注压力。井底压力来自两个方面：一是静水压力；二是摩擦压力损失。静水压力取决于流体密度以及井眼的垂深，而摩擦压降则取决于流体密度、流型、流速、流动区域几何形状等。降低流体密度是一个非常有效但是非常危险的策略，在停止泵注时，储层流体可能返排进入井筒；降低流体的摩擦损失则是一种相对有效且安全的方式，主要可以从以下几个方面考虑：

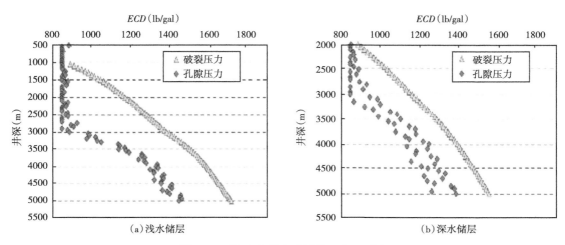

图 2-12　浅水和深水地层施工窗口对比

（1）向流体中添加高分子降阻剂；

（2）使用轻质支撑剂；

（3）在管柱直径突变处安装"U"形管（图 2-13）。

图 2-13　"U"形管装置图

2004 年，Eric Delattre 等人主要研究了安哥拉吉拉索尔区块的深水井（水深 1250～1400m），在利用裸眼独立筛管完井防砂后，防砂效果较好。并在其他井利用压裂充填进行防砂，证明了压裂充填是一种简单、低风险且采油效率高，无砂堵或采收率下降的防砂方式；并提出了对于水平裸眼井采用压裂充填或独立筛管方式可提高采油指数。2012 年，Samir Kumar Dhar 等人在孟加拉湾 Krishna-Godavari 区块疏松砂岩气藏深水井（水深 400～

1200m）采用砾石填充技术，防砂效果较好。2012 年，Hong Zhu 等人提到墨西哥湾的某个深水井（26200ft）有两个区域需要进行压裂充填防砂，上区在 25900ft，下区在 26600ft，利用分域单程压裂充填工具。

曾春珉等人提到深水完井应在保证作业安全和工程质量的前提下应尽可能地减少不必要的起下钻作业，优化作业步骤，提高作业时效，节约作业时间；同时尽可能避免或减轻对储层的污染，提高油气井单井产量。它可以将射孔枪连接在筛管底部，在射孔的同时实现自动丢枪；射孔后将筛管下至射孔段，利用防砂管柱的服务工具作为转换通道来完成端部脱砂压裂，同时将优选的人工砂作为裂缝支撑剂和环空充填砂。作业程序可以简化为：下入联作管柱→射孔—压裂充填防砂作业→起钻。其主要的关键技术在于：

（1）联作完井工艺管柱功能高度集成，若某个环节出现问题，整体都将面临很大风险，因此对各个工具的质量和可靠性要求较严格，对技术人员的水平要求较高；

（2）从联作完井工艺管柱的下入到射孔、压裂充填防砂作业，管柱的绝大部分功能和工序都是通过钻杆内或环空加压来完成的，只能通过对各个工具设定不同操作压力来实现，因此加压的顺序和压力大小不能错误，加压程序复杂，需要各服务商高度协调配合；

（3）将射孔枪置于射孔段，以及射孔后解封沉砂封隔器，将筛管下至射孔段后重新坐封，由于半潜式钻井平台随海浪沉浮，并受潮差的影响，所以要保持顶驱补偿器打开，精确丈量管柱的下入长度，避免出现误射孔和筛管下入深度错误；

（4）在射孔的同时又要完成丢枪，因此在钻井时必须预留足够长的口袋。

总之，深水中的主要防砂完井方式有以下几种：独立优质筛管、套管砾石充填、压裂砾石充填、裸眼砾石充填以及膨胀筛管。就现有文献调研来说，主要推崇的防砂方式主要有砾石充填、压裂充填和独立优质筛管完井，同时深水裸眼防砂完井存在的最大挑战就是地层破裂压力低，在使用砾石充填的时候需要合适的运移技术将砾石运移到指定的位置而不会使地层破裂，导致过早滤砂影响整个施工过程。

对于深水井与浅水井，防砂主要区别：从防砂方式选择来说，深水井和浅水井防砂完井并无太大区别，深水主要采用筛管加砾石充填，也有少数地区采用独立筛管完井，这是由储层岩石性质决定的；从防砂施工角度，深水储层破裂压力低，防砂施工窗口窄，施工过程容易压裂储层导致提前滤砂，施工条件比浅水井防砂完井苛刻。

在深水油气测试过程中，由于试油气时间较短，取准取全地层资料为首要目标，在控制生产压差和增加地面除砂设备的条件下，大多选择防砂筛管进行测试防砂。

二、防砂设计

（一）防砂方式选择

防砂方式选择主要考虑储层物性、油水关系、储层保护、沉积相特征、钻完井成本以及地层砂粒径筛析结果中均质系数和分选系数、细粉砂含量、泥质含量等关键因素。常用的防砂方式主要包括独立筛管防砂、膨胀式筛管防砂、砾石充填防砂、压裂充填防砂等。防砂方式选择依据如下：

（1）深水油气田测试应选择可靠的防砂方式；

（2）防砂方式选择应满足油气田测试取资料的要求；

（3）独立筛管防砂和膨胀式筛管防砂适用于地层砂均质性好、泥质含量较低的地层，对于泥质含量较高的地层宜采用砾石充填防砂或压裂充填防砂；

（4）深水裸眼井充填宜采用砾石充填防砂，套管射孔井充填宜采用压裂充填；

（5）膨胀式筛管防砂应考虑井眼状况；

（6）压裂充填防砂应考虑穿越沟通油层与水层和气层的风险。

（二）防砂参数设计

以地质油藏的最新研究成果，选取有代表性的地层砂样进行粒径分析，取得地层砂粒径组成、分选性、均质性、细粉砂含量等关键数据，优选确定合理的防砂参数。根据储层粒度中值 d_{50}，确定充填所用的支撑剂规格；充填应尽量选择优质、均匀、硬度高的砾石，其质量都应达到以下标准：

（1）超大或过小尺寸的颗粒含量不得超过砾石总质量的 2%；

（2）砾石的圆度球度不低于 0.6；

（3）在标准土酸中的酸溶度小于 1%；

（4）砾石试样水浊度（NTU 值）不大于 50；

（5）显微镜观察下不能发现两个或两个以上的颗粒结晶块；

（6）抗破碎试验产生的细颗粒砂质量应符合表 2-4 的要求。

表 2-4　砾石抗破碎试验标准

砾石尺寸（目）	细砂含量（%）
8~12	<8
12~20	<4
16~30	<2
20~40	<2
30~50	<2
40~60	<20

压裂充填作业时，应根据地层压力系数选择支撑剂承压等级，筛管挡砂精度选择应根据砾石的粒度中值 D_{50} 确定，必要时可以进行挡砂精度模拟实验，进一步论证挡砂精度的可靠性。

（三）防砂筛管设计

（1）防砂筛管类型的选择应考虑实际地层条件，必要时可以进行筛管防砂模拟实验，进一步优选筛管类型。

（2）防砂筛管的强度性能指标应满足施工作业和生产要求。

（3）防砂筛管的尺寸应考虑井眼尺寸和套管尺寸（筛管与裸眼或套管的环空间隙尺寸要求不小于 0.75in），充填防砂的筛管还应考虑砾石的充填厚度，同时要求控制井眼轨迹保证筛管正常下入到位。

（4）防砂筛管应对准产层，且覆盖长度应大于防砂层段。

（5）防砂筛管的材质应满足井下腐蚀环境要求（CO_2、H_2S 等腐蚀）。

（6）深水充填防砂，宜采用附带有导流管的筛管。

（四）砾石充填工艺设计

（1）充填砾石用量应根据井筒内径、筛管外径、筛管长度、盲管外径、盲管长度及打开产层段的长度计算，并考虑一定的额外附加量。

（2）盲管长度应适当加长，以能容纳较多的储备砾石，确保充填的完整性，应根据打开产层段的长度、充填工艺确定。

（3）根据充填工艺、井斜、施工参数等设计洁净且无伤害的砾石充填携砂液。

（4）根据地层破裂压力、循环压耗等数据确定最大允许泵排量。

（5）根据充填方式、砾石用量、携砂液性能等参数确定充填砂比及用液量。

（6）根据泵压、排量要求，确定地面泵送设备。

（五）压裂充填工艺设计

（1）根据地层渗透率及产能要求，确定压裂缝长和缝宽。

（2）根据地层温度、配伍性等选择携砂液体系和配方。

（3）根据压裂规模确定支撑剂用量，并结合携砂液性能确定充填砂比、用液量。

（4）建议通过小型压裂测试确定泵排量。

（5）根据泵压、排量要求，确定地面泵送设备。

（6）压裂充填防砂设计需要考虑压裂砂浆对于井下充填工具和套管的磨损。

三、深水气田防砂方式选择

LS17-2 构造位于琼东南盆地深水区的陵水凹陷东部，该区块已完成 2 口探井。LS17-2-1 井已临时弃井，计划在后期进行测试并转开发井。LS17-2-1 井拟测试黄流组 I 气组，埋深 3320～3351m，拟开发 0 气组和 I 气组，0 气组埋深 3299～3214m。在本次的研究过程中，主要根据陵水 17-2 气田黄流组的储层物性资料，优选防砂参数和完井方案，结合试验和理论计算为该气田设计合理的防砂方案。

对于 LS17-2-1 井测试及相应转生产井过程中，主要存在以下几点问题。

（1）出砂可能性高：LS17-2-1 井属浅埋储藏，且大段重的上覆岩石介质被轻的海水所取代，引起压实强度降低，导致储层疏松。根据 LS17-2-1 井测井资料进行初步出砂预测：储层无论是 B 出砂指数、S 出砂指数还是声波时差预测结果出砂可能性高。

（2）出砂对测试作业危害大：渗透率高（LS17-2-1 井实测平均约 1600mD），预测测试放喷产量高达 $150 \times 10^4 m^3/d$，流体流速快，出砂对测试管柱、井下工具和地面设备破坏大，易造成管柱和地面设备刺漏，影响测试作业。

（3）计划转开发井，测试期间防砂方式需综合考虑后续完井防砂。

（4）首次进行深水油气测试作业，缺乏深水防砂测试经验。

（5）LS17-2-1 井已钻井取心且已有最新电测资料，具备研究的资料。

（一）防砂方式选择

根据陵水 17-2 气田 LS17-2-1 井的出砂可能性分析可知，黄流组 I 气组在开采初期出砂可能性较大，必须采取防砂措施。通过分析 LS17-2-1 井的储层粒度、UC 以及泥质含量的纵向分布规律，根据 George Gillespie and Johnson 方法、Tiffin 方法和中国石油大学方法可选择防砂方式，然后根据优选的防砂方式选用 Johnson 方法、Saucier 方法和中国石油大学方法进行挡砂参数的设计，从而确定防砂方案。

前面已经分析了 LS17-2-1 井黄流组 I 段的储层粒度分布规律和泥质含量分布规律，其粒度中值、*UC* 值及粒径小于 44μm 的砂粒含量等储层特性参数见表 2-5，泥质含量、蒙脱石含量见表 2-6。

表 2-5 黄流组 I 段的储层粒度主要参数表

储层	井段（m）	粒度中值（μm）	平均粒度中值（μm）	*UC*	<44μm（%）
黄流组 I 段	3340~3344.91	41~64	53	1.75~16	10~37.8

表 2-6 黄流组 I 段泥质含量和蒙脱石的相对含量

储层	井深（m）	蒙脱石（%）	伊蒙混层（%）	泥质含量（%）
黄流组 I 段	3340~3344.91	10.3~19.2	30~35	16.81~24.1

1. George Gillespie and Johnson 方法

该方法主要考虑通过储层粒度中值及不均匀系数优选防砂方式。

由表 2-5 可知，黄流组 I 段的粒度中值范围在 41~64μm，平均粒度中值为 53μm，*UC* 值在 1.75~16，选择的设计图版及优选结果如图 2-14 所示。

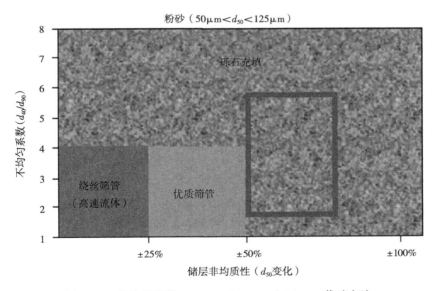

图 2-14 黄流组 I 段 George Gillespie and Johnson 优选方法

由图 2-14 可知，George Gillespie and Johnson 方法推荐黄流组采用砾石充填完井。

2. Tiffin 方法

Tiffin 方法主要根据 d_{10}/d_{95}，d_{40}/d_{90} 及粒径小于 44μm 的砂粒含量优选防砂方式。黄流组 I 段储层的 d_{10}/d_{95} 的范围在 4.34~14，由表 2-5 可知，d_{40}/d_{90} 在 1.75~16，粒径小于 44μm 的砂粒含量在 10%~37.8%，选择的设计图版及优选结果如图 2-15 所示。

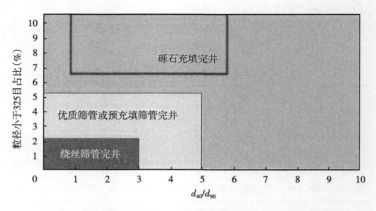

图 2-15　黄流组 I 段 Tiffin 优选方法（$d_{10}/d_{95}<10$）

由图 2-15 可知，Tiffin 方法推荐黄流组 I 段采用砾石充填完井。

3. 中国石油大学方法

中国石油大学设计方法主要是根据泥质含量和蒙皂石含量优选防砂方式。

由表 2-6 可知，黄流组 I 段的泥质含量为 16.81%～24.1%，且蒙脱石含量为 10.3%～19.2%，根据中国石油大学防砂设计图版（图 2-16），优选的防砂方式为优质筛管防砂。

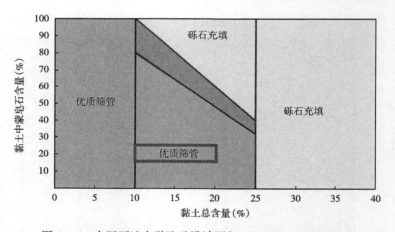

图 2-16　中国石油大学防砂设计图版（$50\mu m<d_{50}<250\mu m$）

各种方法优选的防砂方式及最终优选方案见表 2-7。

表 2-7　各方法优选的防砂方式及最终优选方案

储层	防砂方式优选方法	优选防砂方式
黄流组 I 段	George Gillespie and Johnson 方法	砾石充填
	Tiffin 方法	砾石充填
	中国石油大学方法	优质筛管
最终方案		砾石充填

（二）防砂参数设计

根据以上设计结果，陵水 17-2 气田黄流组 I 段采用砾石充填进行防砂，下面利用 Johnson 方法、Saucier 方法进行筛管防砂参数及砾石尺寸设计。

1. Johnson 方法

根据该方法的设计图版，结合粒度分析结果，黄流组 I 段粒度中值范围在 $41 \sim 64 \mu m$ 之间变化，平均 $53 \mu m$，储层粒度变化较大，按照 Johnson 设计方法推荐生产井的防砂精度控制在 $20 \sim 60 \mu m$ 之间，如图 2-17 所示（均匀度 $36 \sim 108 \mu m$ 框内即为优选的防砂精度）。

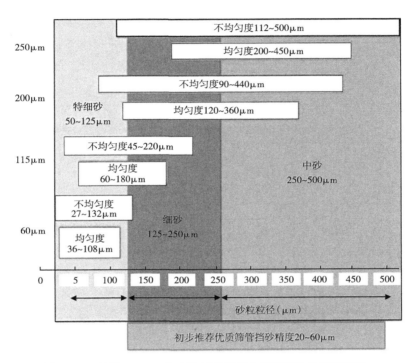

图 2-17　利用 Johnson 方法进行黄流组 I 段筛管防砂精度设计

2. Saucier 方法

根据粒度测试结果，黄流组 I 段粒度中值范围在 $41 \sim 64 \mu m$，挡砂设计的原则以阻挡大部分地层砂为主，因此以粒度最小包络线 $41 \mu m$ 为设计基准，根据 Saucier 方法进行设计，其砾石直径及其对应的渗透率、孔喉直径见表 2-8。H3 组 Saucier 方法设计优质筛管挡砂精度设计结果见表 2-9。

表 2-8　标准工业砾石尺寸与孔喉直径对照表

标准筛目 （目）	砾石 （in）	直径 （mm）	砾石中径 （mm）	渗透率 （D）	孔隙度 （%）	孔喉直径 （μm）
8~10	0.094~0.079	2.39~2.01	2.20	1150	33	408.79
8~12	0.094~0.066	2.39~1.68	2.03	1745	36	494.06
10~14	0.079~0.056	2.01~1.42	1.71	800	33	344.06

标准筛目 （目）	砾石 （in）	直径 （mm）	砾石中径 （mm）	渗透率 （D）	孔隙度 （%）	孔喉直径 （μm）
10~16	0.075~0.047	2.01~1.19	1.60	526	33	281.93
10~20	0.079~0.033	2.01~0.838	1.42	325	32	224.98
16~20	0.047~0.033	1.19~0.838	1.00	198	33	177.25
10~30	0.079~0.023	2.01~0.584	1.295	191	33	174.24
16~30	0.047~0.023	1.91~0.584	0.889	158	33	159.23
20~40	0.033~0.0165	0.838~0.419	0.635	121	35	139.46
30~40	0.023~0.0165	0.584~0.419	0.502	110	34	133.67
40~50	0.0165~0.0117	0.419~0.297	0.358	66	33	105.18
40~60	0.0165~0.0098	0.419~0.249	0.334	45	32	87.96

表 2-9　H3 组 Saucier 方法设计优质筛管挡砂精度设计结果

储层	d_{50} 范围 （μm）	d_{50} 最小包络线 （μm）	Saucier5-6 砾石尺寸设计准则 （μm）	对应的工业砾石 （目）	孔喉直径 （μm）
H3 组	41~64	41	205~246	40~60	87

3. 陵水 17-2 气田最终防砂方案

前面利用 Johnson 方法、Tiffin 方法、Saucier 方法和中国石油大学方法进行了防砂方案设计，对于推荐 LS17-2-1 井的防砂措施主要利用 Johnson 方法、Tiffin 方法、中国石油大学方法三种设计方法，两者推荐采用砾石充填，一者采用筛管。如果采用砾石充填，相对充填粒径 40/60 目砾石其孔隙度太大，在能否防得住砂上存在一定的疑问，采用砾石充填防砂相当于一步到位，避免其在转化为生产井时再需要进行完井防砂作业；如利用筛管进行防砂，其筛管精度必须提高，推荐在测试时采用 50μm 的筛管，测试时记录生产过程中的压力控制参数、产量参数及相应出砂量，并为后期的生产控制和防砂方式优化提供指导性数据。

第五节　水合物防治工艺

天然气水合物是由天然气和水在低温高压环境条件下形成的一种笼型化合物。在油气完井测试过程中，由于深水区域泥线附近温度低，气井测试作业时管柱内温度受到影响，在一定条件下极易生成天然气水合物。测试期间管柱内一旦生成水合物，测试作业将面临失败或极大的安全风险。

一、天然气水合物及危害

在一定的温度和压力条件下，含水天然气可生成白色致密的结晶固体，称为天然气水合物（Natural Gas Hydrate，NGH），天然气水合物是一种由水分子和碳氢气体分子组成的非化学计量性笼状晶体物质（$M \cdot nH_2O$），其密度为 0.88~0.99g/cm³。天然气水合物是水与烃类气体的结晶体，外表类似冰和致密的雪，是一种笼形晶状包络物，即水分子借氢键结合成笼形晶格，而烃类气体则在分子间作用力下被包围在晶格笼形孔室中。天然气水合物共有两种结构，低分子的气体（如 CH_4，C_2H_6，H_2S）的水合物为体心立方晶格；较大的气体分子（如 C_3H_8，iC_4H_{10}）则是类似于金刚石的晶体结构。当气体分子充满全部晶格的孔室时，天然气各组分的水合物分子式可写为 $CH_4 \cdot 6H_2O$，$C_2H_6 \cdot 6H_2O$，$C_3H_8 \cdot 17H_2O$，$iC_4H_{10} \cdot 17H_2O$，$H_2S \cdot 6H_2O$，$CO_2 \cdot 6H_2O$。水合物是一种不稳定的化合物，一旦存在的条件遭到破坏，就会分解为烃和水。天然气水合物是深水油气测试作业中经常遇到的一个难题。

在深水钻完井、测试作业过程中，水合物的形成将对井控、测试和钻完井液、测试液性能产生影响。

在钻完井过程中，在井筒、隔水管、钻柱、井口管线和防喷管汇内形成气体水合物，将造成堵塞，给正常钻进和井控作业带来严重影响。具体表现为：压井管线或地面管线堵塞，无法建立循环，在井控情况下，节流压井管线被水合物堵塞时，将会降低防喷器系统的作用；套管密闭空间中形成的水合物，如果在油气井生产中受到加热后分解，则会使得套管环空压力增大，造成套管被压溃；在防喷器系统内部形成水合物时，将会引起防喷器闸板的开启和关闭困难。

在产能测试过程中，天然气水合物一旦形成后，它与金属结合牢固，会减少测试管道的流通面积，产生节流，加速水合物的进一步形成，进而造成管道、阀门和一些设备的堵塞。水合物堵塞测试管柱及地面流程，会造成测试作业无法进行，无法取得地层资料；也会堵塞压井通道，给井控带来较大隐患；影响测试环空压力操作工具的正常工作，带来复杂情况和事故等。

天然气水合物的形成和分解分别为高度放热和吸热的过程。深水钻完井液、测试液中形成水合物时，将会释放大量的热能，改变钻完井液体系的温度，而温度的改变使得钻完井体系的性能发生变化，如钻完井液、测试液的黏度和剪切力将下降。此外，水合物的形成使得钻完井液、测试液失水，加重钻完井液、测试液的密度，可能造成压漏地层，发生井漏等复杂情况。

因此，在深水天然气井产能测试作业中非常有必要对井筒内水合物的形成条件和可能性进行评估和预测，提出相应的防治水合物的措施。

二、天然气水合物的形成条件

深水天然气井产能测试过程中天然气水合物形成的主要条件是：

（1）天然气和液体混合物中有液相水的存在或含水处于饱和状态是产生水合物的必要条件；

（2）足够高的压力和足够低的温度，天然气中不同组分形成水合物的相态温度也是该组分水合物存在的最高温度；

（3）在具备上述条件时，水合物的形成还要求有一些辅助条件，如压力波动、流动或搅动，以及晶种的存在等。

深水天然气产能测试管柱、地面流程中有水是形成天然气水合物的必要条件之一。形成天然气水合物的首要条件是测试流程管线内有液态水，或者天然气的水蒸气分压接近饱和状态。第二是测试管柱、地面流程管线内的天然气要有足够高的压力和足够低的温度。天然气中水汽含量取决于储层及流程中压力、温度和气体的组成。在压力不变的条件下，天然气的温度越高，水汽含量越大；在温度不变的条件下，天然气中水汽的含量随压力的升高而减少；天然气的相对分子质量越大，则单位体积内的水汽含量就越少；当天然气中含有氮气时，水汽含量减少；而含有重烃、二氧化碳和硫化氢时，水汽含量将增大。当湿天然气中存在液态水分时，在测试管柱和地面流程管线中形成的液滴，由于在工具接头、地面测试树、弯头、三通等地方同管壁相碰撞成为液沫，这些液沫同气体混在一起并一道流动，黏附在管道的内表面上成为液膜，在高压低温条件下，就在管壁上形成一层水合物，水合物便一层层地加厚，使管道内径变小，甚至将管道堵死。由于深水油气测试泥线温度低至 $2.5 \sim 4^{\circ}C$，压力高达 20MPa，这为天然气水合物的生成提供了充足的低温和高压条件。天然气流速和方向改变是形成天然气水合物的辅助条件，如测试管柱的变径、弯头、阀门、孔板和其他局部阻力大的地方，因压力的脉动、流向的突变，特别是节流阀、分离器入口、阀门关闭不严等处气体节流的地方，由于焦耳—汤姆逊效应而使气体温度急剧降低，会加速水合物的形成。

三、天然气水合物的预防

(一) 天然气水合物预防方法

针对水合物形成条件，抑制水合物生成的最有效的方法就是破坏其生成条件，总的来说，水合物防治措施是创造出与水合物形成相背的条件：高温、低压、除去自由水（或降低水露点）。根据对天然气水合物形成条件的研究，水合物的防治措施主要有：脱水法、加热法、降压控制法、添加化学抑制剂法。

脱水技术是通过去除引起水合物生成的水分来消除生成水合物的风险，是目前天然气输送前通常采用的预防措施。天然气脱水可以显著降低水露点，从热力学角度来说就是降低了水的分逸度或活度，使水合物的生成温度显著下降，从而消除管道输送过程中生成水合物的风险。但是难点在于受到季节影响，而且难于控制，风险比较大。

通过对管线加热，可以使体系温度高于系统压力下的水合物生成温度，避免堵塞管线。但难点是很难确定水合物堵塞的位置，而一旦水合物已经生成再进行加热处理，会导致水合物分解而造成局部高压，造成管线破裂。

为了保持一定的输送能力，管线的压力一般不能随意地降低，所以降压控制只是从理论上可以实现的一种方法。

添加化学抑制剂法是通过向管线中注入一定量的化学添加剂，改变水合物形成的热力学条件、结晶速率或聚集形态，提高水合物生成压力或者降低生成温度，以此来抑制水合物的生成，从而达到保持流体流动的目的。实际生产中为达到有效地抑制水合物效果，目前广泛采用加入足量的热力学抑制剂的方法，使水合物的平衡生成压力高于管线的操作压力或使水合物的平衡生成温度低于管线的操作温度，从而避免水合物的生成。但热力学抑制剂的加入量一般较多，在水溶液中的浓度（质量分数）一般需达到 $10\% \sim 60\%$，成本较高，相应的储存、运输、注入成本也较高。另外，抑制剂的损失也较大，并带来环境污染等问题。

鉴于传统的热力学抑制法在经济、安全及环保方面的限制，从 20 世纪 90 年代开始，水合物抑制研究从热力学抑制条件转向到动力学抑制机理，旨在开发低用量水合物抑制剂（Low Dose Hydrate Inhibitor，LDHI），包括动力学抑制剂（Kinetic Hydrate Inhibitor，KHI）和防聚剂（Anti-Agglomerant，AA）。这类抑制剂在水相中的质量分数一般小于1%，具有低耗、高效的优点，因此具有潜在的经济效益和环境效益。防聚剂产品的开发时间较动力学抑制剂产品相对较晚，但由于其使用不受温度（过冷度❶）条件限制，因而目前在国外发展非常迅速，现已有多种工业化产品投入现场应用，使用浓度一般在0.1%~3%。开发低用量水合物抑制剂来取代传统的热力学抑制剂是目前水合物抑制研究的热点。

我国动力学抑制剂研究才刚刚起步，抑制剂的应用领域基本是个空白，目前国内油气田现场仍然处于热力学抑制方法阶段。在天然气水合物实验方面的研究主要有：中国石油大学（北京）郭天民等人（1998年）测量了天然气在甲醇和电解质溶液中的相平衡；中国科学院广州能源研究所于2000年自行设计了测定气体水合物相平衡数据的高压PVT装置，满足在高压、低压条件下进行高压流体（石油、天然气）和混合热流体相态变化的研究，气体水合物热力学相平衡研究以及恒压、恒容、恒温实验，并可通过透明视窗观察相态的变化，并配备了HP6890气相色谱仪进行在线分析气体液体组成。2001年11月12日，由青岛海洋地质研究所在实验室人工合成了天然气水合物并点燃了样品。中国石油大学（华东）李玉星（2002年）等人对预测高压下天然气水合物形成方法进行了系统的研究。应用热力学理论，结合部分室内实验，研究了高压条件下水合物的形成条件，建立了相应计算模型和相关软件以判断和预防高压系统中水合物的形成。中国石油大学（华东）于2005年组建了气体水合物研究中心，目前建有国内首套大型高压环路实验装置及多个高压搅拌式水合物实验装置，可进行管道和井筒内水合物形成和抑制技术的模拟研究，并开发了多功能高精度的水合物预测软件。

（二）水合物化学抑制剂

1. 热力学抑制剂

在实际钻完井、测试作业中，为达到有效的水合物抑制效果，常采用加入足量的热力学抑制剂（如甲醇、乙醇、乙二醇、盐等）的方法，使水合物的平衡生成压力高于管线的操作压力或使水合物的平衡生成温度低于管线的操作温度，从而避免水合物的生成。通过加入热力学抑制剂来抑制水合物的生成在油气生产中已得到了较为广泛的应用。

1）作用机理

热力学抑制剂的作用机理主要是：在气—水双组分系统中加入第三种活性组分，它能使水的活度系数降低，改变水分子和气体分子之间的热力学平衡条件，从而改变水溶液或水合物化学势，使得水合物的分解曲线移向较低温度或较高压力一边，使温度、压力平衡条件处在实际操作条件之外，避免水合物的形成；或直接与水合物接触，使水合物不稳定，从而使水合物分解而达到抑制水合物形成的目的。

2）热力学抑制剂的种类、应用及缺陷

热力学抑制剂主要包括醇类和盐类，如甲醇、乙二醇、异丙醇、二甘醇、氯化钾、氯化钠、氯化钙、甲酸钾等。甲醇、乙二醇是应用最为广泛的热力学抑制剂，已成功使用多年。甲醇具有中等毒性和易挥发性，甲醇水溶液的冰点低，不易冻结；在水中溶解度高，

---

❶ 一定实验压力下，水合物生成温度与实验平衡温度的差值。过冷度越大，水合物越容易生成。

水溶性强；水溶液的黏度低，作用迅速；能再生；腐蚀性低；降低水合物温度幅度大（当压力一定时）；便宜，易于买到。甲醇适用于事故情况下以及干线输送、深水油气测试产能放喷。但因为其挥发性强，压力较低时进入气相的比例达到75%，且耗量大，一般情况下喷注的甲醇蒸发到气相中，随天然气一起流经地面管线，最终到达燃烧臂随天然气一起燃烧掉。乙二醇无毒，沸点比甲醇高得多，蒸发损失小，深水油气测试诱喷液垫、深水油气测试液的配方中常用到。除上述有机抑制剂外，也可以使用无机盐水溶液（电解质稀溶液），包括氯化钠、氯化钙、氯化钾等。从使用效果、毒性及价格等方面考虑，氯化钙最佳，氯化钠、氯化钾也常用。深水油气测试液的配制除了要考虑水合物的抑制，还要考虑测试液的密度能否平衡地层压力及防腐。因此在深水油气测试中经常使用乙二醇、乙醇等与水复配作为诱喷液垫；甲醇作为测试放喷过程中的抑制剂，由化学药剂注入泵分三个注入点，按照配方和产量注入测试管线中。各种无机盐、有机盐和乙二醇等复配成一定密度的具备水合物抑制功能的测试液。

相关研究表明，热力学抑制剂必须应用在高浓度下（质量分数为6%以上），一般为10%~60%（质量分数，下同）才能发挥抑制作用；低浓度（1%~5%）的热力学抑制剂非但不能发挥抑制效果，而且事实上可以促进水合物的形成和生长。因此深水天然气测试过程中各阶段水合物的抑制方案、抑制剂的使用种类、抑制剂的用量、抑制剂的注入深度、注入时机等都需要根据测试产量、井筒温度场、井筒压力场、含水量、天然气的组分等进行具体的研究，制定针对性的防治策略以达到安全高效的测试目的。

由于在深水天然气钻完井过程、测试过程、天然气管道输送过程中热力学抑制剂有用量大、存储和注入设备庞大、环境不友好等缺点，自20世纪90年代以来，水合物抑制剂的研究方向开始转向开发新型的低用量水合物抑制剂（LDHI），也就是通常所说的动力学抑制剂（KHI）和防聚剂（AA）。

2. 动力学抑制剂

1）动力学抑制剂的作用机理

动力学抑制剂是一些水溶性或水分散性聚合物，它们仅在水相中抑制水合物的形成，加入的浓度很低（在水相中通常小于1%），它不影响水合物生成的热力学条件。在水合物结晶成核和生长的初期，它们吸附于水合物颗粒的表面，抑制剂的环状结构通过氢键与水合物的晶体结合，延缓水合物晶体成核时间或者阻止晶体的进一步成长，从而使管线中流体在其温度低于水合物形成温度（即在一定的过冷度 Δt）下流动，而不出现水合物堵塞现象。

根据分子作用的不同机理，动力学抑制剂分为水合物生长抑制剂、水合物聚集抑制剂和具有双重功能的抑制剂。水合物生长抑制剂可以延缓水合物晶核生长速率，使水合物在一定流体滞留时间内不至于生长过快而发生沉积。水合物聚集抑制剂则通过化学和物理的协同作用，抑制水合物的聚集趋势，使水合物悬浮于流体中并随流体流动，不至于造成堵塞。最终的研究目标是找到既能大大延迟水合物生长时间，又能防止聚集发生的抑制剂。动力学抑制剂大致包括表面活性剂和合成聚合物两大类。表面活性剂类抑制剂在接近临界胶束浓度下，对热力学性质没有明显的影响，但与纯水相比，质量转移系数可降低约50%，从而降低水和客体分子的接触机会，降低水合物的生成速率。聚合物类抑制剂分子链的特点是含有大量水溶性基团并具有长的脂肪碳链，其作用机理是通过共晶或吸附作用，阻止水合物晶核的生长，或使水合物微粒保持分散而不发生聚集，从而抑制水合物的形成。从应用现状来看，聚合物类抑制剂效能更好，应用更广泛。

动力学抑制剂的抑制机理尚无定论，学者提出了不同的见解和看法。总的来说，具有代表性的学说可以分为两类：临界尺寸说以及吸收和空间阻碍说。这些学说都是从微观角度、形成过程中结构方面的变化来解释抑制机理，相互又有一定的交叉和重叠。

临界尺寸说认为，水合物动力学抑制剂是一些水溶性或水分散性的聚合物，仅在水相中抑制水合物的生成。可以设想，它们是在水合物成核和生长的初期吸附在水合物的表面上，从而防止该颗粒达到热力学条件下对其生长有利的临界尺寸，或者使已达到临界尺寸的颗粒缓慢生长。Rodger 对 PVP 进行的研究工作表明：吡咯烷酮的环是一些活性中心，它们主要通过吡咯烷酮的氧在水合物表面上形成两个氢键，从而吸附到水合物表面上。计算机模拟也显示出，吡咯烷酮的环能结合到晶体表面，成为笼型水合物的一部分。吸附到水合物上的若干环联合作用，就可防止水合物晶体进一步生长。

吸收和空间阻碍说认为，抑制剂的吸收是动力学抑制机理中的关键步骤，因而动力学抑制机理被描述为抑制剂在水合物上的吸收。Urdahl 等人（1995 年）认为，动力学抑制剂的抑制效应是因为水合物结构对抑制剂的吸收而使晶体结构发生变化，晶体表面活性中心被隔离；被吸收的抑制剂分子在空间产生了阻碍作用，从而影响了水合物晶体的生成，达到抑制水合物生成的效果。Makogon（2002 年）对动力学抑制剂对水合物生成的抑制机理做了以下的描述：抑制剂的活性基团在氢键的作用下被吸收到水合物晶体表面，由于抑制剂在水合物表面的吸收，聚合物分子强迫水合物晶体以较小的曲率半径围绕聚合体或者在聚合体链间生长；抑制剂吸收到晶粒表面后，与甲烷分子发生作用，阻止甲烷分子进入并填充水合物孔穴。

2）动力学抑制剂的类型

文献中报道的动力学抑制剂主要包括以下几类。

（1）酰胺类聚合物。

该类聚合物是动力学抑制剂中最主要的一类，目前已被用作水合物动力学抑制剂的有：聚 N—乙烯基己内酰胺、聚丙烯酰胺、N—乙烯基—N—甲基乙酰胺、含二烯丙基酰胺单元的聚合物。

（2）酮类聚合物。

目前被用作气体水合物动态抑制剂的酮类聚合物主要是聚乙烯基吡咯烷酮。

（3）亚胺类聚合物。

现已开发的亚胺类聚合物水合物动力学抑制剂有：聚乙烯基—顺丁二烯二酰亚胺和聚 N—酰基亚胺。

（4）二胺类聚合物。

（5）有机盐类。

烷基芳基磺酸及其碱金属盐、铵盐均已被用作水合物动力学抑制剂。

（6）共聚物类。

此类抑制剂包括：二甲氨基异丁烯酸乙酯、乙烯基吡咯烷酮、乙烯基己内酰胺三元共聚物，二甲氨基乙基异丁烯酸、乙烯基吡咯烷酮、乙烯基己内酰胺三元共聚物，1—丁烯、1—己烯、1—癸烯、氯乙烯、乙烯基乙酸盐（或酯）、丙烯酸乙酯、2—乙基己基丙烯酸盐

（或酯）、苯乙烯共聚物。

在现已开发的水合物动力学抑制剂中，性能较好的有以下几种：①N—乙烯基吡咯烷酮（PVP），PVP被认为是第一代动力学抑制剂；②N—乙烯基己内酰胺（PVCap）；③N—乙烯基吡咯烷酮、N—乙烯基己内酰胺、N，N—二甲氨基异丁烯酸乙酯的三元共聚物（VC-713）；④由N—乙烯基吡咯烷酮和N—乙烯基己内酰胺按1:1形成的共聚物［poly（VP/VC）］。

3）动力学抑制剂的应用发展状况及缺陷

从20世纪90年代开始研究动力学抑制剂到目前为止，动力学抑制剂的研究经历了三个阶段：第一阶段（1991—1995年），人们通过大量的评价实验，筛选出了一些对水合物生成速度有抑制效果的化学添加剂，其中以聚乙烯吡咯烷酮（PVP）最具代表性，被称为第一代动力学抑制剂；第二阶段（1995—1999年），以PVP分子结构为基础，进行构效分析，对动态抑制剂分子结构特别是官能团进行设计改进，合成出一些具有较好的动力学抑制效果的化学添加剂，其中包括聚N—乙烯基己内酰胺（PVCap）、乙烯基己内酰胺、乙烯吡咯烷酮以及甲基丙烯酸二甲氨基乙酯三聚物（VC-713）、乙烯吡咯烷酮和乙烯基己内酰胺共聚物［poly（VP/VC）］，被称为第二代动力学抑制剂，这些抑制剂受到广泛的评价并得到一定的实际应用；第三阶段（1999年至今），借助计算机分子模拟与分子设计技术，开发了一些具有更强抑制效果的动力学抑制剂，被称为第三代动力学抑制剂。

动力学抑制剂（KHI）现场试验的先驱者为Arco、Texaco和BP。Arco于1995年在北海南部气田测试了Gaffix-713的应用情况，试验表明添加0.5%的KHI可以处理过冷度为8~9℃时的情况。Texaco公司等在美国陆上油气田采用动力学抑制剂PVP进行了试验。试验表明PVP仅能在有限的过冷度下使用。BP于1995—1998年间采用KHI混合剂（由TR Oil Services提供），在另一个北海南部气田（Ravensburn-Cleeton）进行了六次现场试验，这种KHI混合剂为基于TBAB和PVCap聚合物的混合物。TBAB除作为配合剂外，还有增加PVCap聚合物雾点的额外效果。另外，TBAB的价格约为PVCap的一半，现场试验在过冷度最大为10℃下获得成功。现场试验的成功使BP于1996年在West Sole/Hyde，69km的湿气管线中使用KHI代替乙二醇，该气田的最大过冷度为8℃，动态抑制剂完全满足要求。

20世纪90年代后期，BP公司在北海英国部分的Eastern Through Area Project（ETAP）进行了KHI应用。ETAP由几个油田和与之相连的中心处理单位组成，形成了第一个为KHI应用提供的海底纽带。ETAP计划始于20世纪90年代早期，1998年开始投产。两个油田中的流体在6~8℃下进入水合物形成区域。这两个油田均为KHI应用的理想场所，并已在北海南部气田做了现场试验，没有发生水合物堵塞问题。

动力学抑制剂在应用中面临的问题是抑制活性偏低，而且通用性差，受外界环境影响较大。原因是目前动力学抑制剂的开发工作还远不成熟，抑制剂的分子结构不理想，理论上动力学抑制剂适用的过冷度最低可大于10℃，温度升高时动力学抑制剂的溶解性变差，从而降低了其应有的抑制效能。

需要指出的是，动力学抑制剂的作用在于有效防止水合物的生成，一旦注入系统发生故障，对于不定期关闭气井或抑制剂不足等原因造成的水合物堵塞，动力学抑制剂是无能为力的，这就需要采用注入甲醇或降压等方法。因此，在实际应用中，一般将动力学抑制剂和热力学抑制剂联合起来使用，以更好地解决水合物抑制管道的问题。

3. 防聚剂

1）防聚剂的作用机理

防聚剂是一些聚合物和表面活性剂，防聚剂的抑制机理与动力学抑制剂不同，主要是起乳化剂的作用，当水和油同时存在时才可使用。向体系中加入防聚剂可使油水相乳化，将油相中的水分散成小水滴，尽管油相中被乳化的小水滴也能和气体生成水合物，但生成的水合物被增溶在微乳中，难以聚结成块，从而不会引起阻塞。防聚剂在管线（或油井）封闭或过冷度 Δt 较大的情况下都具有较好的作用效果。

Urdahl 等人对包括烷基乙氧苯基化物、对十二烷基硫酸钠在内的表面活性剂进行了系统的实验研究，重点考察了表面活性剂浓度对过冷度的影响。通过研究，他们提出了表面活性剂、聚合物等防聚剂的抑制机理：防聚剂的加入导致在水合物生成前形成稳定的乳化液，乳化液滴在油水相间的界面膜充当了一个阻碍扩散的壁垒，即减少了扩散到水相的水合物形成。Koh 等人对一种溴化物的季铵盐 QAB 进行了实验研究，发现 QAB 对水合物晶核的生长速率有很好的抑制作用，而对晶核的形成速率抑制作用不强，也就是说它对水合物成核的控制并不有效。Koh 等人认为，与作为动力学抑制剂的聚合物分子相比，防聚剂 QAB 分子较小，在溶液中更易于运动，从而能与界面附近的水分子结构相互作用并改变这种结构，使之不利于晶核的进一步生长。实验数据还表明，QAB 与界面附近水分子结构的相互作用是其抑制机理的关键步骤。Makogon 和 Sloan 认为，防聚剂的加入导致水合物形成变形的晶格，这些晶格虽能促进水合物的生成，但由于晶体缺陷，也限制了晶粒的尺寸。同时由于防聚剂的烃基在水合物晶体表面形成了亲油壁垒，阻止了水扩散到晶体表面。Monfort 等人的实验研究支持了上述假定。

2）防聚剂的种类

被用作防聚剂的表面活性剂大多是一些酰胺类化合物，特别是羟基酰胺、烷氧基二羟基羧酸酰胺和 N，N—二羟基酰胺等，以及烷基芳香族磺酸盐、烷基聚苷和溴化物的季铵盐等。比较典型的防聚剂主要有：溴化物的季铵盐（QAB）、烷基芳香族磺酸盐（Dobanax 系列）及烷基聚苷（Dohanol）等。

3）防聚剂的发展、应用及缺陷

防聚剂（AA）是一些聚合物和表面活性剂，在水相和油相同时存在时才可使用。它的加入可使油水相乳化，将油相中的水分散成水滴。加入的防聚剂和油相混在一起，能吸附到水合物颗粒表面，使水合物晶粒悬浮在冷凝相中，形成油包水的乳状液，乳化液滴在油水相间的界面膜充当了一个阻碍扩散的壁垒，即减少了扩散到水相的水合物形成。分子末端有吸引水合物和油的性质，使水合物以很小的颗粒分散在油相中，在水合物形成时可以防止乳化液滴的聚积，从而阻止了水合物结块，达到抑制水合物生成的作用。防聚剂的用量大大低于热力学抑制剂用量，0.5%~2%即可有效，1%的防聚剂相当于25%的甲醇用量。然而，防聚剂起作用的最大的水油比为40%。防聚剂可以在比动力学抑制剂更高的过冷度下使用。

相对于动力学抑制剂，防聚剂的应用较晚，起初并没有出现在公开文献中。防聚剂的首次深海应用是在 1999 年，防聚剂也可以用于陆上和浅海中，大多是应用在深海区域作为 EUCHARIS 工程的一部分，法国石油研究院（IFP）在 1998—1999 年对防聚剂进行了两次现场试验，地点在阿根廷南部，直径 3in 长 2.5km 的陆上管线，管线压力为 40bar，含水率为20%，盐度为10g/L。第一次现场试验的过冷度最大为10~12℃。防聚剂用泵脉冲式注入而不是连续注入。IFP认为第一次现场试验是成功的。

防聚剂的防聚效果取决于在注入点处的混合情况以及在管道内的扰动情况。目前，防聚剂已在国外陆上和海上进行了试验，但尚未正式使用。由于表面活性剂价格昂贵，单纯使用表面活性剂作防聚剂在经济上很不合算；迄今为止，已经开发出很多单组分的表面活性剂防聚剂，由于作用效果的原因，真正能在油气行业中得到应用的却是凤毛麟角。所以防聚剂的应用主要有两种方式。

（1）把它和热力学抑制剂如甲醇以及动力学抑制剂等混合起来使用。目前，这类混合型抑制剂已应用于油田和其他方面，如英国的北海油田在1996年使用了由防聚剂和动力学抑制剂组成的混合型抑制剂来抑制水合物的生成。

（2）把几种防聚剂复配。有关研究表明：复合型防聚剂与单组分的表面活性剂防聚剂相比，用量大大减少，而且所能承受的过冷度有了很大的提高，具有经济、高效的特点，更适用于大规模的工业化应用。这是人们经常在实践中应用到的原则：用混合乳化剂所得到的乳状液常比用单一乳化剂更稳定，而且混合表面活性剂的表面活性比单一表面活性剂往往要优越得多。

防聚剂的缺点是：（1）分散性能有限；（2）仅在油和水共存时才能防止气体水合物的生成，作用效果与油相组成、含水量和水相含盐量有关，即防聚剂与油气体系具有相互选择性。因此，防聚剂在实际应用中也存在诸多限制。

4. 低剂量抑制剂存在的问题

目前，在气井和油气管线中使用低用量水合物抑制剂已迅速地成为一种可接受的防止水合物堵塞的方法。截至2005年，低用量水合物抑制剂已有50~70处现场应用，大多数与动力学抑制剂有关，但防聚剂应用的数量也在快速增加，更多的油气田在计划使用低用量水合物抑制剂。当过冷度低于10℃时，动力学抑制剂继续在市场应用中占优势。一些商业动力学抑制剂当剂量大于5000mg/L时可用于过冷度至约15℃的油气田。有些动力学抑制剂据称可在更高的过冷度下工作，但还没有商业应用。有些油气田中出现了热力学抑制剂和动力学抑制剂混合使用的情况。当水量低于50%时，防聚剂也可用于低过冷度的情况，在某些情况下比动力学抑制剂更经济。防聚剂更适于油气田或管线的过冷度较高的情况。而动力学抑制剂不能使用。随着人们对防聚剂的应用经验的增多，可以期待防聚剂将可应用于更高的过冷度下。

低用量水合物抑制剂在应用中面临的问题是抑制活性不高，而且通用性差，受外界环境影响较大。动力学抑制剂的使用受到过冷度的限制，并且它的作用机理是抑制水合物生成或者延缓水合物结块，由于实际油气田体系的组分比较复杂，体系中盐度或压力的不同都能影响抑制剂的抑制能力，因此现场使用效果往往跟实验室测试结果有较大出入，与动力学抑制剂相比，防聚剂在实际使用中的效果理论上并不取决于过冷度的大小，它并不是抑制水合物的生成，而是使水合物颗粒悬浮在油相中处于分散状态。但是，防聚剂的抑制效果与油相组成、盐度以及含水量等密切相关。

人们仍然没有完全掌握低用量水合物抑制剂的水合物抑制机理，在富水环境中水合物—水—聚合物相互作用方面还需要做更多的工作，需进一步从分子模拟和实验方面研究水合物成核和聚积的机理，低用量水合物抑制剂测试也需要更好的实验程序以匹配真实的现场条件。对于同一种动力学抑制剂，不同水合物研究机构有着不同的测试方法，测试结果并不总是一致，真实地模拟现场条件特别困难。不同的流体组成、压力的高低、流型的变化，均影响着低用量水合物抑制剂的现场应用。因此，不仅仅是过冷度，压力、油相组成、盐度等对低用量水合物抑制剂的影响也需要进一步研究。低用量水合物抑制剂在应用中需注意以下问题。

（1）油气田中使用了多种抑制剂，如蜡抑制剂、腐蚀性抑制剂和沥青质抑制剂，需注意低用量水合物抑制剂与其他化学剂一起使用的兼容性问题。有时动力学抑制剂与腐蚀性抑制剂一起使用时有相反的效果，但也有现场应用表明动力学抑制剂和腐蚀性抑制剂同时使用也有好的抑制结果，使用前必须对兼容性进行测试。

（2）某些情况下将动力学抑制剂和防聚剂二者结合使用可以大大提高抑制效果，同时增强水合物颗粒的分散。防聚剂可以促进动力学抑制剂的抑制能力，液态和非挥发性的活性防聚剂也可作为高分子动力学抑制剂的载体溶剂。一般动力学抑制剂在载体溶剂中的浓度超过5%后，便会由于黏度太高而不易泵送，也不易在气体蒸汽中分散，但是动力学抑制剂和防聚剂结合使用后，即使浓度增加了3倍也不会引起这样的问题。

（3）尽管低用量水合物抑制剂的用量明显低于传统的水合物抑制剂，与其他化学剂相比，低用量水合物抑制剂仍然需要相对较高的量（1000～5000mg/L），还会带来水污染问题，必要时需设计适当的处理计划，并开发更绿色环保的低用量水合物抑制剂。

（4）油的污染是一个重要问题。一些钻井液中的乳状液介质会对一些防聚剂的性能形成干扰，因此，一些受污染的油需要更高含量的防聚剂（有时接近正常用量的5倍）。

（5）水合物抑制剂的价格并不能准确地体现出整个系统的经济性。化学剂的费用仅是控制水合物费用的小部分，还存在储存、输送、后勤、处理等的费用。

四、深水气井测试过程中水合物生成风险

不同测试阶段，管柱内水合物生成的风险不同。深水气井测试时，天然气水合物形成的原因主要有：

（1）关井后测试管柱温度逐渐降低至外界海水环境温度；

（2）地面关井后管柱内压力上升；

（3）开井时压力较高、温度较低。

在生产测试过程中，水合物的形成会堵塞测试管柱及地面流程，造成测试作业无法进行，无法取得地层资料；同时也会堵塞压井通道，对井控带来较大隐患；影响测试环空压力操作工具的正常工作，带来复杂情况和事故等；隔水管、防喷器或套管与完井管柱的环空形成堵塞，无法移动完井管柱；防喷器连接器的空腔形成水合物，无法正常解脱防喷器；被关闭的防喷器闸板腔中形成堵塞，不能完全打开防喷器；井下工具的控制管线内形成水合物，导致井下工具失效；在清井放喷时，井下安全阀以上、油嘴阻流管汇易形成水合物，造成清井放喷失败等。

以探井LS17-2-1井为例，完钻后下入9⅝in套管固井，采用4½in管柱进行清喷测试。目标层射开后，涌入井筒的天然气首先将测试管柱中的测试液顶出，然后伴随着少量地层水进行节流放喷。根据不同产气量和含水率下的井筒温度压力场，结合水合物生成风险预测软件计算，当含水率为$0.06m^3/10^4m^3$，产气量在$(0～150) \times 10^4m^3/d$时的井筒温

度场，与产气量 0 相对应的水合物相态温度曲线如图 2-18 所示。

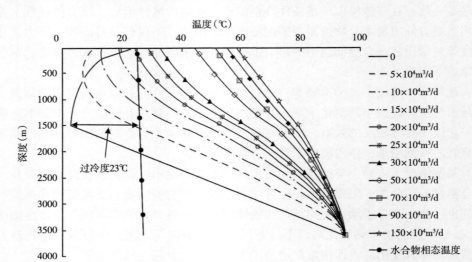

图 2-18　测试过程中井筒温度场（含水率 0.06m³/10⁴m³）

　　测试过程中的水合物风险见表 2-10。在节流放喷过程中，井筒内将充满天然气和少量地层水。在关井状态下，井筒温度与环境温度一致，井筒内气体产生的重力压差较小，因此整个井筒将承受 35~45MPa 的压力，从海面至井下 1981m 均处于水合物稳定区，最大过冷度出现在泥线附近，为 23℃。在测试初期，天然气顶替测试液过程中，测试管柱内压力逐渐升高，但最大过冷度不会超过井筒充满天然气时的关井状态（<23℃）。在节流放喷过程中，天然气产量和含水率增大，都有利于降低井筒压力和提高井筒温度，使得水合物稳定区井段减小，当产气量大于 25×10⁴m³/d 时，可避免整个井筒的水合物风险。

表 2-10　测试过程中的水合物风险

工况	天然气产量（10⁴m³/d）	水合物稳定区井段（m）	最大过冷度处井筒条件				
			深度（m）	温度（℃）	压力（MPa）	水合物相态温度（℃）	过冷度（℃）
关井状态	0	0~1981	1455	3.00	39.40	26.00	23.00
清喷测试	5	0~1500	400~500	7.43~8.33	35.61~36.06	25.42~25.51	17.09~18.08
清喷测试	10	0~1100	100~150	13.58~15.44	32.52~32.74	25.23~25.31	9.79~11.73
清喷测试	15	0~650	0	19.35~21.75	32.29~32.35	25.11~25.22	3.36~5.87
清喷测试	20	0~100	0	24.47~25.03	32.05~32.06	25.03~25.13	0~0.66

五、测试过程水合物的防治方法

（一）添加化学抑制剂

　　添加化学抑制剂是深水钻完井作业常用的防治水合物的手段。目前主要有 3 种化学方法用于深水钻完井作业中水合物抑制，分别为热力学抑制、动力学抑制和水合物晶体聚集和成团的抑制。热力学抑制作用机理为，以降低水的表面张力提高气的凝聚速度来抑制水合物形成。动力学抑制能阻止水合物形成一层或多层，它能降低天然气水合物的形成速度，并且能够延长水合物晶核形成的诱导时间和改变晶体的聚集过程。水合物聚集和成团的抑制作用机理为，改变天然气水合物晶体的尺寸，并能改变水合物的聚集形态。

井下抑制剂注入方案的设计主要包括以下步骤：

（1）根据现场条件，预测井筒温度压力场，与水合物形成温度相比对，确定水合物形成区间、最恶劣工况下的过冷度、抑制剂注入深度等；

（2）针对最恶劣工况条件（井筒温度与环境温度一致），设计抑制剂浓度，确保最恶劣工况条件下无水合物形成风险；

（3）根据产水量、抑制剂设计浓度、注入深度，确定抑制剂注入速度和注入压力；

（4）随着持续生产，井筒温度逐渐升高，海底附近井筒内最大过冷度逐渐降低，可以逐渐减小抑制剂注入速度。

可用于井下注入的热力学抑制剂包括甲醇、乙二醇、二甘醇和三甘醇。二甘醇和三甘醇广泛应用在海洋平台脱气区块对外输气管道中，用于对湿气干燥。对气体进行干燥可以避免水合物在海底管道形成，从而造成堵塞。在深水井中最常用的水合物抑制剂是甲醇和乙二醇，这两者之中，甲醇更为普遍，主要原因有：

（1）甲醇的抑制性能最好；

（2）甲醇密度低、黏度低，适合采用小管径长距离输送或注入；

（3）甲醇分子量较小，能够与固体水合物以很快的速率反应，水合物遇到甲醇时比遇到乙二醇时分解更快，但甲醇比其他抑制剂具有较大的毒性，因此应该给予重视。

此外，最好安装两条独立的抑制剂注入细管，一条细管安装在水下采油树，这是由于海底附近的温度最低，另一条安装在海底以下的井筒中进行日常的注入，注入深度在水合物形成区间之下。由于采用细长管注入，抑制剂在流动过程中受到的摩擦阻力非常大，故要求注入泵能够提供足够大的注入压力，并选用耐高压管线。

（二）采用油基钻井液

由于水合物的形成必须要有水的参与，因此降低钻井液中水的含量可有效防止水合物的生成。因此，采用油基钻井液能降低天然气水合物的形成概率。由于油基钻井液成本很高，并且对海洋环境造成的影响大，回收处理工序复杂，因此其推广使用受到了限制。

（三）采用保温措施

增加井下作业的环境温度也是有效抑制水合物形成的方法。深水钻井中通常在隔水管外层增加保温层，同时可在水下井控设备和钻井液循环系统等部位增加热交换系统，以保证钻井液的温度。

（四）机械清除方法

采用水下机器人机械手臂清除或水力喷射等方式清除形成的水合物堵塞具有水合物分解过程可控、分解平稳，不会在短时间内产生大量气体，对井下设备造成安全隐患的优点。

六、水合物防治实例

（1）墨西哥湾某一探井，水深640m，为防止生产测试过程中水合物的形成，进行了隔热油管的分析，确定了隔热管的长度和使用井段。为保证井筒温度，选择在海水井段以及泥线以下几十米内的井段采用隔热管。此外，采用了井下注入抑制剂方案，2 条管径为 6.4mm 的管线，一条连接海底井口，一条连接至泥线以下 457m。采用 3 个注入泵注入，注入能力达到 23L/min，这可以防止产量为 95m³/d 的低矿化度地层水（NaCl 质量分数为 9%）形成水合物。在生产测试期间，产液量在 175～397m³/d，据估算，采用隔热管后，地面产液温度升高了 7℃。没有发现水合物形成。

（2）尼日利亚某深水油田所处水深 1350～1450m，海底温度 4℃。对油藏初期油气组分摩尔百分比分析，其中 Cl 含量为 61.711%，饱和压力为 31.24MPa，具有形成水合物的风险。为满足深水钻完井作业要求，防止水合物的形成，该深水油田在钻井过程中使用了油基钻井液，并且在各作业流程均采取了有效预防地层流体侵入的措施，阻止了地层流体的入侵，尽可能地控制了天然气水合物的生成。

该油田最易生成水合物的流程是清井排液作业，在射孔打开油气层后，作业期间无法避免油气进入，特别是安装油管和采油树期间，地层流体被隔绝在下部井筒内，地层流体与完井液混合。在清井排液阶段遇到水合物生成的高压低温环境，并在钻杆和修井立管中形成了水合物堵塞。处理钻杆水合物堵塞时，采取正挤加热 $CaCl_2$ 盐水，堵塞有效解除。对于修井立管中的水合物堵塞，则用连续油管冲洗白油解堵，并在后续作业中通过注入甲醇防止了水合物堵塞的再次形成。

第六节　诱喷及排液工艺

诱导流动是当油气层压力偏低时，在射孔井或裸眼井经过替喷后油气流仍不能流出，而采用气举、混排等工艺方法，以诱导地层中油气流体进入井筒的过程，其目的是满足求产、取样等测试要求。深水油气测试诱喷设备一般都集中在一个作业平台上，作业空间十分有限、作业风险大，因而陆上油田、浅水海上油气田所用的诱喷方式并不能完全适用于深水油气田。

诱喷通过降低井底压力，使其低于油层压力，在油层与油井之间形成压差，使油层中油气流入井内，还可清除井底砂粒及钻井液等污染物质，降低近井污染带的附加阻力。降低井底液柱压力有两种途径：一种是用密度较小的液体（如海水、淡水、原油、柴油、液氮等）置换井筒内密度较大的液体，通常称为替喷；另一种是通过气举、泵排等方式将井筒的液体排出，以降低液柱压力，通常称为排液。

一、诱喷及排液方法

对于一口需要测试的油井或气井，井内一般都充满着压井液，其液柱形成一定的回压作用于井底。只有经过诱喷排液，降低井内液柱对油层的回压，在油层或气层与井底之间形成压差，才能使油气快速地从油层流入井内。对于诱喷，有若干种方法，所有这些方法的最终目的都是减小作用于井底的液柱压力，使其降低到小于连续自喷生产所要求的井底压力值。目前国内外所用的主要诱喷方法如下。

（一）替喷

替喷就是采用密度较小的替喷工作液通过正循环或反循环将井内密度较大的压井液替

换出来，从而降低井内液柱压力的方法。目前实际施工多采用加入了黏土防膨剂的清水替出井内的钻井液，在某些特殊井也采用柴油、原油等轻质油进行替喷。替喷又可分为一次替喷和二次替喷。

深水气井天然气测试必须要考虑水合物的预防，因此多采用能够完全抑制水合物生成的低于底层压力系数的流体来进行替喷，如海水与乙二醇的复配溶液、柴油等。我国南海第一口自营深水探井 LS17-2-1 井的测试作业采用的是海水与乙二醇 1:1 比例配制的密度为 1.07g/cm³ 的流体进行的替喷。我国第二口自营深水探井 LS25-1-1 的测试作业采用的是低密度的柴油进行的替喷。使用柴油作为替喷流体可以获得较高的生产压差，但是存在着后续处理复杂、环保风险高的缺点。在深水油气测试作业过程中替喷流体产生的压力与地层压力的差值并不是越大越好，考虑到出砂的风险，一般替喷流体产生的压力与地层压力的差值要小于临界出砂压差。

（二）连续油管气举诱喷

气举诱喷就是利用连续油管将高压气体注入井中，降低井筒里的气液混合物密度，在压差作用下将井内液体排出，从而达到自喷。国外连续油管除广泛用于冲砂洗井、诱喷助排、酸化、扩眼、侧钻等井下作业外，将其作为排液加速管柱和完井管柱在油气生产井中使用，已有较长的历史，每年实施达 1500 井次以上，最大下入深度 6248.4m。

（三）液氮诱喷

液氮诱喷是通过高压液氮泵将液氮注入井中，由于剪压升温作用液氮蒸发，膨胀为气体驱动井内液体向上运动，由于其降低了液柱的流压梯度，使油气流入井底，最终实现自喷。由于液氮体积为其气态时的五百分之一，因而诱喷能力较强。这是一种安全的排液方法，特别适用于凝析油气井、气井和预计可能有较大天然气产出井的排液。

目前深水天然气测试的气井大多储层质量较好，地层能量充足，产能大，一般是采用测试管柱中替入低密度流体的方法来实现诱喷。下面以南海北部某深水井替液清喷的实例来进行叙述。

二、南海深水气井测试典型的替液清喷程序

（1）测试管柱确认到位后，关闭中闸板防喷器，导通反循环流程，保持地面测试流程管汇畅通，小排量反循环打通，确认打通后，关闭油嘴管汇。

（2）按照 DST 工程师作业指令，环空加压锁开 TFTV 阀，缓慢打开油嘴管汇泄压，同时观察环空压力变化情况，确认 TFTV 已经锁开。

（3）确认 TFTV 阀锁开后，环空泄压至 0psi，按照斯伦贝谢 DST 工程师作业指令，启动下部 IRDV 阀，关闭 TV，打开 CV。

（4）打开 BOP，使用盐水做低泵速测试，并记录好测试数据。

（5）确认管线流程导通正确后，按照钻井液工程师指令正循环替入诱喷液垫，顶替诱喷液垫，顶替结束后，油嘴管汇观察井口回压。

（6）关闭 BOP 中闸板、上闸板，按照斯伦贝谢 DST 工程师的指令，环空加压操作 IRDV 阀，关闭 CV。

（7）确认 IRDV-CV 关闭以后，再按照斯伦贝谢 DST 工程师的指令，开启 IRDV-TV，同时观察油管的压力变化。

（8）再次确认加压点火流程畅通：固井泵→地面测试树压井翼阀→测试管柱→点火头。地面油嘴管汇处可读取加压压力。

（9）检查地面管线各个阀的开关并确保正确，准备加压点火。

（10）开井前的检查工作。

（11）经测试监督确认流程正确：测试树压井阀打开，测试树主阀打开，生产阀打开，清蜡阀关闭，油嘴管汇关闭。

（12）固井工程师在斯伦贝谢射孔工程师的指令下正加压点火，稳压 2min 后，井口泄压，枪响后，观察井口压力变化和管串震动，确认射孔成功。

（13）记录初开井的时间及井口流动显示，若流动情况好则开油嘴管汇进入放喷求产流程。

（14）地层流体到达地面后，及时检查流体内是否有 H_2S 及 CO_2，如果 H_2S 的含量大于 20mg/L，按防 H_2S 应急作业程序进行。

（15）射孔后清喷液垫期间，给管线注入化学药剂，同时给 SSTT、化学药剂注入阀注入甲醇，并记录注入压力、注入量。开井初期以最大的注入速度注入甲醇。

（16）按测试地质监督的要求，进行求产、取样。

第七节　井控工艺

井控，即井涌控制或压力控制。测试期间的井控设计应满足以下规范对井控的要求：海上钻井作业井控规范》《海洋钻井手册》《勘探监督手册——测试分册》《深水钻井作业指南》。深水油气测试井控的关键主要是优选深水防喷器系统，实现井涌早期监测，完善压井措施和防止天然气水合物形成。

一、深水井控的挑战

（一）孔隙压力与破裂压力安全窗口窄

因为海水密度远小于岩石密度，所以对于相同深度的地层，上覆的海水越深，地层所受到的压力越低，其破裂压力也就越小。因此，深水地层的破裂压力远小于浅水地层的破裂压力，这也致使深水环境下地层孔隙压力和破裂压力之间的安全窗口比较窄，造成了井控作业中的井涌余量、最大允许关井套压和隔水管钻井液安全增量随着水深的增加而减小。水深超过千米后，海底沉积岩层缺乏足够的上覆岩层压力，导致地层比较疏松，井壁稳定性差。因此，深水井控操作的难度比较大，容易造成井漏等复杂情况。

（二）压井及节流管线的压耗大

陆地或海洋浅水钻井作业时，节流压井管线长度相对较短，其产生的循环压耗可以忽略。而海洋深水钻井作业时，节流压井管线长达几百米甚至几千米，加上其内径较小，所以不能忽略流体在其中流动时产生的压耗。在深水井控中，节流管线内摩擦损失将作用于地层，如果忽略节流管线中的循环压耗，采用常规压井方法压井，在保持立管压力不变与不超过最大允许套管压力的情况下控制节流阀，压井不可能成功。

相对于陆地钻井，深水钻井的地面节流压力因为节流管线中压耗的存在有所减小，减小值即为节流管线中的压耗。若忽略节流管线中压耗的影响，在深水压井时将节流阀的控制回压等同于相应陆地同深度处井控时的关井套压，那么裸眼地层将会额外承受一个等于节流管线中压耗的压力。在压井过程中，这容易造成地层破裂压力梯度低的薄弱地层破裂，带来灾难性的后果。

（三）海底温度低

深水海底的温度一般在 5℃左右，有些地区温度达−3℃，且影响到海底泥线以下约450m 岩层，使地温梯度低于正常地温梯度。深水压井节流管线长，在海水低温的情况下，钻井液产生凝胶效应，静切力增大、黏度升高，影响关井套压的准确读取，增加了节流管线压力损失，使深水井控更加复杂。

（四）对海底防喷器组要求更高

由于防喷器组放置在海底，距离地面的井口较远，控制系统的传输距离较远，系统需要承受较高的静水压力和较大压差。防喷器控制通常需使用电液控制系统，尤其是水深超过 1500m 的超深水作业中，要在防喷器组上设有由水下机器人操作的应急操作盘，以应对深水作业中的紧急情况。

（五）气体水合物的预防

在深水钻井、油气测试、完井中，由于海底温度低、压力高，很容易形成气体水合物，堵塞压井节流管线、隔水管、防喷器和连接器，给井控带来风险。因此，在深水井控的各个环节都必须考虑气体水合物的影响，尽可能避免生成气体水合物。

（六）防喷器内圈闭气的处理

在处理气体溢流时，压井结束后，有一些气体会积聚在关闭的防喷器内，称为"圈闭气"。对陆地和浅水钻井来说，这并不是什么问题，因为这部分气体的压力是很小的。然而，在深水钻井、测试中，圈闭气的压力等于存在节流管线内压井液的静液柱压力，由于节流管线很长，这个压力不容忽视。如果直接打开防喷器，高压圈闭气在隔水管内膨胀上升，到达地面将造成井喷，使隔水管内的钻井液喷出，严重时有可能挤毁隔水管。水越深，圈闭气压力越高，其危害就越大。

二、深水井控设备

井控装备是控制溢流或井喷的关键设备，由于深水钻井、测试和完井作业的特殊性和面临的挑战，在进行深水井控设备的选择和配套时，必须保证设备的完善与可靠性。

（一）基本构成

深水井控装备主要包括压井（节流）管汇、导流器、下部隔水管组、连接器、水下防喷器组以及防喷器控制系统（包括备用）和钻具内防喷器等。

（二）深水防喷器组的配置

在海洋深水钻井中一般都使用浮式钻井装置，防喷器组坐于 476.25mm 井口头上，深水所用防喷器一般为内通径 476.25mm 的防喷器组，额定工作压力 70MPa 或 105MPa。深水防喷器坐于海底，对于 1000m 以上的水深，起下一趟防喷器至少需要 14d，所以配置深水防喷器时，每一功能的防喷器都要有备用，一般至少配置上、下万能防喷器，安装两个 $\phi88.9 \sim \phi193.7$mm 可变闸板防喷器和两个剪切全封闸板防喷器。

（三）深水防喷器控制系统

防喷器控制系统是防喷器开、关动作的指挥系统，必须满足远距离、准确、可靠、快速等要求。目前防喷器主要有 3 种控制形式，即液液控制、气液控制和电液控制。深水防喷器的控制系统采用一套复合电液控制系统，由地面发出对海底控制系统的指令，通过控制管线传给水下控制系统。在水下控制系统中，控制信号被解码、确认并执行。与液液控制系统相比，采用电液控制方式，防喷器开、关以及紧急脱离所需的时间大大缩短。

三、深水井控技术措施

（一）关井方式的选择

关井方式有硬关井和软关井两种方式。硬关井就是当发现溢流时，立即关闭防喷器，关防喷器前节流管线是不通的。软关井是当发现溢流关井时，先打开节流阀再关防喷器，最后关闭节流阀。硬关井比软关井程序简单，控制井口快。但是，硬关井时会因为井筒喷出流体和钻井液循环速度突然变为零，产生"液击"现象，这个"液击"压力主要作用在井口装置上，对地层影响较小。软关井可以使喷出的流体逐渐被关住，不会对井口装置产生猛烈的"液击"，但由于关井时间长，会有更多的地层流体侵入井筒。

由于深水钻井防喷器组在海底有很长的隔水管，如果关井不及时，气体进入隔水管将使井控变得非常困难，在理论上大量气体的膨胀可以使隔水管变空，如果出现这种情况静水压力会挤毁隔水管。另外，硬关井时的"液击"效应由于长阻流管线的摩擦阻力也变得很小，可以不予考虑。

因此，深水井控中关井方式必须使溢流侵入井筒的量最小，并且防止气体进入防喷器上方的隔水管，硬关井（快速关井）是最佳的选择。此外，司钻必须快速判断钻柱在防喷器内的位置，从而及时、准确地关闭防喷器。大多数作业者采用快速关井的方式，不进行溢流检查，以限制侵入流体的量并防止气体进入隔水管内。

（二）压井方法的选择

常规压井方法就是溢流发生后正常关井，在排除溢流和压井过程中始终遵循井底压力略大于地层压力的原则完成压井作业，即井底常压法。海洋钻井中常用的两种压井方法是司钻法和工程师法。

在常规水深环境下应用工程师法压井时，套管鞋处的压力可能较低，因为较轻的侵入流体到达套管鞋前，压井液已经循环至环空中，增加了环空的静液柱压力，使关井套压和套管鞋处压力下降。但是，在深水环境下，由于地层破裂压力比较低，通常套管层次比较多，各层套管鞋之间的距离比较短，最下部套管鞋以下的裸眼长度比较短，在压井液进入环空前密度较小的侵入流体已经到达最下部套管鞋之上，因此，它的优势就已减小了。另外，在深水环境中，要考虑预防气体水合物的形成，当应用工程师法压井时，在钻井液加重过程中侵入流体仍然在环空中，增大了气体水合物形成的可能性。如果气体水合物形成并堵塞阻流管线，将失去对井的控制。如果应用司钻法压井时，钻井液不间断循环会使防喷器和阻流管线温度升高，并减少了侵入气体在井筒中的滞留时间，降低水合物形成的可能性。所以在深水压井中不推荐使用工程师法。

如果发生溢流需要压井，首先考虑采用非等待压井方式，把事先准备好的压井液泵入井内，先按工程师法计算的钻杆压力曲线泵入，一旦压井液循环出钻头，则控制钻杆压力不变，直至压井液返出地面。采用非等待方式压井可以降低压井过程中套管鞋处承受的压力。

如果需要较长的时间准备压井液，则建议使用司钻法先将溢流循环出井筒，以缩短溢流在井筒内停留的时间。一旦关井，同时还要监测溢流是否已运移到隔水管内。一般在地层承压能力比较高、需要尽快将溢流循环出来的情况下，采用司钻法压井。司钻法可在最短的时间内循环出涌进井筒内的地层流体。

（三）压井与节流管线循环摩阻的确定

在深水油气测试作业中，因防喷器坐于海底，压井与节流管线较长，压井之前必须求得压井与节流管线循环摩阻。压井与节流管线循环摩阻可以通过下面两种方法来确定。

方法一：（1）以某一压井泵速经钻柱向井筒中泵入钻井液，使钻井液由隔水管返出，记录此时的泵速和泵压；（2）停泵，打开节流管线的阀门，关闭环形防喷器；（3）以同样的压井泵速经钻柱向井筒中泵入钻井液，使钻井液经由节流管线返出，记录此时的泵速和泵压。这样，步骤（3）中的泵压与步骤（1）中泵压的差值可以看作节流管线的循环摩阻。

方法二：（1）关闭节流管线海底阀下面的一个防喷器；（2）以某一压井速度向节流管线中泵入钻井液，并由隔水管返出，此时的泵压约等于节流管线中的循环摩阻。

方法一不适用于有裸眼井段的情况，因在确定节流管线循环摩阻时，裸眼井段要承受一个等于节流管线中压耗的额外压力，有可能导致井漏。当有裸眼井段存在时，可以采用方法二来确定节流管线中的循环摩阻。

在深水压井中，动态最大允许环空压力应根据节流管线循环摩阻而相应减小，以防压漏地层。

（四）水合物的预防

在海洋深水环境中，海底泥线附近的温度低，有利于水合物在防喷器组处形成，从而堵塞防喷器组的管线，导致防喷器组的功能失效。在深水钻井中，一般使用带有防水合物密封的连接器和具有水合物抑制性的钻井液，并定期向防喷器组注入水合物抑制剂（如乙二醇），防止防喷器内水合物的形成。另外，水合物在钻井液流动情况下形成的可能性很小，可以每天对隔水管及防喷器组上的阻流和压井管线进行循环；进行压井作业时采用司钻法，可以减小水合物形成的机会。

一般可通过改变水合物存在条件，使气体从水合物中分离出来。对确定成分的气体水合物，有3种方法可使水合物分解：在某温度下降压，使其压力低于相平衡压力；在某压力下升温，使其温度高于相平衡温度；加入甲醇、乙二醇或电解质（如氯化钠、氯化钙等）改变水合物相平衡条件。

（五）井口防喷装置、地面放喷装置的检验

1. 井口防喷装置

深水油气测试作业需要借用防喷装置来密封环空，并实现测试工具的操作控制和防止井喷。针对防喷装置，测试作业前应检查和试验的项目主要有：

（1）防喷器尺寸是否与井下管柱尺寸相符；

（2）防喷器工作压力、工作温度、防硫化氢能力是否满足要求，工作压力是否满足测试时环空加压的要求；

（3）防喷器的功能试验；

（4）压力试验；

（5）闸板的悬挂能力；

（6）应配有有效的剪切防喷器，剪切防喷器必须能剪切坐落管柱中的剪切短节。

防喷器测试地面试压要求见表2-11，BOP作业时试压及其他试压要求见表2-12，隔水管及压井阻流管线参考数据见表2-13。

表2-11　BOP地面试压要求

设备	尺寸	压力等级	入水前测试压力
上万能防喷器	可变径	10000psi／68，948kPa	额定压力70%
下万能防喷器	可变径	10000psi／68，948kPa	额定压力70%
剪切／盲板防喷器	最大可剪切6⅝in 钻杆	15000psi／103，425kPa	额定压力80%
套管剪切闸板防喷器	最大可剪切16in	N/A	N/A
可变闸板防喷器	3½-5⅞in	15000psi／10^3，425kPa	额定压力80%
可变闸板防喷器	5~7in	15000psi／10^3，425kPa	额定压力80%
钻杆闸板防喷器	5⅞in	15000psi／10^3，425kPa	额定压力80%
试压闸板防喷器	5⅞in 双向	15000psi／10^3，425kPa	额定压力80%

表2-12　BOP作业时试压及其他试压要求

名称	压力部分	额定工作压力（MPa/psi）	试压标准（psi/min）	试压时间以及试压周期
上、下万能防喷器		51.72/7500	5200/15	下到位后
剪切防喷器		103.45/15000	6600/15	下到位后
上、中、下闸板防喷器		103.45/15000	6600/15	下到位后
试压闸板		103.45/15000	6600/15	下到位后
阻流管汇	低压部分	51.72/7500	6000/15	测试前
压井管汇	高压部分	103.45/15000	12000/15	测试前
立管管汇		51.72/7500	6000/15	测试前
防喷阀		51.72/7500	6000/15	测试前
顶驱系统		51.72/7500	6000/15	测试前

表2-13　隔水管及压井阻流管线参考数据表

项目	内径（in）	压力等级
隔水管	19.0，19.125，19.25，19.5	1833psi（collapse）
压井／阻流管线	4.0	15000psi／10^3，425kPa
增压管线	4.0	7500psi／51，711kPa
液压管线	2.0	5000psi／34，474kPa

2. 地面放喷装置

与井控有关的装置主要是测试上游设备地面放喷装置，包括地面测试树、高压软管、高压管线、除砂器、数据头、油嘴管汇、地面安全阀、换热器、油气分离器等。考虑的因素有以下几个。

（1）工作压力：工作压力高于预测的井口关井压力，且有充分余地。

（2）工作温度。

（3）防硫性能：不含 H_2S 或含 H_2S。

（4）通径：高产气井有足够的过流能力，控制头尺寸要考虑通过的仪器（压力计，CTU，PVT，PLT，钢丝作业工具等），一般不低于井下管柱内径。

（5）配置：功能是否足够。

（6）完整的 ESD 系统。

3. 测试作业期间的井控措施

（1）防喷器闸板压力级别和万能防喷器压力级别均大于地层最大压力。

（2）测试管柱尺寸在可变闸板范围内。

（3）经理论计算，剪切闸板能剪断坐落管柱剪切短节。

（4）水下测试树具备应急解脱、关井和剪连续油管及电缆的能力。

（5）按 BOP 和隔水管防水合物程序防止水合物生成。

（6）使用测试液相对密度大于地层最高压力系数。

（7）设计合理的诱喷压差，保证地层的稳定，套管、油管（钻杆）、DST 工具安全，避免挤毁、刺坏或失封。

（8）设计合理的、可靠的压井方法，一般措施：尽量将测试工具下到测试层顶部，如果不能实现，应设计详尽的、可靠的特殊压井方法。一般下入两种循环工具，二者要有一定的间隔，推荐间隔 30m 压井。根据实际情况，宜采用司钻法压井，减少井内钻井液静止时间。

（9）定期观察环空液面，溢流是井涌前兆，液面下降表示管柱漏或地层漏。

（10）井控期间，定期通过阻流压井管线向 BOP 组注入水合物抑制剂。

（11）尽可能地维持井内较高的温度（即避免长时间静止）。

（12）完整的 ESD 控制系统。

4. 测试结束后的典型压井程序

（1）压井前准备好压井用变扣和压井阀。将压井阀预接在 5⅞in 钻杆上。

（2）开关井测试结束，将测试管柱内灌满络合水堵漏液+测试液。

（3）将智能测试阀打开至测试位，读取井口压力，在此压力基础上，尝试正挤 1.5 倍封隔器以下井筒容积的络合水堵漏液，将封隔器以下的天然气挤回地层，堵漏液进入地层时，挤注压力会明显升高，注意挤注压力不超过地层破裂压力，完成挤注后尝试卸井口压力，若不能泄掉，则关闭测试阀。

（4）环空加泄压将智能测试阀打开至循环位。

（5）反循环测试液替出管柱内的流体通过地面流程进行处理，返出气体通过燃烧臂燃烧，液体回地面罐，其间保持化学药剂注入。

（6）当井口返出纯测试液后停泵。

（7）正循环泵入堵漏剂，用测试液将堵漏剂替至循环孔位置的环空。

（8）上提管柱，确认将插入密封提出密封筒，上提至能关闭防喷器的位置，关闭防喷器正循环压井，如果气测值高，返出通过除气器进行除气。

（9）正循环压井至满足起钻要求。

（10）若循环压井期间发现地层有大量漏失，调整堵漏剂方案，再次将堵漏剂正循环替至循环孔位置的环空，尝试反挤至地层。

（11）泄压观察，井筒稳定。

（12）循环压井液至进出口压井液性能基本一致，停泵观察 30min 满足起钻要求。

（13）拆甩连续油管提升架、井口测试树及井口高压挠性软管。

（14）起钻，边起边甩油管单根，起钻期间分别在拆甩水下测试树前、拆甩 DST 测试工具前进行井筒观察。

（15）起出井下压力计后立即检查，并及时回放数据。

（16）起测试管柱过程中，密切注意检查和记录灌浆量是否正常。

（17）检查射孔枪的发射率。

5. 深水油气测试圈闭气处理办法

压井结束后，关闭的防喷器与海底节流阀循环出口之间可能聚集一些溢流侵入的气体，这种气体称为圈闭气。圈闭气的影响程度主要取决于水深，其压力等于节流管线内的静液柱压力，水越深，压力越高；在陆地钻井时，因为地面压力很小，圈闭气不会带来危害，而在深水钻井测试作业时，圈闭气承受几千米的静水压力，若直接打开防喷器，由于压力降低，圈闭气会急剧膨胀，替空隔水管造成钻井液喷出，严重时有可能造成隔水管被挤毁。上提测试管柱拔出封隔器后，上提至合适位置关闭万能防喷器压井，结束后，有两种方案可供选择处理圈闭气。

1）重钻井液压出法

（1）从隔水管增压管线替入高密度的重钻井液至万能防喷器以上 100m 隔水管内容积，保持阻流管线打开，打开下万能防喷器，利用"U"形管原理将下万能防喷器下方可能存在的少量圈闭气诱导至阻流管线内；

（2）打开下万能防喷器期间保持计量罐持续灌浆，监测隔水管液面稳定后，计量阻流管线返出情况；

（3）关闭下万能防喷器，通过压井管线循环压井液，替出阻流管线内混合液体，并监测返出情况，确认压井阻流管线内全部为压井液；

（4）从隔水管增压管线循环压井液一个隔水管内容积，顶替出隔水管内的重钻井液；

（5）打开下万能防喷器，进行溢流检查。

2）轻流体诱喷法

（1）从阻流管线替入轻密度流体，停泵后，导通至油气分离器，保持阻流管线打开，打开下万能防喷器，利用"U"形管原理将下万能防喷器下方可能存在的少量圈闭气诱导至阻流管线内；

（2）打开下万能防喷器期间保持计量罐持续灌浆，监测隔水管液面稳定后，计量阻流管线返出情况；

（3）关闭下万能防喷器，通过压井管线循环压井液，替出阻流管线内混合液体，并监测返出情况，确认压井阻流管线内全部为压井液；

（4）从隔水管增压管线循环压井液一个隔水管内容积，顶替出隔水管内可能滑脱的少量气体；

（5）打开下万能防喷器，进行溢流检查。

（六）紧急脱开程序

如果遇到台风等恶劣海况，钻井平台不能保持船位或者失去动力，井控设备或者主控制系统发生重大故障失去井喷控制等紧急情况时，为了保证设备和井筒的安全，需要手动或自动把隔水管从水下防喷器组上脱开，撤离钻井平台。

紧急脱开程序是通过钻井平台配备的备用控制装置手动或自动执行的。只有配备专门的紧急脱开备用控制装置才能启动紧急脱开程序。

1. 常规解脱程序

由于天气情况、上部坐落管柱损坏、系统泄漏、管柱配长不合适、平台稳定系统问题等不得不解脱时，解脱程序如下：

（1）停止钢丝或者油管作业，起出作业工具；

（2）确认判断隔水管下部的挠性接头角度，评估操作的可行性；

（3）如果时间充裕，可以对关闭的水下树球阀进行试压；

（4）试压合格后泄掉所有压力；

（5）关闭承留阀，在 SECP 面板处按承留阀关闭按钮，确认指示灯；

（6）关闭地面测试树压井翼和流动翼；

（7）泄掉压井翼和流动翼的管线压力；

（8）泄压 BOP 中部闸板以下的全部环空压力；

（9）释放过提拉力，继续释放管柱重量；

（10）再次确认承留阀和水下树关闭，储能器补压力；

（11）检查控制面板压力，功能解脱；

（12）开补偿器上提管柱至万能密封接头上部，记录坐落管柱悬重；

（13）关闭剪切盲板，防止落物进入水下测试树下部球阀部分液压通道上；

（14）水下测试树坐落管柱解脱完毕，解脱万能防喷器（LMRP），使隔水管脱离。

2. 回接程序

（1）确认液压控制面板所有压力；

（2）确定 SECP 控制面板指示灯（承留阀指示灯）；

（3）下入坐落管柱到剪切盲板顶部约 5m 处，打开剪切短节；

（4）设定补偿器到整个管柱重量；

（5）低压循环（选择化学注入）；

（6）缓慢下放管柱，接触水下测试树下部阀体部分（根据悬重判断是否接触成功，深水中如果天气和条件允许可以使用大钳略微地旋转，旋转角度小于 140°），然后下压一定管柱重量；

（7）功能回接；

（8）过提一定管柱重量以检验水下测试树回接成功；

（9）继续过提到规定重量，加压确认关闭球阀底部承压合格（SIP）；

（10）确认关闭球阀底部承压合格同时，上部打低压确认解脱部分密封良好；

（11）检验合格后，继续在管柱上部打压；

（12）设定液压控制面板压力，SECP 面板上功能水下测试树开按钮，确认指示灯；

（13）再次设定液压控制面板压力，继续开井作业。

3. 应急解脱程序

水下测试树解脱时间很紧迫时，启用以下程序：

（1）确认液压控制面板所有压力；

（2）激活地面测试树 ESD 地面关井；

（3）确保无关人员远离钻台；

（4）按下解脱按钮，系统将会按照顺序关闭球阀和解脱（解脱功能同样可在司钻房进行操作，一旦解脱整个管柱将会由于过提拉力自动脱离）；

（5）继续用顶驱上提水下测试树解脱部分到下万能防喷器上部，如果浪太大，同时使用补偿器和顶驱上提管柱；

（6）检查控制面板压力，功能解脱；

（7）开补偿器上提管柱至万能密封接头上部，记录坐落管柱悬重；

（8）关闭剪切盲板，防止落物进入水下测试树下部球阀部分液压通道上；

（9）水下测试树坐落管柱解脱完毕。

4. 备用解脱程序（电信号控制失效）

方法一：在电路失败后，动力压力不能传入到解脱滑阀处，但是可以通过过载打压解脱动力压力，剪断"剪切滑阀"使压力传入到解脱滑阀实现功能。

（1）关闭 SECP 控制面板的电源，液压直接控制水下测试树和回收阀；

（2）为了防止管线内陷，必须根据静液压力来释放管线压力；

（3）加压过载，解脱水下树；

（4）上提管柱到下部万能防喷器上部，关闭剪切盲板。

方法二：关闭 SECP 控制面板的电源。

（1）关闭中部或下部防喷器闸板密封环空，环空加压，解脱水下树；

（2）继续上提解脱部分到下万能防喷器接头上部，并记录坐落管柱悬重；

（3）关闭剪切盲板，防止落物进入水下测试树下部球阀部分上。

5. 备用解脱程序（电液失效）

如果电路液压都失效时，还可以通过机械方式进行解脱。

方法一：机械旋转解脱。

（1）为了安全作业，机械解脱时浪高不要超过 1m；

（2）释放所有的过提拉力后，下压一定的管柱重量；

（3）确定液压面板上的所有压力全部泄掉；

（4）正转管柱解脱水下树，确保扭矩值不要过高。

方法二：盲板剪切解脱程序。

（1）确定该作业指令由指定负责人发出；

（2）释放过提拉力；

（3）继续释放重量；

（4）关闭剪切盲板，剪切水下树剪切短节；

（5）继续上提水下测试树解脱部分至下部万能防喷器上部；

（6）解脱下万能防喷器。

第八节　弃 井 工 艺

弃井是指一口井测试工作结束后期所钻井眼、井口的最后一道处理工艺，它是测试工作的一部分，只有在得到作业者正式批准和明确通知后，才能安排弃井工作。弃井作业分永久弃井和暂时弃井两种状态。

暂时弃井又称临时弃井，是指尚未完成钻完井作业或已经投入开发的，因故又临时中止作业的井，或已完成钻完井作业需保留待以后开发的井，需要保留井口而进行临时性封堵井眼并设置井口标志的作业。永久弃井是指对要废弃的井进行永久性封堵井眼。

一、弃井作业要求

弃井作业后，应做到井内外无地层流体上窜的通道、地层流体没有泄漏出海底泥面，污染海洋环境的可能性。应用水泥或封隔器封隔开渗透性地层和油气层，以保证不同压力层系之间的地层流体不能相互串通。在可能的产层之上，或裸眼至井口，至少应有一个弃井水泥塞，并用液体试压或是加重量与液体等效的方法进行正向压力试验。

二、永久弃井

（一）套管或尾管射孔井

在每组油气层射孔段注水泥塞到射孔段以上至少 10m，候凝后探水泥面，在水泥面以上坐封一只桥塞并按规定试压，试压合格后在其上用电测的倾倒筒倾倒长度不小于 1m 的水泥塞。最上部的一组桥塞应按规定试压，试压合格后在其上注长度不小于 50m 的水泥塞。地层压力系数不小于 $1.3 g/cm^3$ 天然气井和含腐蚀性流体的井，在顶部桥塞上注长度不小于 100m 的水泥塞。

尾管射孔完成井的水泥塞应返到尾管悬挂器以上 50m，否则应补注水泥塞。地层压力系数不小于 $1.3 g/cm^3$ 天然气井或含腐蚀性气体的井，在技术套管内表层套管鞋位置处坐封一只桥塞并按规定试压，试压合格后在其上注长度不小于 100m 的水泥塞。

（二）裸眼井或筛管井

用水泥塞封堵裸眼井段或筛管井段的油、气、水等渗透地层，水泥应返到油、气、水层顶部以上至少 50m。

从套管鞋与裸眼接口或筛管与套管接口位置向上注长度不小于 100m 的水泥塞。候凝后探水泥塞面，应按规定试压至合格。

在技术套管内表层套管鞋位置处坐封一只桥塞，应按规定试压，试压合格后在其上注长度不小于 100m 的水泥塞。

地层压力系数不小于 $1.3 g/cm^3$ 天然气井或含腐蚀性气体的井，在套管鞋与裸眼或筛管与套管接口深度以上 15m 内坐封一只桥塞后应按规定试压。试压合格后在其上注长度不小于 100m 的水泥塞。

三、临时弃井

（一）套管或尾管射孔井

应在每组射孔段顶部以上 15m 内下可钻桥塞封隔油气层并试压。试压合格后在其上用电测的倾倒筒倾倒长度不小于 1m 的水泥塞。最上部的射孔段应在桥塞试压合格后，在其上注长度不小于 50m 的水泥塞。

地层压力系数不小于 $1.3g/cm^3$ 天然气井和含腐蚀性流体的井，在顶部可钻桥塞上注长度不小于 50m 的水泥塞。每组桥塞都应按规定试压至合格。

尾管射孔井，最顶部的水泥塞应返到尾管悬挂器以上至少 30m，否则应补注水泥塞。

在技术套管内表层套管鞋位置处，注一个长度不小于 100m 的水泥塞。候凝、探完水泥塞面后应按规定试压至合格。

（二）裸眼井或筛管井

在裸眼井段或筛管内充填保护油气层的完井液后，在裸眼与套管鞋接口深度或筛管与套管接口深度以上 20m 内坐封两只可钻桥塞后，应按规定试压至合格，或不下双桥塞在套管鞋以上注长度不小于 100m 的水泥塞，候凝、探完水泥塞面后应按规定试压至合格。

地层压力系数不小于 $1.3g/cm^3$ 天然气井和含腐蚀性气体的井，应在裸眼与套管鞋接口深度或筛管与套管接口深度以上 15m 内坐封一只可钻桥塞，并在其上注长度不小于 100m 的水泥塞。候凝、探完水泥塞面后应按规定试压至合格。

在技术套管内表层套管鞋位置处，注一个长度不小于 100m 的水泥塞。候凝、探完水泥塞面后应按规定试压至合格。

四、弃井作业报告与资料

弃井作业方案设计应由作业部门编写，并经健康安全环保主管部门审核备案。临时性弃井报告应作为测试报告的一部分予以完整收录和保存。

作业者或作业者委托的钻井总承包商在完成弃井作业后十五天内应向公司健康安全环保部提交弃井作业报告。

弃井作业报告包括以下内容：

（1）弃井作业设计计划书；

（2）弃井作业报告。

弃井作业报告应包括但又不限于以下内容：

（1）油田名称与油田所在海域地理位置；

（2）井名以及井位坐标；

（3）水深与转盘补心海拔平面高度；

（4）弃井作业起止日期；

（5）井身结构和各层套管尺寸、实际下入深度；

（6）各层套管外各级固井水泥实际返深和试压数据；

（7）各组油气层深度以及油气层原始压力；

（8）射孔深度；

（9）弃井桥塞下入数量、下入深度以及试验压力数据；

（10）弃井水泥塞数量、弃井水泥塞面深度、弃井水泥塞高度、弃井水泥塞实际水泥用量、水泥浆密度；

（11）弃井水泥塞试压数据；

（12）各层套管切割深度；

（13）弃井作业过程概述；

（14）海底井口保留结构图或生产平台简易井口图；

（15）弃井作业井身结构示意图。

五、深水油气测试典型弃井作业程序

（1）起钻完后，组合电缆下入桥塞；

（2）坐封工具出井后，关闸板对桥塞试压；

（3）组合下入打水泥塞管柱，下压 2T 探桥塞；

（4）负压测试，固井泵正替海水，关闭 BOP 组，泄压观察回流 15min，若无回流，则反循环替出钻杆内海水；

（5）按照固井作业指令接固井管线，打气层封隔水泥塞；

（6）快速拆除简易水泥头及固井管线，匀速起钻，调整位置关防喷器，使用测试液反循环冲洗 1.5 倍钻杆容积；

（7）循环候凝，地面试水泥样，下钻探塞面。

第三章　深水油气测试管柱

第一节　水下测试树系统

一、水下测试树系统的主要功能

目前，深水油气测试作业一般采用半潜式钻井平台或钻井船等浮式结构物。由于受风浪流的影响，平台会发生纵摇、横摇等浮体运动，而与之相连的深水油气测试管柱也将会受到严重影响。因此，若在测试过程中遇特殊海况，如台风或潮汐等，要求必须立即断开测试管柱，将平台撤离井口位置，而对于中国南海深水油气勘探区域而言，其较世界其他深海油气区域环境更为恶劣，测试难度更大，再加之浮动式平台空间狭小，设备和人员密集，测试过程中一旦发生井喷或引入平台的油气流发生泄漏，都可能导致爆炸、火灾、中毒和环境污染等重大事故。

因此，深水油气测试对风险控制有极高要求，在紧急情况下必须采用安装于测试管柱上的关键性设备——水下测试树，使测试管柱在紧急情况下能够迅速断开，并封堵井内高压油气，实现钻井平台的快速撤离，以保证深水油气测试过程中的人员设备和环境安全。坐落管柱的成功应用对中国深水油气资源的勘探开发具有重要的理论与现实意义。

水下测试树是深水油气测试系统中最典型、最关键的设备之一，主要应用于在深水浮式平台上进行的地层测试和试油作业过程中，也时常应用于井筒排液替喷、水下维修以及其他修井作业中，无论是应用于测试作业还是修井作业，水下测试树都起到安全保护的作用，因此也称为水下安全阀。

进行深水油气测试时，水下测试树随测试管柱下入，其安装位置位于水下防喷器组内部，并要求与之连接组合的装置与防喷器组中的环形防喷器，半封、全封闸板防喷器安装位置相对应。在水下测试树组件安装过程中，需由其下部的槽式悬挂器适配器进行多次调节，使其处于有效位置，以保证在关井过程中防喷器组可紧密封隔水下测试树外部环形空间，保护海底控制系统装置，防止井内高压油气喷出或泄漏。同时在紧急情况下，为了快速断开测试管柱，实现钻井船快速撤离，可保证防喷器剪切闸板对准测试管柱剪切短节进行剪切，水下测试树是深水油气井测试海底控制系统中的重要组成部分，为保证测试过程顺利安装完成发挥着重大作用。其主要具有以下结构与特性。

（1）具有双重故障保护机制，保护阀处于常闭状态，起失效保护作用，在液压控制作用下解锁。下部保护阀可分别独立闭合或开启，具有双重可控保护特性。

（2）具有可控断开和连接功能。采用液压控制方式，控制水下测试树上端门锁连接机构，使测试管柱可快速断开和连接，一般情况下 SSTT（水下测试树），RV（止回阀）关闭和 SSTT 断开 1in 不超过 15s。

（3）下部保护阀中必有一球阀，在其关闭过程中可由平台控制系统通过高压液压油控制其动作，可剪断测试电缆和连续油管。

（4）SSTT 上端有两个化学剂注入口，通道连接到上部保护阀处，注入到测试管柱内部，并在 SSTT 壳体注入口处设计了双级止回阀，防止化学药剂回流和井筒内油气从此处泄漏。

（5）SSTT 在操作控制过程中，当常规电控失效时可以直接通过液压管线控制其断开和封堵油气。当液压管线失效时，还可采用向右旋转管柱的方法进行解锁断开，并通过环空高压来驱动双重故障保护阀，强行封堵管柱内高压油气。

（6）双重故障保护阀在关闭状态下，失去液压驱动或者客观因素而无法开启时，可在一定正压力作用下实现泵通，且正压值可调，该功能可运用在降低井筒内气压和排放高压油气过程中。

（7）SSTT、RV 等外观轮廓和安装位置与水下防喷器组中的环形和半封闸板防喷器进行有效配合，可防止防喷器关闭过程中损坏测试设备，并实现对环空内高压油气的紧密封堵。

二、深水油气测试规范对水下测试树系统的要求

（1）水下测试树解脱时间不超过 15s。

（2）水下测试树悬挂器与井口头抗磨补心相匹配。

（3）水下测试树设备与防喷器组间距相匹配。

（4）水下测试树剪切短节强度满足防喷器剪切闸板剪切能力，长度满足配管要求。

（5）水下测试树承压短节外径及长度满足防喷器闸板关闭密封需求。

（6）水下测试树管串解脱角度应大于隔水管挠性接头脱离角度。

（7）水下测试树系统满足所在位置的预测最高、最低温度要求。

（8）水下坐落管柱系统压力等级应满足预测最高地层压力的 1.25 倍。

（9）水下坐落管柱的尺寸、外径、长度及位置等应与平台水下设备相配合，在正常关闭万能防喷器时保护管缆不受损坏。

（10）水下测试树至少具备以下 3 种解脱功能：电液控制系统功能、直接液压功能、机械应急功能。

（11）水下坐落管柱满足以下要求：水下测试树可快速关闭。

（12）承留阀关闭应能储存管柱流体，防止污染。

（13）水下测试树可实现剪切连续油管或钢丝并关井。

（14）防喷阀关闭实现关井。

（15）水下坐落管柱应满足 API 14A 标准（水下坐落管柱的标准定义）。

（16）具备以下注入化学药剂的通道：防喷阀（组）注入通道；水下测试树注入通道；井下化学注入接头注入通道。

（17）水下坐落管柱和水下测试管串配备合适数量的扶正器。

（18）水下测试树控制系统应配备电路回路、液压线路和化学注入回路。

（19）电路回路包括液压脐带缆绞车分线箱、脐带缆、电液加速包、接地。

（20）液压线路包括液压控制面板、液压脐带缆绞车及坐落管柱。

（21）化学注入回路包括泥线以上注入和泥线以下化学注入。泥线以上注入：地面化学注入泵、化学注入绞车和水下测试树/防喷阀组扶正器。泥线以下化学注入：地面化学注入泵、化学注入绞车、电液加速包、储能器、承留阀、水下测试树、承压短节、化学注入管线和井下化学注入短节。

三、深水电液水下测试树系统的组成

水下测试树系统由上部坐落管柱和下部坐落管柱组成：

（1）上部坐落管柱主要包括防喷阀组及扶正器（可浅设和深设），其工作压力应不低于预测地层最高压力的 1.25 倍，具有井控、辅助试压和化学注入功能；

（2）下部坐落管柱主要包括扶正器（具有化学注入通道）、电液加速包、深水储能器、承留阀、剪切短节、水下测试树、承压短节、可调悬挂器组和井下化学注入接头等，具有解脱、井控、剪切和化学注入等功能。

水下测试树控制系统由电路控制系统和液压控制系统组成：

（1）电路控制系统具备远程控制面板、地面电路控制面板、分线箱以及各类连接线和转换线；

（2）液压控制系统具备地面控制面板、液压脐带缆绞车、控制液循环过滤机、控制液清洁度检测仪器、化学注入绞车和化学注入泵等设备。

以艾普 3in 电液控制水下树系统为例进行讲解。

（一）深水电液水下测试树系统示意图

深水电液水下测试树系统示意图如图 3-1 所示，该系统包括：水下测试树（Subsea Test Tree），滞留阀（Retainer Valve），防喷阀（Lubricator Valve），储能器（Accumulator

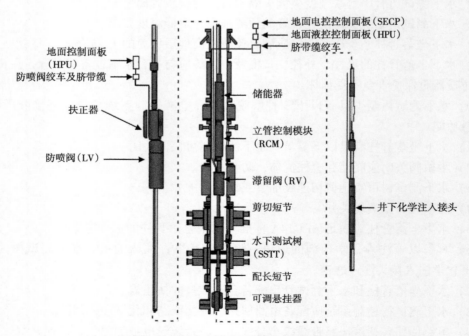

图 3-1　深水电液水下测试树系统示意图

Module），立管控制系统（Riser Control Module），地面电控面板（Surface Electrical Control System），电信号与液压信号转换关系示意图（Representation of Single Subsea Function），控制面板（Surface Hydraulic Power Unit），脐带缆绞车（Umbilical & Reeler）。

（二）该套深水电控水下测试树系统的特点

（1）通过两个"失效关闭"的球阀进行应急关井；

（2）应急情况下，快速解脱反应时间减少至 15s；

（3）具备应急解脱方式，能够剪切钢丝或连续油管（1.75in×0.175in WT 80ksi）；

（4）能够滞留管串上部的流体，防止其泄漏至隔水管；

（5）系统失效时，能够正循环压井；

（6）具有化学药剂注入功能（水下测试树及泥线以下）；

（7）系统最大工作压力 15000psi，最大内径 3in；

（8）具有泥面附近管柱内外数据实时监控功能（压力和稳定）。

（三）水下测试树（SSTT）特点及参数

（1）最大工作压力 15000psi，最大工作温度 177℃；

（2）具有两个"失效关闭"球阀；

（3）球阀能够承受来自下部的压力 15000psi；

（4）球阀能够承受来自上部的压力 15000psi（需要控制通道加压）；

（5）具有泵通功能；

（6）具有剪切钢丝或连续油管能力；

（7）具有泥面以下化学注入功能；

（8）具有水下测试树位置化学注入功能；

（9）双球阀独立工作功能；

（10）具有四种解脱功能；

（11）水下测试树剪切球阀能够剪切 1.750in×0.175in WT grade QT-900 连续油管，其实物图如图 3-2 所示。

水下测试树（SSTT）性能参数见表 3-1。

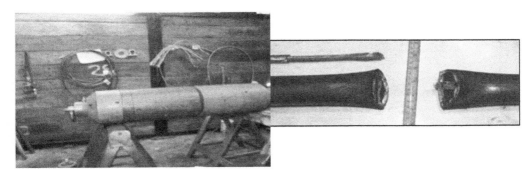

图 3-2　水下测试树剪切连续油管实物图

表 3-1 水下测试树 (SSTT) 性能参数

设计加工标准	H_2S NACE MR 01-75+CO_2
适用于	H_2S, CO_2
质量 (大约)	1337kg
总长度	65.9in
最大外径	15.750in
最小内径 (取决于承压短节)	3.00in
工作压力	15000psi
最大内径测试压力	15000psi
球阀开线最大控制压力	10000psi
助关线路最大控制压力	10000psi
最大拉伸载荷@0psi	600000 lbf
最大拉伸载荷@WP	350000 lbf
工作温度范围	$-18\sim177℃$
上部球阀的最大压差	15000psi (闭合辅助比 1:1.25)
下部球阀的最大压差	15000psi
泵通能力	$5in^2$@300psi $32cm^2$@20bar
油管剪切能力	1.75in OD×0.134in WT 连续油管 (80ksi)
阀类型	故障自动关闭

(四) 滞留阀 (RV) 特点

(1) 最大工作压力 15000psi, 最大工作温度 177℃;

(2) 失效球阀状态不变;

(3) 球阀能够承受来自上部的压力-15000psi;

(4) 互锁功能;

(5) 解脱时, 能够快速将与水下测试树之间的全部压力泄至隔水套管。

滞留阀 (RV) 性能参数见表 3-2, 水下测试树与滞留阀连接实物图如图 3-3 所示。

表 3-2 滞留阀 (RV) 性能参数

设计标准	API 6A 19th Edition
使用范围	H_2S NACE MR 0175 + CO_2Sour
总长	54.30in
外径 (最大)	12.890in
内径 (最小)	3.00in
质量 (大约)	611kg
工作压力 (最大)	15000psi
内部测试压力	22500psi
控制通道最大压力	10000psi
球阀承受上部压力	10000psi
最大拉伸载荷@0psi	600000 lbf
最大拉伸载荷@WP	350000 lbf
工作温度范围	$-18\sim177℃$

图 3-3 水下测试树与滞留阀连接实物图

（五）防喷阀（LV）特点

（1）最大工作压力 15000psi，最大工作温度 177℃；

（2）失效球阀状态不变；

（3）球阀能够承受来自下部的压力-15000psi；

（4）球阀能够承受来自上部的压力-15000psi（需要控制通道加压）；

（5）具有泵通功能；

（6）具有化学注入功能（双单流阀）；

（7）能够同时使用两个防喷阀作业。

防喷阀（LV）性能参数见表 3-3，防喷阀实物图如图 3-4 所示。

表 3-3 防喷阀（LV）性能参数

设计标准	API 16A 19th Edition
使用范围	H_2S NACE MR 0175+CO_2 Sour
总长	50.34in
外径（最大）	12.880in
内径（最小）	3.00in
质量（大约）	610kg
工作压力（最大）	15000psi
内部测试压力	22500psi
控制通道工作压力（最大）	10000psi
工作温度范围	−18~177℃
最大拉伸载荷@0psi	344000 lbf
最大拉伸载荷@WP	197000 lbf

图 3-4　防喷阀实物图

（六）储能器（Accumulator Moduel）介绍

储能器主要功能是存储操作球阀的压力，通过操作液动阀（DCV），存储的压力能够快速释放，操作球阀的开关或者解脱。储能器共包含 8 个钢瓶，其中 6 个钢瓶内的压力操作水下测试树部分（SSTT functions-10K），2 个钢瓶内的压力操作滞留阀的功能（RV functions-10K）。储能器位于立管控制系统的上部（RCM），使用前，需要对储能器进行预充氮气，储能器实物图如图 3-5 所示。其特点如下：

（1）最大工作压力 15000psi，最大工作温度 121℃；

（2）能够提供应急解脱需要的能量+剪切钢丝或盘管+10%富余量；

（3）外部设计能够保护脐带缆。

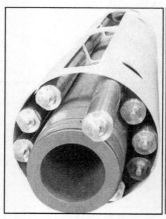
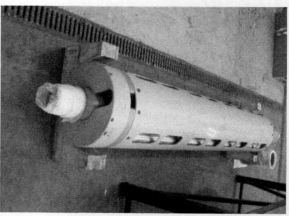

图 3-5　储能器实物图

（七）立管控制系统（RCM）介绍

立管控制系统（RCM）是此套深水电液系统的核心——进行电液信号的转换，能够实时监控内外压及温度。最大工作压力 15000psi，最大工作温度 121℃，立管控制系统实物图如图 3-6 所示。

图 3-6 立管控制系统实物图

1. RCM 包含上、下两个腔室

（1）上部腔室内有：电磁阀（SOV）、压力传感器、水下电子模块（SEM）、数据采集系统（EDAS）。此腔室在工作时，必须注满绝缘液 FR3，保证电子元件绝缘并平衡隔水管静液柱压力，安装有保护外罩，立管控制系统上部腔室如图 3-7 所示。

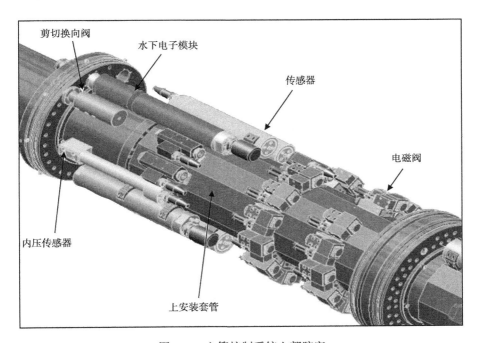

图 3-7 立管控制系统上部腔室

（2）下部腔室内有：液动阀（DCV）。此腔室在工作时，必须注满嘉实多 HT2 控制液，平衡隔水管静液柱压力，安装有保护外罩。

2. RCM 功能操作特点

（1）所有的功能操作是通过操作电磁阀进行的；

（2）电磁阀操作液动阀的开关；

（3）电磁阀通过地面电控面板激活或断开；

（4）液动阀是通过穿过电磁阀的地面压力操作的；

（5）水下电子模块连接数据采集系统和各个压力温度传感器。

（八）地面电控面板（SECP）

地面电控面板的作用是控制 RCM 内部液压操作，SECP 与 RCM 是通过脐带缆内部电缆连接的，SECP 包含以下设施：人机交互器（HMI），UPS&PLC A&B，ESD 按钮 2，ESD 按钮 3。地面电控面板实物图如图 3-8 所示。

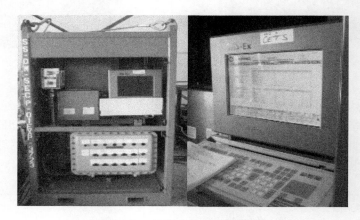

图 3-8　地面电控面板实物图

（九）地面控制面板（HPU）

地面控制面板特点：10 路高压输出-10000psi，气驱高压泵两台，低压泵 1 台，干净罐与回收罐能够内部循环、过滤控制液，2 个 10000psi 高压储能器，具有应急停止按钮。地面控制面板实物图如图 3-9 所示。

图 3-9　地面控制面板实物图

（十）脐带缆绞车（Umbilical Reel）

脐带缆总长度2880m，脐带缆包含以下管线：4条¼in 液压管线，1条¼in 水下测试树化学注入通道/备用，1条½in 井下化学注入管线，3条电缆（EDAS + Primary & Secondary SOV）。脐带缆绞车实物图如图3-10 所示。

脐带缆参数如下。最大外径：64mm，空气中质量：4500kg/km，海水中质量：1400kg/km，最小弯曲半径（静态）：420mm，最小弯曲半径（动态）：625mm，最小断裂负荷：100kN。脐带缆截面图如图3-11 所示。

图3-10　脐带缆绞车实物图

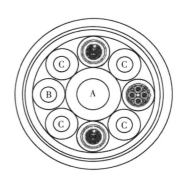

图3-11　脐带缆截面图

第二节　DST工具管柱

一、深水常用 DST 管柱类型

深水测试管柱的目标是有效封隔地层，建立地层流体流动和循环压井通道；保障流体在井下处于可控状态，并满足地质设计要求；具备管柱应急解脱、管柱内剪切功能和井下开（关）井功能；在满足安全和地质要求的前提下，宜尽量简化管柱结构。

深水常用 DST 管柱从结构上分为分永久封隔器或可回收式永久封隔器与一趟插入式管柱相配合，以及一趟管柱带封隔器及 DST 工具。

二、对 DST 管柱设计要求

（一）管柱结构设计

（1）管柱通径满足产量要求；

（2）管柱满足资料录取，如温度、压力、井下取样等；

（3）管柱应具备循环压井、水合物监测和防治、化学药剂注入、防砂、泥面温度压力监测等功能；

（4）应采用非旋转坐封管柱；

（5）应采用压控式测试工具；

（6）管柱内径尽可能一致，最小内径满足钢丝探砂面及水合物面、下入连续油管进行管柱内通井、钻水合物和冲砂、冲洗、顶替等作业；

（7）管柱外径满足可变闸板要求；

（8）测试管柱应配备至少两道安全屏障，下循环阀的位置应尽量靠近封隔器；

（9）气井测试管柱宜使用气密扣；

（10）管流计算应符合管柱结构及强度的安全要求。

（二）管柱材质选择

（1）考虑硫化氢、二氧化碳及高温环境造成的剧烈腐蚀，可选用含镍、铬、钼的高镍合金钢（含镍 25% 以上）；

（2）对于高硫化氢流体，宜使用 BG80S/SS 级以上材质的抗硫化氢应力油管（其中："BG" 表示宝钢非 API 系列，"S" 表示普通抗硫，"SS" 表示高抗硫）；

（3）环境温度和氯化物浓度对二氧化碳腐蚀影响极大，二氧化碳含量高的油气井应避免使用高碳钢；

（4）应考虑地层流体腐蚀、材料的高低温性能和耐压等因素，选择强度受温度影响小的管柱材质；

（5）水下测试树剪切短节材质应满足防喷器剪切闸板的剪切要求。

（三）管柱强度校核

（1）管柱的试压值应不低于预测地层孔隙压力值，稳压时间应不少于 15min。

（2）应对各种工况下的管柱变形（伸长或缩短）进行计算，以选择合适长度的插入密封或伸缩节长度。计算内容应包括：温度效应，膨胀效应、活塞效应、弯曲效应等。

（3）应考虑油管的屈服强度、抗拉强度等力学性能及抗挤性能的温度效应。

（4）对设计的管柱应根据可能出现的极端恶劣工况进行管柱强度校核。安全系数值宜按以下值选取：①抗拉，1.8；②抗外挤，1.125；③抗内压，1.2。

（5）对于含硫油气井，管柱的许用拉应力应控制在钢材的屈服强度 60% 以下。

三、DST 工具选择

（一）测试阀选择

适合于深水油气测试的测试阀见表 3-4（包括但不限于）。

表 3-4　深水测试阀

名称	生产厂家	压力等级（psi）	工作温度（℉）	操作方式	能否开启下井	有无锁开功能
LPR-N 测试阀	哈里伯顿	15000	400	环空压力	能	无
STV 选择测试阀	哈里伯顿	15000	400	环空压力	能	有
IRIS-TV	斯伦贝谢	15000	约 250	环空压力脉冲	能	有
环空压力测试阀（PCT）	斯伦贝谢	15000	400	环空压力	能	有

用于深水油气测试的井下测试阀，满足以下要求：

（1）操作方式为压控式；

（2）球阀具有锁定开启功能，宜满足在锁定开启状态下进行起下钻操作要求。

南海西部某口深水井测试中，设计一趟管柱下入两支 IRDV 智能双球阀的测试阀，先激活一支正常使用，另外一支设置在未激活状态作为备用，确保首次深水油气测试的成功率。

采用 IRDV 智能双球阀的测试阀作为测试主阀，IRDV 阀参数见表 3-5。基具有测试位、循环位及压井位三个位置，既能实现循环替液、正常开关井测试，也能实现正反循环压井及正挤压井等功能，该工具通过环空加泄压操作来实现换位，通过选定满足要求的钻井泵进行加压操作，压力区间在 500~1500psi 之间。

表 3-5　IRDV 阀参数

型号	IRDv-BA	IRDv-CA	IRDv-DA	IRDv-H
工具外径（mm[in]）	127[5]	127[5]	127[5]	180[7]
工具内径（mm[in]）	57[2.25]	57[2.25]	57[2.25]	89[3.5]
处理（NACE MR—0175）	硫化氢/酸	硫化氢/酸	硫化氢/酸	硫化氢/酸
最小产量下的拉伸强度（N[lbf]）	1.3×106[300000]	1.3×106[300000]	2×106[440000]	2×106[440000]
额定压力差（MPa[psi]）	69[10000]	103[15000]	103[15000]	62[9000]
最大环空压力（MPa[psi]）	90[13000]	145[21000]	170[25000]	90[13000]
最大油管压力（MPa[psi]）	103[15000]	145[21000]	179[26000]	69[10000]
最大开放差压（MPa[psi]）循环阀（若外压>内压）	52[7500]	52[7500]	52[7500]	34[5000]
制流阀（若外压>内压）	52[7500]	52[7500]	52[7500]	34[5000]
阀门操纵范围（MPa[psi]）	10~69[1500~10000]	21~131[3000~19000]	21~139[3000~23000]	10~69[1500~10000]
最小指令压力（MPa[psi]）	1.72[250]	1.72[250]	1.72[250]	1.72[250]
循环次数	24	24	24	27
最小电池运行（h）	600	600	600	1000
长度（m[ft]）	7.6[24.9]	8.3[27.4]	8.3[27.4]	8.5[28]
质量（kg[lbm]）	508[1120]	590[1300]	590[1300]	907[2000]

（二）井下取样器选择

井下取样器见表 3-6（包括但不限于以下类型）。

表 3-6　井下取样器

名称	生产厂家	携带取样器数量（个）	每单只托筒样品容积（cm³）	取样方式	有无保压功能
RD 取样器	哈里伯顿	0	1200	破裂盘，环空压力操作	无
SIMBA 取样器	哈里伯顿	2	1200	破裂盘，环空压力操作	有
AMADA 取样器	哈里伯顿	8	2400	破裂盘，环空压力操作	有
SCAR 取样器	斯伦贝谢	9	3600	破裂盘，环空压力操作	有

井下取样器宜选用：

（1）取样器内壁应进行惰性处理，以适应酸性及硫化氢气体环境；

（2）随测试管柱一趟下入；

（3）同心式外置托筒；

（4）通过环空压力操作进行井下取样；

（5）能组合多只取样器下井，不同的取样器能分别设置不同的操作压力，在不同的测试阶段进行取样。

南海西部某口深水井测试中，采用 SCAR B 单相取样器托筒（表 3-7），托筒中放置 8 个取样器，环空加压击破破裂盘后可以取到井下流体样并能保持井下温压条件；可代替钢丝 PVT 取样，可设计不同压力等级的破裂盘，实现开井不同阶段的取样。

表 3-7　SCAR 取样器参数

可选型号	SCAR—A A 型装载套筒	SCAR—B B 型转载套筒	SCAR—C C 型转载套筒
长度	22.5ft/6.96m	18.8ft/5.73m	18.8ft/5.73m
最大外径	7.75in/19.7cm	5.5in/13.97cm	5.25in/13.34cm
最大内径	2.25in/5.7cm	2.25in/5.7cm	2.25in/5.7cm
打捞颈	5in/12.7cm	5in/12.7cm	5in/12.7cm
最大工作压力	10000psi	15000psi	10000psi
抗拉强度	350000 lb/150t	350000 lb/150t	350000 lb/150t
最大工作温度	350°F/177℃	350°F/177℃	350°F/177℃
一次最大取样容量	3.6L	2.4L	2.4L
接头规格	3.5in IF	3.5in PH-6 HYDRIL 15.8#	3.5in IF
适用试油套管尺寸	9.5/8in	7in	7in

（三）油管试压阀选择

常用的油管试压阀见表 3-8（包括但不限于以下类型）。

表 3-8　油管试压阀

名称	生产厂家	工作压力 （psi）	工作温度 （℉）	自动灌液功能	旁通功能	操作方式
TST 试压阀	哈里伯顿	15000	400	有	无	管柱内外压差操作
RD TST 试压阀	哈里伯顿	15000	400	有	无	环空压力
RD 旁通阀	哈里伯顿	15000	400	无	有	环空压力
TFTV	斯伦贝谢	15000	400	有	有	环空压力

油管试压阀选用要求：

（1）具有自动灌浆功能和球阀结构；

（2）对于插入式管柱，选用具有旁通功能的油管试压阀，以消除管柱插入封隔器时产生液锁；

（3）能用于管柱多次试压；

（4）根据需要选择环空单向压力操作或管柱内外压差操作的油管试压阀；

（5）操作压力可以通过改变销钉数量或破裂盘值进行调节；

（6）具有打开锁定功能。

南海西部某口深水井测试中，采用自动灌浆的油管试压阀（TFTV）作为测试管柱的试压工具，该工具设计有一个蝶阀，在管柱下入过程中自动灌浆，可实现分段试压，试压完成后通过环空加压锁开试压阀，实现管柱上下正常连通。

第三节　封隔器选择

参照石油天然气行业标准 SY/T 6327—2005《石油钻采机械产品型号编制方法》，封隔器可按密封方式、固定方式、坐封方式、解封方式进行分类。深水油气测试用封隔器应选用非旋转坐封封隔器，即非旋转机械坐封封隔器和液压坐封封隔器两大类。

一、非旋转机械坐封封隔器需满足的要求

（1）机械坐封封隔器宜具有锁定功能，能防止下钻途中意外坐封；
（2）坐封后具有防上窜和防下滑功能，以防封隔器下部压力上顶测试管柱；
（3）满足多次解封和坐封操作要求；
（4）密封胶筒尺寸与套管尺寸及磅级相适应。

二、深水油气测试液压坐封封隔器需满足的要求

（1）选用长密封、大通径的插入式封隔器，其通径满足其下部管柱通过的要求；
（2）可通过电缆或钻杆下入；
（3）卡瓦宜位于密封胶筒下部；
（4）封隔器坐封后，能悬挂一定重量的下部测试管柱，如射孔枪、防砂管或其他射孔及测试工具。

第四节　射孔管柱

一、射孔管柱类型

封隔器选型的不同导致测试管柱有所不同，从而影响射孔管柱的结构变化，其中射孔器材、减震油管、长槽筛管及点火头等配置不变，主要影响射孔枪的尺寸及射孔弹种类的选择。一般来说分趟插入式射孔管柱，由于受封隔器密封筒尺寸影响，射孔枪尺寸相对较小；一趟携带式射孔管柱，其射孔器材在尺寸及装药量方面有更广的选择空间。

二、射孔管柱结构设计要求

（1）宜采用油管传输联作负压射孔；
（2）根据温度、压力、下井时间选择合适的射孔枪和射孔弹；
（3）疏松地层宜采用大孔径、高孔密射孔弹，常规地层和致密地层宜采用深穿透、高孔密射孔弹；
（4）宜采用正加压引爆射孔，射孔应考虑备用点火方式，设置合理延迟时间；
（5）根据测试的目的及要求选择射孔方式及射孔参数（孔密、孔深、相位）；

（6）确认油气层射孔段深度和套管放射性标志的下入深度；

（7）明确 TCP 工具选择及有关计算；

（8）细化 TCP 射孔管柱结构（管柱结构图）的设计，并考虑管柱的减震设计，对于插入密封管柱，安装自动丢枪装置，射孔后实现丢枪；

（9）制订应急方案（包括提前射孔、点火不成功、未丢枪等）。

第五节　油　　管

一、油管选型要求

（1）从经济及安全的角度选择油管，同时考虑有利于施工；

（2）油管的强度能够满足下入深度的要求；

（3）油管强度设计考虑抗外挤屈服强度、抗内压屈服强度及抗拉强度；

（4）油管抗外挤屈服强度的计算考虑油管全部掏空；

（5）油管抗内压屈服强度的计算按试压工况的内压载荷；

（6）满足井控安全要求；

（7）满足测试期间操作相关工具的强度要求；

（8）兼顾便于采办和施工。

二、油管尺寸的确定

根据《海上油气田完井手册》推荐 4.5in 油管满足理论产气量 $230 \times 10^4 \mathrm{m}^3/\mathrm{d}$ 的要求，利用 PIPESIM 软件计算四种油管的井口压力、携液能力及冲蚀比（$K=100$）。

由图 3-12 至图 3-14 可知，在 $250 \times 10^4 \mathrm{m}^3/\mathrm{d}$ 产量下，4 种油管除了冲蚀不满足要求外，井口压力及携液能力均满足生产要求；$4\frac{1}{2}$in 24# 油管（碳钢）若考虑冲蚀满足 $20 \sim 120 \times 10^4 \mathrm{m}^3/\mathrm{d}$ 的配产要求，同时考虑到测试时间较短，$4\frac{1}{2}$in 24# 油管（碳钢）可以满足每天产量 $250 \times 10^4 \mathrm{m}^3/\mathrm{d}$ 及以上的要求。

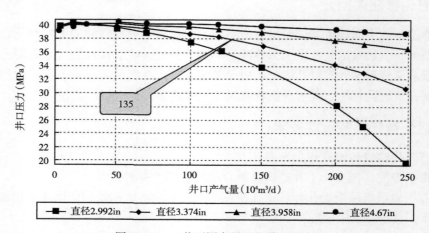

图 3-12　××井不同产量下的井口压力

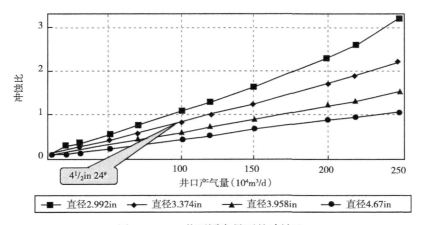

图 3-13 ××井不同产量下的冲蚀比

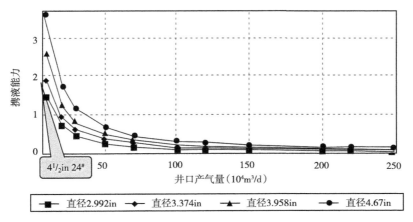

图 3-14 ××井不同产量下的携液能力

三、油管强度校核

参考《海上油气田完井手册》中套管强度校核采用的安全系数，采用以下强度设计安全系数对油管进行强度校核：抗外挤强度安全系数 1.125，抗拉强度安全系数 1.60，抗内挤强度安全系数 1.10。

考虑的力学因素有：（1）封隔器坐封力、解封过提力；（2）油管内掏空时环空外挤力；（3）油管内试压；（4）生产关井最大井口压力；（5）套管内下放力。

根据油管强度校核结果，多种磅级油管在理论上均符合强度要求；考虑测试期间井下工具的操作对强度的要求，深水油气测试的海况恶劣对油管的损伤较大，并且一批次油管需要在多口井多次使用，需要兼顾后期作业的深井和水更深的要求，同时考虑经济性及耐用性，优选单井油管尺寸及磅级满足测试作业要求。

四、管流校核

当确定好测试油管及井下工具以后，就需要使用专业软件，对管柱进行管流校核，从而确认能否满足释放产能的需要，能否尽快将管柱内液体携带出来，即冲蚀和携液能力的判别。

（一）冲蚀校核

陵水××井临界出砂压差低，设计了防砂筛管，但为确保安全，依据《含固相清井指南》并参考国内外冲蚀流速标准，选取固相含量较高时 35m/s 的临界冲蚀速度进行校核：设计管柱最大放喷产量 $225×10^4m^3/d$。实际作业时根据除砂器中含砂量进行实际调整决定放喷产量。以南海某深水井测试为例，选定油管及井下工具后，对井下管流进行了校核。主要工作是计算不同压力不同产量条件下的气体流速，陵水××井按井底压力 40.3MPa 计算不同产量条件下井下各位置的流速见表 3-9 和图 3-15。

表 3-9　不同产量条件下井下各位置的流速

管柱结构			产量（$10^4m^3/d$）											
名称	深度（m）	管径（in）	20	40	60	80	100	120	140	160	180	200	225	250
油管	19.4	3.37	1.2	2.5	4.0	5.5	7.1	8.9	10.8	13.1	15.7	19.0	23.7	35.4
变扣接头	19.9	3.63	1.0	2.2	3.4	4.7	6.1	7.7	9.3	11.2	13.5	16.3	20.3	30.0
防喷阀	24.6	3.00	1.5	3.2	5.0	6.9	9.0	11.2	13.7	16.5	19.7	23.9	29.7	44.6
变扣接头	25.0	3.63	1.0	2.2	3.4	4.7	6.1	7.7	9.3	13.5	13.5	16.3	20.2	29.8
油管	728.7	3.37	1.2	2.5	4.0	5.5	7.1	8.9	10.8	13.0	15.6	18.9	23.5	34.6
变扣接头	730.9	3.00	1.5	3.2	5.0	7.0	9.0	11.1	13.4	15.8	18.6	21.8	25.4	31.6
油管	1433.3	3.37	1.2	2.5	4.0	5.5	7.1	8.8	10.6	12.6	14.7	17.3	20.1	25.0
压力监测	1436.3	3.25	1.3	2.8	4.4	6.0	7.7	9.4	11.2	13.1	15.2	17.4	19.7	23.1
油管	1439.3	3.37	1.2	2.6	4.1	5.6	7.1	8.7	10.4	12.2	14.1	16.2	18.3	21.5
变扣接头	1439.7	3.63	1.1	2.3	3.5	4.8	6.1	7.5	9.0	10.5	12.2	14.0	15.8	18.5
悬挂器	1452.3	3.00	1.6	3.3	5.2	7.0	9.0	11.0	13.2	15.4	17.8	20.4	23.1	27.1
变扣接头	1452.8	3.63	1.1	2.3	3.5	4.8	6.1	7.5	9.0	10.5	12.2	13.9	15.7	18.5
油管	2056.3	3.37	1.2	2.6	4.1	5.6	7.1	8.7	10.4	12.2	14.1	16.2	18.3	21.4
甲醇注入接头	2057.7	3.00	1.7	3.4	5.3	7.0	9.0	11.0	13.0	15.0	17.2	19.5	21.7	24.8
油管	3180.4	3.37	1.3	2.7	4.2	5.6	7.1	8.7	10.3	11.9	13.6	15.4	17.2	19.6
DST 工具	3182.8	2.25	3.1	6.3	9.5	12.6	15.8	19.0	22.2	25.4	28.7	31.9	34.9	38.9
油管	3222.8	3.37	1.4	2.8	4.2	5.6	7.0	8.5	9.9	11.3	12.8	14.2	15.5	17.3
试压阀	3243.7	2.25	3.1	6.3	9.5	12.6	15.8	19.0	22.2	15.4	28.6	31.8	34.7	38.7
变扣接头	3244	2.50	2.5	5.1	7.7	10.2	12.8	15.3	17.9	20.4	23.0	25.5	27.7	30.8
密封组件	3247.9	4.75	0.7	1.4	2.1	2.8	3.5	4.2	4.9	5.7	6.4	7.1	7.7	8.5
网状筛管	3260.1	4.38	0.8	1.7	2.5	3.3	4.2	5.0	5.8	6.7	7.5	8.3	9.0	10.0

APIRP14E 给出的预测流体冲蚀磨损的临界冲蚀流速为：

$$V_g = C/\rho_m^{0.5}$$

其中 $\rho_m = 3484.4 \dfrac{\gamma_\varepsilon p}{ZT}$

式中　ρ_m——混合物密度；

　　　　C——常数，100~150；

　　　　p——油管流压，MPa；

　　　　T——油管流温，K；

　　　　Z——压力 p 和温度 T 条件下的气体偏差系数；

　　　　γ——天然气相对密度。

荷兰 SDP/334/91《含固相清井指南》

固相含量 （g/10⁴m³）	最大允许气体速度 （m/s）
$0 \sim 160.2$	55
$160.2 \sim 304.3$	50
$320.4 \sim 464.5$	45
$480.6 \sim 624.7$	40
$640.7 \sim 784.9$	35
>800.9	30

图 3-15　临界冲蚀磨损流速及《含固相清井指南》

（二）携液校核

选用椭球形液滴模型，计算临界携液流量为 $12 \times 10^4 \mathrm{m^3/d}$，为防止水合物的生成，设计最低流量 $20 \times 10^4 \mathrm{m^3/d}$，设计管柱在理论上不会出现携液问题。

第六节　测试管柱安全分析

测试管柱安全分析是基于测试管柱在组合下入、管柱试压、点火射孔、开关井求产及压井等各种工况下管柱受力情况下，是否满足管柱受力安全校核要求、管柱伸缩量变化、流动保障及井控安全要求等几个方面来考虑的。

一、测试管柱变形量计算方法

（一）作业区测试管柱结构特点和受力分析

1. 作业区测试管柱结构

海上测试管柱，一般在泥线以上和泥线以下管柱的尺寸发生变化。泥线以上多用 $4\frac{1}{2}$in 油管，而泥线以下可以用 $3\frac{1}{2}$in 或 $2\frac{7}{8}$in 油管，根据需要泥线以下可以使用复合油管。DFXX 井测试管柱为海上测试管柱典型结构。

海上测试管柱最大的特点是在海底井口处，管柱的轴向力和位移受到约束。因此管柱的强度分析可以从海底井口处分开研究。

2. 泥线以上测试管柱

泥线以上测试管柱结构相对简单，约束和受力比较复杂。

油管下端可以看作固定端连接，上端为悬挂式连接。随着钻井船的起伏和摇摆，隔水管也跟着摇摆，油管在隔水管中，其变形细节无法精确获得，只能通过假设来描述。

泥线以上测试油管处在充满压力液的隔水管内，其上端通过大钩悬吊与浮式船体相连（图 3-16），其下端坐落在海底井口。在测试过程中，油管内壁将承受高温高压油气流作用，其外壁受到来自压力液的静水压力作用，同时，泥线以上测试油管组合的整体受力与变形还必然受到当地海况及船体浮动的影响。另外，隔水管通过升沉补偿装置与半潜式钻井船船体铰接，它的横向摇摆对泥线以上测试油管组合的弯曲变形有影响。

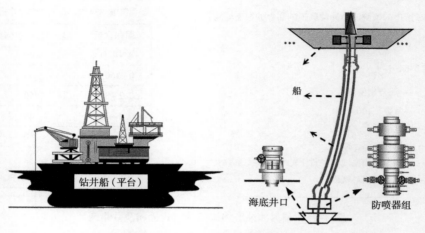

图 3-16　泥线以上钻井船和隔水管

3. 泥线以下测试管柱

泥线以下测试管柱的组成、受力与约束与陆上油气井没有实质区别，如图 3-17 所示。管串上端悬挂在海底井口，下端受封隔器或伸缩节约束。根据前面的分析，下端无论是插管型永久性封隔器，还是带伸缩节的可回收封隔器，在正常工作情况下，管柱下端可以轴向移动，从而减小因轴向长度变化带来的问题，如图 3-18 所示。

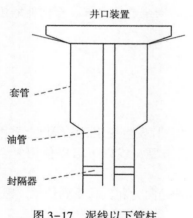

图 3-17　泥线以下管柱

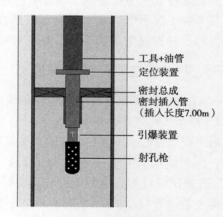

图 3-18　永久性封隔器

深水油气测试一般都要采用测射联作方式，即一趟管柱完成射孔和测试作业。

根据不同的需要，封隔器的使用也有变化。早期高温高压井测试使用永久性封隔器较多，目前也有使用可回收封隔器的情况。使用可回收封隔器的测试管柱一般要配合使用伸缩节，以调节管柱长度变化。

为此，需要建立两套管柱轴向力和轴向变形计算方法：

（1）使用永久性封隔器的测试管柱计算方法；

（2）使用可回收封隔器的测试管柱计算方法。

如果使用永久性封隔器，则在测射联作作业中，管柱下部为插入管。此时管柱下端的插入管可以相对封隔器自由滑动，二者的相对位置由管柱整体变形决定。当管柱轴向缩短时，插入管上移，过量的变形会引起密封失效，造成油气泄漏事故；当油管轴向伸长时，插入管下移，过量的变形会引起管柱与封隔器挤压，油管弯曲加剧，造成油管永久性变形和蟄坏封隔器等井下工具。

如果使用可回收封隔器配伸缩节，则在作业中管柱下端可以轴向移动。在伸缩节的可伸缩范围内，油管柱下端的插入管可以相对伸缩节自由滑动，二者的相对位置由管柱整体变形决定。当管柱轴向缩短过量时，会引起封隔器受上提力，造成解封事故；当油管轴向伸长过量时，会引起管柱下压封隔器，油管弯曲加剧，造成油管永久性变形和蟄坏封隔器等井下工具。

具体到一口井的测试，封隔器、伸缩节等的选用，需要根据地层温度、压力、产量以及其他各方面因素综合确定。

（二）测试管柱变形计算基本模型

在温度、内外流体压力和轴向力作用下，井下管柱产生轴向变形。管柱轴向变形对施工的顺利进行起着至关重要的作用，轴向变形过大，会引起油管永久性变形、螺纹密封能力下降、封隔器失效等问题。为计算管柱的轴向变形，需要计算以下五个方面的"效应"。它们构成计算测试管柱轴向变形的基本模型。

1. 测试管柱温度效应

设测试管柱任一轴向位置温度升高 ΔT，则引起的轴向应变 ε_T 为：

$$\varepsilon_T = \alpha \Delta T \tag{3-1}$$

式中　α——油管线热胀系数，/℃。

2. 膨胀效应

测试管柱内外液体压力使管柱产生膨胀效应，引起的轴向应变 ε_z 为：

$$\varepsilon_z = \frac{2\nu}{E} \times \frac{p_o R^2 - p_i}{R^2 - 1} \tag{3-2}$$

式中　ν——泊松比；

$\quad\quad E$——弹性模量，MPa；

$\quad\quad p_i$——油管内液体压力，MPa；

$\quad\quad p_o$——油管外液体压力，MPa；

$\quad\quad R$——油管外径与内径之比。

3. 管柱轴向力引起的伸缩

油管横截面真实轴向力 F_α 引起的轴向应变 ε_{F_α} 计算式为：

$$\varepsilon_{F_\alpha} = \frac{F_\alpha}{E A_c} \tag{3-3}$$

$$A_c = A_o - A_i \tag{3-4}$$

式中　A_c——油管净截面积，m^2；

$\quad\quad A_i$——油管内圆截面积，m^2；

A_o——油管外圆截面积，m^2。

4. 活塞效应

在管柱变截面及测试阀等处，流体压力会引起轴向力突变，尤其在测试过程中，管柱内外压力的变化比较大，因此活塞效应非常明显。

活塞力 F_v 的计算公式为：

$$F_v = p_o(A_{o2} - A_{o1}) \times p_i(A_{i2} - A_{i1}) \tag{3-5}$$

式中 A_{o1}，A_{o2}，A_{i1}，A_{i2}——分别为两段管柱的外横截面面积和内横截面面积，m^2。

5. 屈曲效应

1）真实轴向力与虚轴向力的关系

设封隔器处为坐标原点，向上为正，轴向力以压力为正。

设任一井深油管横截面真实轴向力为 F_α，则虚轴向力 F_f 为：

$$F_f(x) = F_\alpha(x) + p_i(x)A_i - p_o(x)A_o \tag{3-6}$$

2）管柱螺旋屈曲判别式

考虑油管内外流体压力后，油管螺旋屈曲判别式可选用：

$$F_f = 5.55(EIw^2)^{1/3} \tag{3-7}$$

式中 EI——管柱抗弯刚度，$kN \cdot m^2$；

w——单位长度油管的浮重，kN/m。

3）管柱屈曲引起的轴向变形

螺旋屈曲使管柱轴向缩短：

$$d(\Delta x)_b = \frac{F_f r^2}{4EI}\Delta x \tag{3-8}$$

式中 r——环隙，m；

Δx——油管微段长度，m。

二、测试油管对井下工具及井口作用力分析

在不同测试阶段，测试油管对封隔器、海底井口悬挂器及地面装备的作用力，为工具优选、产量控制提供准确数据。

以下将结合 YCXX 井设计深入分析。

（一）测试管柱强度校核分析

管柱安全校核包括对管柱进行受力校核及伸缩量变化的计算。首先，确保测试管柱中选择的井下工具、射孔器材及油管的性能参数，满足测试层位预测温度、压力、流体性质及预测产量的要求。其次，参考《海上油气田完井手册》中油管强度校核采用的安全系数，采用以下强度设计安全系数对油管进行强度校核：抗外挤强度安全系数，1.125；抗拉强度安全系数，1.60；抗内挤强度安全系数，1.10。

考虑的力学因素有：（1）封隔器坐封力、解封过提力；（2）油管内掏空时环空外挤力；（3）油管内试压；（4）生产关井最大井口压力；（5）套管内下放力。综合以上工况，

3 口井油管强度校核如图 3-19 所示。

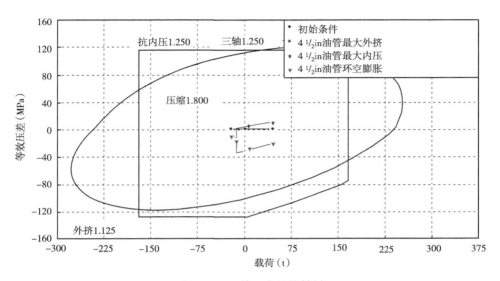

图 3-19　油管强度校核结果

根据油管强度校核结果（图 3-19），多种磅级油管在理论上均符合强度要求；考虑测试期间井下工具的操作对强度的要求，高温高压测试的海况恶劣，对油管的损伤较大，并且一批次油管需要在多口井多次使用，需要兼顾后期作业的深井和水更深的要求，同时考虑经济性及耐用性，优选单井油管尺寸及磅级，满足测试作业要求。

1. 校核内容

根据测试油管受力特点，强度校核包括以下方面。

（1）单项承载力校核：包括抗内压强度、抗外挤强度、轴向抗拉强度。

（2）复合强度校核：考虑轴向力、内外流体压力、弯矩及扭矩，校核油管强度。

2. 校核位置

（1）泥线以上油管主要校核上部复合强度；

（2）泥线以下油管校核两端单项承载能力、复合强度。

3. 计算公式

（1）单项校核以产品保障值为准，考虑安全系数；

（2）复合强度以等效强度为准，考虑安全系数。

4. 复合强度相关计算公式

流体内外压力引起的应力计算如下。

（1）径向应力为：

$$\sigma_r = \frac{\dfrac{b^2}{x^2} - 1}{\dfrac{b^2}{a^2} - 1} p_i - \frac{1 - \dfrac{a^2}{x^2}}{1 - \dfrac{a^2}{b^2}} p_o \tag{3-9}$$

（2）周向应力为：

$$\sigma_\theta = \frac{\dfrac{b^2}{x^2}+1}{\dfrac{b^2}{a^2}-1}p_i - \frac{1+\dfrac{a^2}{x^2}}{1-\dfrac{a^2}{b^2}}p_o \tag{3-10}$$

式中　a——油管内半径，m；

　　　　b——油管外半径，m；

　　　　p_i——油管内压，MPa；

　　　　p_o——油管外压，MPa。

（3）油管屈曲引起的弯曲应力 σ_b 为：

$$\sigma_b = \frac{DrF_f}{4I} \tag{3-11}$$

式中　D——井眼直径，m；

　　　　r——油管外环空间隙，m；

　　　　I——油管截面惯性矩，m^4。

（4）管壁上任意一点应力强度 S_x 为：

$$S_x = \frac{1}{\sqrt{2}}\sqrt{(\sigma_\theta - \sigma_r)^2 + (\sigma_r - \sigma_z)^2 + (\sigma_z - \sigma_\theta)^2} \tag{3-12}$$

如果应力强度超过塑性极限，则管柱将发生永久性螺旋变形。

（二）测试管柱伸缩量计算

根据管柱伸缩量计算结果，确定是否使用伸缩节（一趟携带式封隔器）或者插入密封长度是否满足要求（分趟插入式封隔器）。采用 Wellpipe 软件计算不同产量下管柱伸缩量，见表3-10。

表3-10　不同产量下管柱伸缩量　　　　　　　　　　　　　　　单位：m

伸长量	35×10^4m^3/d	50×10^4m^3/d	60×10^4m^3/d	75×10^4m^3/d	100×10^4m^3/d	120×10^4m^3/d	井下关井
胡克形变	−0.589	−0.602	−0.607	−0.612	−0.617	−0.616	−4.048
温度效应	2.297	2.95	3.302	3.542	3.901	4.12	0.745
弯曲效应	−0.016	−0.018	−0.019	−0.019	−0.019	−0.019	−0.277
鼓胀效应	−0.536	−0.535	−0.531	−0.517	−0.474	−0.426	0.757
共同作用	1.156	1.796	2.145	2.393	2.791	3.059	−2.822

60×10^4m^3/d 情况下关井不同井口压力下管柱伸缩量见表3-11。

表3-11　关井不同井口压力下管柱伸缩量　　　　　　　　　　　　单位：m

伸长量	0psi	3000psi	4000psi	5000psi
胡克形变	−4.205	−3.199	−2.886	−2.585
温度效应	0.326	0.326	0.326	0.326
弯曲效应	−0.349	−0.325	−0.319	−0.314
鼓胀效应	0.757	0.223	0.052	−0.113
共同作用	−3.47	−2.974	−2.826	−2.686

三、测试油管选择方法分析

测试管柱要具备操作方便、灵活的条件和应急功能。

井下测试管柱所处的环境压力高、温度变化范围大，可能具有腐蚀性气体。要求所选择的管柱具有高强度、抗腐蚀的能力，同时管柱螺纹的密封性要求严格。兼顾水深、井深、井斜、产量等各方面因素，需要适当增大管柱的内径。因此，为了兼顾管柱的强度和通径，一般可采用复合型管柱。

高温高压井测试管柱的设计方法与其他井基本相同，同时需要考虑以下问题：

（1）保证油管符合 NACE 规范；

（2）选择适合工作管串要求的优质油管短节；

（3）保留一定超载提升能力；

（4）考虑泥线以上管柱的动态效应。

（一）钢级的选择

针对高温高压井，测试油管钢级选择需要考虑地层流体腐蚀和材料的高温性能，尽量选择防腐材料，并尽可能选择参数受温度影响小的材料。

对于 CO_2 含量平均为 3%，H_2S 含量为 $188mg/m^3$ 的油气藏，在管材材质选择方面必须能抗 CO_2、H_2S 的腐蚀。根据有关标准和四川气田开采经验，应选择以下材质的油管：

（1）根据 SY/T 6268—2008《套管和油管选用推荐作法》中的规定，对于在 CO_2 介质环境中服役的油管，可选用 9CrL80 和 13CrL80 合金钢油管；

（2）根据《油套管数据手册》中推荐，可选用 KO-13Cr80、KO-9Cr80 和 13CrM-110 三种合金油管；

（3）根据四川地区气田经验，可选用四川地区气田常用的非合金钢抗硫油管，如 NKAC-85S、NKAC-90S、NKAC-95S、KO-85SS、KO-95SS、SM-80S、SM-85SS、SM-90SS、NT-80SS、NT-85SS、NT-90SS。

综合考虑，不一定非要选择最高强度油管，应注意到与其他井下工具的匹配性，达到整体安全要求。

（二）油管尺寸的选择

（1）从现有资料来看，油管尺寸的选择范围比较小，基本是定型的；

（2）一般原则是尽量选用大尺寸厚壁油管，以克服高产引起的问题。

（三）油管型号推荐原则

根据实际情况，按如下原则：安全性、经济性、方便性。

四、流动保障

流动保障需要从管流校核及水合物防治等方面考虑，当确定好测试油管及井下工具以后，就需要使用专业软件，对管柱进行管流校核，包括携液校核与冲蚀校核两个方面。从而确认能否满足预测产量下的放喷，以及最大产量放喷条件下，管柱各工具或油管存在刺漏风险的大小，及能否满足释放产能的需要，能否尽快将管柱内液体携带出来，即冲蚀和携液能力的判别（表3-12）。而对水合物防治是要通过水合物生产风险分析，确定是否需要下入化学药剂注入阀及其下入深度。

表 3-12　20×10⁴m³/d 的测试流量下实际流速与携液临界流速对比表

名称	深度（m）	管径（in）	实际流速（m/s）	临界流速（m/s）
油管	19.4	3.37	1.2	0.37
变扣接头	19.9	3.6	1.0	0.37
防喷阀	24.6	3.00	1.5	0.37
变扣接头	25.0	3.63	1.0	0.37
油管	728.7	3.37	1.2	0.36
变扣接头	730.9	3.00	1.5	0.36
油管	1433.3	3.37	1.2	0.36
压力监测装置	1436.3	3.25	1.3	0.36
油管	1439.3	3.37	1.2	0.36
变扣接头	1439.7	3.63	1.1	0.36
槽式县挂器	1452.3	3.00	1.6	0.36
变扣接头	1452.8	3.63	1.1	0.36
油管	2056.3	3.37	1.2	0.37
甲醇注入接头	2057.7	3.00	1.7	0.37
油管	3180.4	3.37	1.3	0.38
DST 工具	3182.8	2.25	3.1	0.38
油管	3222.8	3.37	1.4	0.38
油管试压阀	3243.7	2.25	3.1	0.38
变扣接头	3244.0	2.5	2.5	0.37
密封组件	3247.9	4.75	0.7	0.37
网状筛管	3260.1	4.38	0.8	0.37

五、井控安全要求

井控安全要求则需要从测试管柱不同工况下，如下入过程、管柱试压、加压射孔、开关井求产及循环压井期间，测试管柱中设置井下工具类型、数量及其放置的相对位置，能否满足井控安全要求。

如管柱中是否具备循环压井通道，是否具有两道以上安全屏障，是否能够实现应急关井及循环等。能否实现应急解脱及应急关井。

六、其他方面

除去上述提及方面，仍需考虑测试管柱设置，对施工安全、环境安全及地质资料录取的要求，如在裸眼测试或疏松地层射孔测试中存在被卡风险，那么管柱的设置中是否具备安全接头、应急脱手等装置。在半潜式平台进行的高温高压测试过程中，遇到恶劣天气或极端海况，测试管柱是否具备应急解脱功能，同时拥有滞留阀等装置，避免油气泄漏，污染海洋环境。

第四章 深水油气地面测试技术

第一节 深水油气地面测试工艺

一、油气地面测试工艺概述

测试是石油勘探开发的一个重要组成部分，是认识油田，验证地震、测井、录井等资料准确性的最直接、有效的手段。通过测试可以得到油气层的压力、温度等动态数据，据此进行试井分析；同时可以计量出产层的油、气、水产量；测取流体黏度、成分等各项资料；了解油、气层的产能，采油指数等数据；为油田开发提供可靠的依据。地面测试是整个测试过程中的一个重要部分，通过地面测试设备，可以记录井口压力、温度，测量油气相对密度及油、气、水产量数据，对流体性质做出分析。因此搞好地面测试，取全取准测试资料，对油田的勘探开发有着重要的意义。

地面测试工艺主要是利用地面测试设备，实现安全控制、测取各项数据，地层流体流经水下测试树、地面试油树、除砂器、油嘴管汇和数据管汇等设备，实现安全控制并测取压力、温度数据，经加热器对流体加热后，进入分离器进行三相分离，分离后的油、气、水经各自的计量仪表计量产量。分离后的原油可进计量罐计量（产量低时进罐计量），也可直接流经分配管汇到燃烧器处燃烧，计量罐计量后的原油可以用输油泵打到燃烧器燃烧，分离器分离出的水可以排放到海里（必须达到排放标准）或排放到污水罐内，分离器分离出的天然气直接流经分配管汇到燃烧器处燃烧。为了保证油、气燃烧时能燃烧完全，还配备了压风机，以供给燃烧雾化用的压缩空气。在燃烧器上还配备了冷却水管线，从平台上供给冷却水以便对燃烧器冷却。通过地面测试计量仪表及数据采集系统，可以测取流体到地面后的压力、温度，油、气、水密度，流体含水、含杂质，油、气、水产量及油气比等数据，最终提供地面测试报告。

二、深水油气地面测试工艺的特点

深水油气地面测试与常规测试相比，具有更大的难度和挑战性：在安全和环保方面，存在环境恶劣、灾难性事故和应急救援困难等风险，人员资质及法律法规、标准要求更高；在技术和设备方面，测试产能大、易形成水合物、钻井装置漂移对深水油气地面测试技术和设备提出了更高要求，例如应具备快速解脱、应急关断及水下化学药剂注入的电液式水下测试树；在作业管理方面，准备周期长、费率高、风险防范和应急措施特别严格、可动用的资源少。

深水油气地面测试井通常都是高产井，一旦发生地面油气流泄漏，极有可能导致爆炸、火灾、中毒和环境污染等事故，伴随着深水海域的天气、海况恶劣等自然因素对作业的影响，整个测试过程的安全控制是首先必须考虑的问题，按照目前在国际上的常规做法，地面测试技术通常采用集成的测试模块。根据国内外已完成的深水井测试作业、完井清喷作业，地面测试流程采用提前预制管线的模式进行，大概需要 1 个月到 2 个月的海上安装时间及 20 天左右的复员时间。这种模式虽具有极高的安全性，但同时也给深水地面测试带来直接负面影响，如费用高昂、占据钻井平台空间、影响钻井期间作业效率等，一旦遇到恶劣海况或天气，还给平台的安全等带来一定的安全隐患。

三、深水油气地面测试流程的要求

（一）地面流程连接

（1）根据测试计划提前对设备及流程摆放区域进行确认，制定相应的地面流程设备摆放图；

（2）如果平台测试设备摆放区域允许，必要时将法兰等金属密封连接方式的测试主流程固定在平台上，以节约设备动复员时间及测试准备时间；

（3）如果平台的测试设备摆放区域部能满足长期固定测试主流程要求，应将测试安全所需的高低压安全泄压管线提前安装在平台上；

（4）预测井口压力超过 35MPa（5000psi）或者井口温度超过 100℃时，地面流程高压部分的连接宜采用金属密封。

（二）高产油气流

（1）地面流程的设备规格及流动校核应满足测试地质设计要求；

（2）应重点考虑在不同流量条件下流体内固相颗粒对测试流程的冲蚀影响。

（三）水合物防控

（1）化学注入应综合考虑地面、水下及井下对水合物的防控；

（2）结合水合物的生产图版对地面流程进行温度压力的校核，重点关注压力、温度及管径有较大改变的地方。

（四）气井或轻质油井（原油相对密度≤0.9）测试

（1）对凝析油或轻质油，流程设计中应考虑气体扩散的影响；

（2）根据天然气气体组分的腐蚀性选用相应流程设备材质；

（3）应考虑天然气中非可燃组分不同含量下的燃烧。

（五）稠油测试

（1）油嘴管汇上游测试流程应具备一定的加热及保温能力；

（2）测试流程中的原油储罐应具备加热能力；

（3）地面测试流程应与人工举升工艺相适应；

（4）应对流程进行优化以缩短测试流体泵输的距离；

（5）应考虑稠油的油水分离、储存或处理方式。

（六）地面测试流程需要与平台的测试服务能力相适应，油气燃烧的热辐射抑制应控制在安全限度以内

（七）地面流程的固定及接地

（1）地面流程设备及管线必须进行妥善的固定，加热炉、分离器、密闭罐及油嘴管汇等设备应摆放平稳，每侧至少应有一个固定点通过钢板或角钢与钻井装置甲板焊接固定。

（2）对于密闭罐等超高设备，应在恶劣环境条件下对不同液位的罐体进行稳定性分析，考虑使用斜拉绷绳加以固定。

（3）流动管线和连接弯头应摆平、垫稳，通过管子托垫和钻井装置甲板焊接固定，并用安全绳缠绕拉紧固定到甲板上焊接的固定点。

（4）软管应采用安全绳固定。

（5）测试设备的静电接地应符合 SY/T 5984—2014《油（气）田容器、管道和装卸设施接地装置安全规范》标准。

四、深水油气地面测试流程模块化

深水油气井测试安全要求性高，采用将地面测试流程提前预制管线的模式进行，这种模式虽具有极高的安全性，但据国内外已完成井的测试模块时间统计结果，大概需要 1 个月到 2 个月的海上安装时间及 20 天左右的复员时间，作业周期较长，给深水油气测试带来直接负面影响，如费用高昂、占据钻井平台空间、影响钻井期间作业效率等，一旦遇到恶劣海况或天气，还给平台的安全等带来一定的隐患。按照国际上一些领先测试公司的做法，参考 NORSOK 等国际标准，中海石油构建并成功实施了一套深水地面测试设备模块化设计技术。不但满足深水油气地面测试流程的法兰连接的高安全性，还能极大地提高测试作业时效，节省测试成本。

根据深水油气地面测试作业的特点，采用一系列先进的工艺。为节约成本，优化场地，将地面测试设备整合为五大模块：模块一，缓冲罐模块；模块二，分离器模块；模块三，加热器模块，模块四，井口高压模块；模块五，泵组模块。将大量的前期准备及预制时间移至陆地，在基地完成各模块的维修保养、功能试验等，通过提前到作业平台进行场地的测量，在陆地设置相应的模拟测试区域，对各模块进行模拟安装，及时调整，不断总结和改进，各模块集成之后也方便拖轮运输。同时接到测试任务后，提前动员相关技术人员上作业平台进行测试区域场地的清理，提前将平台固定管线进行维修保养，待测试设备到达后，有条不紊地将各测试模块安装至设定区域。同时，测试作业后，安装模块按拆甩程序逐步拆除。通过这样的模式，有利于设备固定和安装，节约甲板面积、时间及成本。

五、设备及管线的优选

深水油气测试对地面测试流程要求较高，对地面测试设备及流程管线进行校核，通过对地面返出流体在整个地面流程中的流速进行校核计算，以满足各项设备对于流速的安全要求；在满足设定产能的条件下，对整个测试流程进行压力及温度校核，以保证地面测试流程的耐温抗压能满足求产要求；校核计算应重点考虑油嘴管汇节流前后、加热器、可调油嘴节流前后、分离器下游管线至燃烧臂等部分；另外，考虑安全泄压，需对所有压力容器的安全泄压装置按照 API RP 520《炼油厂压力泄放装置的尺寸确定、选择和安装》和 API RP 521《泄压和减压系统指南》标准进行安全校核，应考虑安全泄压管线的连接和走向，对于含硫化氢井，安全泄压管线应和两舷燃烧臂泄压管线相连接，以保证安全泄压时流体中含有的硫化氢气体能够进行燃烧处理，对于非含硫化氢井作业，安全泄压管线可连接至舷外（至少下探 1.5m）；对固相颗粒的防控设备进行最大过流能力的校核；对水合物的防控能力进行校核计算，确定化学药剂的推荐注入量，并对注入量进行分配；对燃烧的油气进行热辐射分析及燃烧噪声评估，并对硫化氢及二氧化碳进行扩散分析。

以陵水某井测试为例，地面测试设备按满足 $200\times10^4\mathrm{m}^3/\mathrm{d}$ 的大产量的测试要求设计安装，油嘴管汇上游均采用 15000psi 高压设备，15000psi 井口安全阀—实时含砂在线监测装置—井口化学注入泵组—10000psi 除砂器—10000psi 油嘴管汇—10000psi 加热器。各模块之间管线连接均采用法兰连接，且安装振动监测装置。深水储层疏松易出砂，测试流程中需加入双滤网除砂器，并实时监测出砂情况，将振动、出砂监测数据实时集成至数采房监控。地面测试流程管线较多，主要有安全阀与排空管线组，包括分离器、加热器、缓冲罐安装的连接至舷外泄压管线，缓冲罐连接到两舷燃烧臂的排空管线。还有原油与天然气管线组，包括分离器的原油和天然气管线到平台分配管汇，缓冲罐的放空管线到两舷燃烧臂的管汇。

上游高压端管线选用：AISI 4130, API 6A, PSL 3, 符合 NACE MR0175 标准。最大硬度：22 HRC，235 BHN；最小抗拉强度：95000psi；最小屈服强度：75000psi；Inconel 625 or 718 Inlay；工作温度：API P to X（$-20\sim350$℉）；工作压力：15000psi。下游低压管线，管线材质：SA106 Gr. B 级无缝钢管（或者 ASTM A106 Gr. B）或者 SA333 Gr. 6 级无缝钢管（或者 ASTM A333 Gr. 6）；法兰材质：SA 105 N；均符 NACE MR0175 标准；最大硬度：22 HRC，235 BHN。

六、水合物防治

深水油气测试水合物生产风险大，地面高压低温易于形成水合物而封堵流程。深水高产放喷时，油嘴节流后的温度低，会形成天然气水合物，需要采取相应的预防控制措施；油嘴处流速很高，应优选油嘴材质；从噪声、振动以及大量的实测经验来看，在临界流动条件下可保证油嘴流动的安全，但在保证临界流动的前提条件下油嘴直径不能过小，即控制临界压力比在 0.5~0.55。现场需要配备大排量化学注入泵组和高等级加热器以防治水合物。在开井测试期间保持化学药剂注入，油嘴高压结冰时要及时喷水加温。

水合物形成常见部位主要有泥线附件，油嘴管汇处，分离器处，流动通道变径处。

在测试设计时，进行水合物生成预测和计算结果分析，模拟测试过程中井筒剖面及地面流程的温度、压力场分布；预测水合物的生成趋势，绘制出水合物生成的包络线图版用于指导水合物防治。预测方法有：图解法、经验公式法、平衡常数法和统计热力学法等。进行特定环境条件（温度、压力）、不同产量下的水合物抑制剂注入量预测计算。

水合物防治方法主要是通过工艺措施，将地层流体在整个测试流程中的温度、压力控制在预测的水合物形成包络线以外。选用高效的水合物抑制剂（甲醇、乙二醇等）。根据预测计算，实时调整作业过程中水合物抑制剂注入量大小，选择合适的化学注入泵。根据实钻井资料，优化水合物抑制剂注入点，宜分别在井下（泥面以下）、水下（水下测试树或防喷阀）、地层测试树和地面油嘴管汇上游进行注入。根据测试工作制度，宜在每个流动阶段前提前向管柱注入水合物抑制剂。降低油嘴管汇上下游的压降幅度。对于可能出现的较大压降，应考虑使用二级节流，并避免流程中的管径突变造成水合物冻堵。在关井期间，使用氮气对整个地面流程进行扫线。地面出现大量水合物或堵塞，应立即关井，使用蒸汽进行加热及增大地面水合物抑制剂的注入量进行解堵。开井作业之前，连续油管设备应现场待命。测试过程中，推荐实时监测泥线、油嘴管汇和分离器处流体的温度和压力，为防治水合物提供依据。

目前深水作业中常用的热动力学水合物抑制剂有甲醇、乙二醇、二甘醇和三甘醇，性能见表 4-1。

表 4-1　水合物抑制剂

项目	甲醇	乙二醇	二甘醇	三甘醇
分子量	32.04	62.10	106.10	150.20
77℉时相对密度	0.770	1.110	1.113	1.119
14.7psi 下沸点（℉）	148	387	473	546
冰点（℉）	-143.0	8.6	17.6	19.4
闪点（℉）	54	241	280	320
爆炸极限浓度（%）	6.0	3.2	—	0.9
毒性	有	有	有	无

综合考虑各种抑制剂性能、健康安全环保要求及经济性，选择合理的水合物抑制剂。选择和使用水合物抑制剂应符合《危险化学品安全管理条例》（中华人民共和国国务院令第 591 号）规定。

水合物相态曲线预测是根据天然气及地层水组成，利用相关的预测软件进行模拟分析，比如中国石油大学研发的 SD 水合物预测与分析软件。

水合物相态曲线预测结果如图 4-1 所示，曲线左边为水合物稳定区，若流体的温度和压力位于稳定区，则有可能形成水合物。曲线右边为非水合物稳定区，若流体的温度和压力位于非稳定区，则不会形成水合物。地层水矿化度的存在对水合物的形成有一定的抑制作用，使得水合物相态曲线向左移动。根据相态曲线、不同产液量及不同产气量条件下的井筒温度压力曲线，再结合现场读取海床温度、井口温度压力、分离器含水率等实时数据，制订现场防治方案。

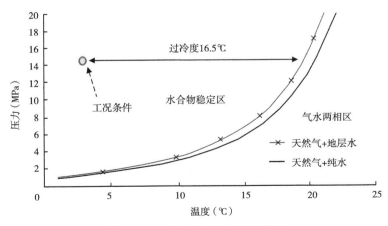

图 4-1　水合物相态曲线预测结果

七、紧急关断系统及喷淋

整个测试系统中的紧急关断系统分为井下管柱部分和地面部分，井下有测试阀、水下测试树及井下防喷阀等，地面部分有地面测试树（流动头）及地面安全阀，其他测试设备都具有自身的应急防喷通道，比如加热炉、三相分离器及密闭罐等。其中地面应急关断系统控制开关设置在钻台司钻房、测试区及井队队长办公室，并且在整个测试过程中有专业人员值班负责，从而有效保障整个测试过程中的安全应急处理。

紧急关断系统基本要求：

（1）应至少具有地面测试树及地面安全阀两道安全屏障，应具备在 20s 以内完全关断地面流程的能力，具有手动（人工关断）和自动控制（自动关断）两种功能；

（2）地面测试树流动端阀门和地面安全阀阀门应为泄压关闭型闸板阀；

（3）地面流程压力容器类设备（包括加热器、分离器及密闭罐等）应自带安全泄压阀，对于高压高产井宜安装高低压紧急泄压安全阀；

（4）具有地面紧急关断系统与水下紧急关断系统逻辑关系及地面紧急关断系统流程图。

应对测试中最大热辐射量（即燃烧最大预计产量时的热辐射量）进行计算和分析。考虑在作业期间可能遇到的不同环境因素，在燃烧臂及平台喷淋系统最大热辐射防护能力条件下，分析所产生的最大热辐射量是否满足安全要求，平台所提供的喷淋系统应满足燃烧臂设定产量条件下的热辐射防护要求。

热辐射分析需考虑的因素：最大油气产量，燃烧持续时间，燃烧介质，燃烧臂长度，喷淋系统最大防护能力，环境温度、风速和风向，平台人员工作环境和平台设备的耐温程度。通过分析在不同喷淋系统能力、不同风速条件下的燃烧热辐射场及温度场分布，累计辐射量所引起的温度变化对平台钢结构强度的影响，划分平台区域及限定人员作业区域及作业时间。

火炬热辐射标准（参照 API RP 521《泄压和减压系统指南》）参考表 4-2。

表 4-2　热辐射危害区域和程度划分

热辐射强度值 ［Btu/(h·ft²)］	危害区域和程度
≤3000 >2000	防护距离，在此区域穿戴合适的劳保用品可以有 20s 时间逃离到安全地带
≤2000 >1500	防护距离，在此区域穿戴合适的劳保用品可以有 1min 时间逃离到安全地带
≤1500 >500	防护距离，在此区域穿戴合适的劳保用品可以工作 30min
≤500	安全区域，在此区域穿戴合适的劳保用品可以长时间工作

国内某深水井测试模块应急关断系统具有 4 种应急关断装置，8 大节点控制。整个流程配备 ESD 紧急关断系统，包括试油树流动翼阀应急关断、地面安全阀应急关断、远程控制按钮应急关断、高低压先导式安全阀应急关断。开井测试期间相应岗位必须有专业工程师值班。优化数据采集设计，具备智能数据采集，振动、出砂、壁厚监测。安全泄压系统，包括密闭罐应急排空、分离器应急排空等，保障容器及整体流程安全。消防安全控制

系统，燃烧臂位于船尾的左右两角，液压驱动向船体对角线反方向展出，长 29.57m；天然气管线为 6in，安全泄压管线为 3in。

热辐射控制系统可减少高产热辐射对平台设备的损坏。配置两道喷淋水幕；必须经专业软件计算，高产放喷期间产量热辐射不能对平台造成影响，放喷噪声对作业人员不能造成太大影响。

第二节 地面测试流程

一、深水油气地面测试工艺流程

深水油气地面测试模块化地面设备系统由缓冲罐模块单元、分离器模块单元、加热器模块单元、井口高压模块单元、泵组模块单元等五大模块单元组成。

缓冲罐模块单元由 3 个缓冲罐单体、底部橇座及内置的连接管线组成，分离器模块单元由分离器、底部橇座及内置的连接管线组成，加热器模块单元由加热器、底部橇座及内置的连接管线组成；高压模块单元由地面安全阀、除砂器、地面高压油嘴管汇、底部橇座及连接管线组成；泵组模块单元由 2 台齿轮输油泵、2 台隔膜泵、底部橇座及连接管线组成。整个地面测试流程采用法兰方式进行连接，整个测试流程需定期进行试压、功能试验及日常维护保养。

地层流体从地面测试树生产翼阀出来后，流经高压挠性软管和平台固定高压硬管，首先至高压模块单元的地面安全阀、除砂器及高压油嘴管汇。地面安全阀能够实现在其下游管线刺漏情况下的应急关断，除砂器将流体中可能携带的砂过滤掉以防止下游流程被砂蚀，高压油嘴管汇用于调节油嘴开打。

流体从高压油嘴出来后进入加热器模块，加热器模块主要用于对流体加热，降低其黏度，主要用于气井，防止水合物结冰堵塞管线，在不需要进入加热器时可以通过旁通进入分离器模块，也可以在应急情况时进入应急放空管线。

流体经加热器模块后进入分离器模块，分离器可将油、气、水分离并计量，在不需要进入分离器时可以通过旁通进入下部流程，也可以在应急情况时进入应急放空管线。另外分离器油、气舱室具备应急放空管线，在测试量超过分离器额度工作压力时能够自动转换至应急放空流程。

流体经分离器模块后，进入缓冲罐模块，缓冲罐模块由三个密闭罐组成，可分别存储并计量油、气、水。同时在不需要进入缓冲罐时可以直接导流程至分配管汇，然后流至燃烧臂，也可以在应急情况时进入应急放空管线，同时每一个密闭罐本身具备一个安全阀，可以设置安全阀的额度压力，超过密闭罐的安全压力时能够自动开启，密闭罐内的气体就可以流至应急放空管线。

泵组模块连接至缓冲罐模块及平台计量罐，可以实现缓冲罐模块之间三个罐内流体的灵活互导，也可以将密闭罐内的流体导至平台上其他容器。

二、深水油气地面测试流程主要设备

深水油气地面测试流程主要设备见表 4-3。

表 4-3 深水油气地面测试流程主要设备

1	15000psi 地面测试树（三个液控阀）	套	1
2	15000psi 地面试油树控制台	套	1
3	4in Coflexip 高压软管	套	1
4	3in Coflexip 高压挠性管	套	1
5	2in 1502Coflexip 高压挠性管	套	1
6	高压软管筐	套	1
7	15000psi 地面安全阀，紧急关断 5~8s	套	2
8	ESD 控制面板	套	3
9	15000psi 双滤筒式除砂器	套	1
10	砂桶箱	套	1
11	15000psi 油嘴管汇	套	1
12	5000psi（10000psi）加热器	套	1
13	分离器，WP：1440psi	套	1
14	密闭罐	套	3
15	压风机	套	3
16	隔膜泵	套	2
17	输油泵	套	2
18	输油泵（柴油）	套	1
19	VULCAN 燃烧头	套	2
20	液化气筐	套	2
21	化学注入泵（最大工作压力：15000psi；最大排量：4L/min）	套	4
22	甲醇罐	套	8
23	长吊环（9m）	套	1
24	长吊环（13m）	套	1
25	锅炉	套	2
26	数采房（升级版 Sas-it 系统）	套	1
27	操作间	套	1
28	工具房	套	1
29	取样房	套	1
30	硬管线筐	套	1
31	软管线筐	套	1
32	氮气架	套	1
33	小计量罐	套	1
34	除砂器橇块	套	1
35	加热器橇块	套	1
36	分离器橇块	套	1
37	密闭罐橇块	套	1
38	泵橇块	套	1
39	水下测试树设备	套	1

三、主要地面设备用途

（1）水下试油树：主要用于半潜式钻井平台作业，当应急处理时，可以脱开测试管柱，在水下关闭球阀，实现安全撤离的要求。

（2）防喷阀：在测试过程中，可以为钢丝、电缆测压作业提供一个腔室，使钢丝作业、测压作业更容易实施。

（3）软管绞车和控制盘：绞车用于水下试油树和防喷阀液压管线的收放，控制盘用于控制水下试油树及防喷阀的开关。

（4）地面试油树：用于提升测试管柱，在紧急情况下，可实现自动或手动的关断，保证作业安全。

（5）除砂器：主要用于将流体的砂过滤掉，防止砂砾冲蚀地面测试流程管线。

（6）数据管汇：监测压力温度，连接到地面记录仪、压力计、静重试验仪、化学注入泵、试压泵等设备，也可在此处取样。

（7）油嘴管汇：由五个3in闸板阀提供了三条流体流动通道，可调油嘴通道用于开井放喷时控制调节地面压力，固定油嘴通道用于提供一定尺寸流体流经的通道，以控制压力及流量，测试出稳定的产量。旁通用于提供一个大尺寸（3in）通道，以便测试后对流程清洗和冲扫。

（8）加热器：可用于对井内的流体加热，降低其黏度，主要用于气井防止水合物结冰堵塞管线。

（9）分离器：利用油、气、水密度的不同，经分离器内分离元件将油、气、水分离，利用外部的油、气、水计量仪器对其产量进行计量。

（10）计量罐：用于计量低产量时的日产油量及测试前对三相分离器流量计的校正。

（11）输油泵：主要用于将计量罐内的原油输送到燃烧器燃烧，或输送到储油罐内。

（12）燃烧器分配管汇：燃烧器分配管汇有两个，可根据风向变化将井内产出的流体切换到顺风向的燃烧器上燃烧。这种分配管汇也可用三通代替。

（13）燃烧器：包括燃烧臂和电打火装置，主要用于将井内产出的流体烧掉。

（14）压风机：主要用于提供燃烧器原油燃烧时需要的助燃空气。

四、地面测试流程的应用

（一）地面设备出海前试压检查

根据测试井的温压情况，选择合适的地面设备，并在连接前对各设备进行试压确认。按测试流程设计准备足够的法兰连接管线、3in 1502、3in 602硬管线和弯头，按测试流程设计准备足够的3in 602软管线和2in 压风机、蒸汽、柴油助燃软管线，准备地面流程连接所需的各种变扣，模块化设备试连接。准备好取油气样品的样瓶，气样瓶抽好真空，按测试作业准备所需的配件和耗料，调试好数据采集系统，对压力、压差、温度、流量等传感器逐一标定，蒸汽锅炉运转正常，要求输出压力、蒸汽量达到测试要求，压风机运转正常，要求输出压力、空气量达到测试要求，输送泵运转平稳无异常，检查所有设备的吊耳、吊具证书，列出详细的设备装船清单，确定测试作业人员，进行测试交底和必要的培训。

（二）地面测试流程安装

1. 陆地模拟连接

应根据前期海上测绘的甲板图来摆放设备模块，需要完成以下工作内容：

（1）测试甲板及模块位置选择；

（2）按照设计吊装顺序实施模块底部橇块及设备的吊装；

（3）现场记录，现场整改，现场试压及功能试验；

（4）第三方取证，制订海上安装拆卸方案。

当然陆地的模拟连接不能完全等同于平台现场安装，目的是要在陆地模块组合实验中发现存在的问题，为后期的现场安装提供支持和保障，其中的关键点如下：

（1）地面模拟连接确定模块化安装方案的吊装顺序与拆卸顺序；

（2）整个地面模拟连接的过程需全程记录；

（3）时效计算，每件设备的吊装记录；

（4）实时录像记录，现场调整细节及处理措施记录等；

（5）对连接好的模块化地面流程进行编号；

（6）如果模拟连接发现设计中存在问题，无法通过微调解决，则制订和实施整改方案。

2. 模块陆地分解、装框及吊运

在完成模拟连接实验后，需将设备从底部橇块上分解，主要步骤如下：

（1）对每个模块上设备与橇块的连接固定点进行编号记录；

（2）将模块底部橇块和设备进行分离；

（3）对底部橇块和设备进行节点保护；

（4）检测模块是否出现变形；

（5）模块及设备防腐保养及待命；

（6）对模块建档，填写保养、调试及使用历史记录。

在装框吊运前，需完成以下工作：

（1）检查设备证书；

（2）检查吊索具证书及安装情况；

（3）检查历史记录；

（4）检查模块上的附属件是否固定牢靠；

（5）在吊运前做承重实验，检查吊绳受力及橇块形变情况；

（6）对于无须装框运输的橇块，应打包固定。

质量关键点：

（1）根据编号及拆卸程序对地面模拟流程进行拆卸；

（2）对模块底部橇块和设备按照设计进行保护，底部橇块的四周加装木方，模块底部橇块的法兰进出口端面加装盲板法兰保护，部分小件节点设备及所有管线装筐保护；

（3）根据拖轮的装载能力确定装船顺序和清单。

3. 测试模块化的海上安装说明

深水油气地面测试模块化地面设备系统做进一步的说明：

深水油气地面测试模块化地面设备系统由缓冲罐模块单元、分离器模块单元、加热器模

块单元、井口高压模块单元、泵组模块单元等五大模块单元组成，其示意图如图4-2所示。

　　缓冲罐模块单元由3个缓冲罐单体、底部橇座（图4-3）及内置的连接管线组成；分离器模块单元由分离器、底部橇座及内置的连接管线组成；加热器模块单元由加热器、底部橇座及内置的连接管线组成；高压模块单元由地面安全阀、除砂器、地面高压油嘴管汇、底部橇座及连接管线组成；泵组模块单元由2台齿轮输油泵、2台隔膜泵、底部橇座及连接管线组成。

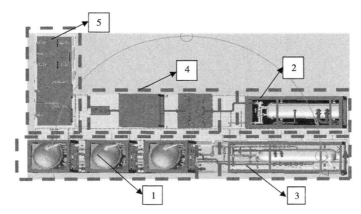

图4-2　深水油气地面测试模块化地面设备系统示意图

1—缓冲罐模块单元；2—加热器模块单元；3—分离模块单元；4—井口高压模块单元；5—泵组模块单元

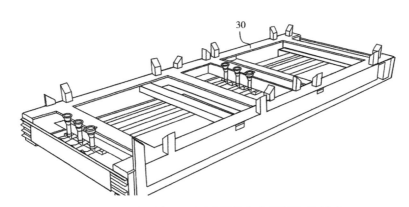

图4-3　深水油气地面测试模块化底部橇块示意图

　　深水油气地面测试模块化地面设备系统，能够满足续测试作业的快速灵活安装和拆卸，减少甲板占用面积，整个模块化地面设备系统结构紧凑、操作简便。

　　（1）试油设备甲板准备及卡位、就位前，先对安装区域"T"形梁平面进行找平；若"T"形梁不平整，则在"T"形梁平面上焊接钢板找平；最终确保各模块间在安装时能够处在同一基准面；

　　（2）清理及预处理甲板；

　　（3）测量甲板位置并标记；

　　（4）模块固定孔钻孔，根据橇块布置，在"T"形钢的面板上钻孔，用于螺栓固定钢结构模块，并通过"J"形钢焊接固定（图4-4）。

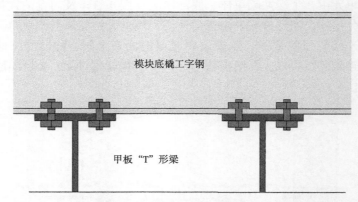

图4-4　深水油气地面测试模块化"T"形梁示意图

4. 现场安装模块设备

1）缓冲罐模块安装

螺栓将模块结构与"T"形梁固定。吊装过程中，为了避免吊装时的碰撞造成框架严重变形，在框架一周都用木方作保护，木方使用螺栓固定在框架侧面基板上，木方上钻沉孔，使螺栓头不外露而受到撞击。

如果木头腐蚀或在吊装过程中损坏，则只需拆卸固定螺栓就可以更换防护木，非常方便，而且木材防碰撞能力强，成本价格低，易于购买。在模块中的法兰接头位置，为了避免受到碰撞后变形，延长了结构的长度，用于保护这些接头。

缓冲罐通过限位块及导向块保证缓冲罐的准确就位；若需要，可用倒链、橇棍等工具将底部橇块调整到正确位置，并固定在甲板"T"形梁上；底部框架固定后，将缓冲罐逐个摆放上去，缓冲罐模块安装示意图如图4-5所示。

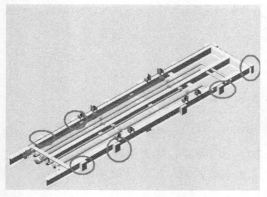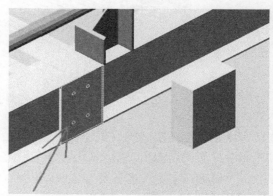

图4-5　缓冲罐模块安装示意图

在陆地预安装完毕后，对所有的底部橇块的相应位置都安装了限位块，用于对设备定位，限位块采用焊接方式；限位块设计成斜面，这种结构设计便于设备就位，保证吊装时设备可以一次性准确就位，缓冲罐与橇块就位示意图如图4-6所示。

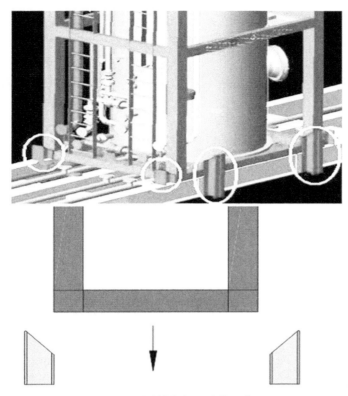

图 4-6　缓冲罐与橇块就位示意图

　　就位后，将缓冲罐同底部橇块固定，并用预制好的法兰管线将橇内管线法兰接口同罐上法兰接口连接，橇块法兰连接示意图如图 4-7 所示。

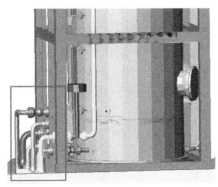

图 4-7　橇块法兰连接示意图

2）分离器模块安装

　　将分离器对正限位块的位置摆放；连接分离器同缓冲罐之间的管线；在连接管线时，若由于管线变形导致无法连接，需现场对管线就行矫形。如果尺寸偏差较大，可根据现场实际尺寸对管线进行重新焊接，分离器模块安装示意图如图 4-8 所示。

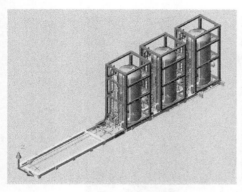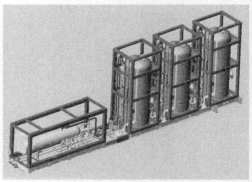

图 4-8　分离器模块安装示意图

3）加热器模块安装

在底橇外侧的基板上安装好限位块，将加热器吊装到位，并连接分离器同加热器之间的管线，加热器模块安装示意图如图 4-9 所示。

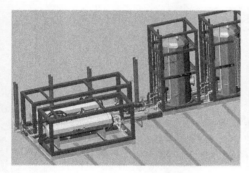

图 4-9　加热器模块安装示意图

4）高压井口模块安装

先将油嘴管汇摆放到橇上，连接加热器至油嘴管汇之间的高压管线；用撬棍或倒链将油嘴管汇微调到位，使高压管线和油嘴管汇可以自由连接；除砂器就位，将油嘴管汇同除砂器之间的高压管线同油嘴管汇进口法兰连接；微调除砂器位置，使高压管线法兰和除砂器的出口可以自由连接；同样的方法连接地面安全阀，高压井口模块安装示意图如图 4-10 所示。

图 4-10　高压井口模块安装示意图

5）泵组安装模块

泵橇的安装步骤同其他橇块一致。先将底橇放至安装位置，再用倒链调整好橇块的位置，并用螺栓固定；将泵对应限位块的位置摆放就位后，用管线短节将泵及泵组模块的橇内管线连接起来，泵组模块安装示意图如图4-11所示。

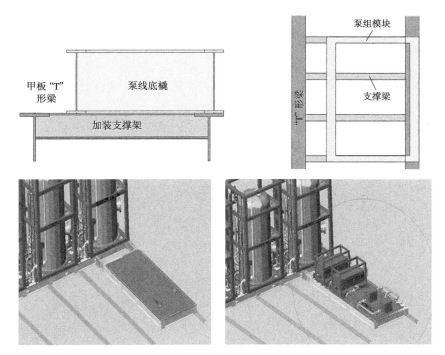

图4-11　泵组模块安装示意图

6）格栅走道安装

模块全部安装完成后，进行格栅走道的铺设；将预制好的格栅走道支架用螺栓固定在过道两侧橇块的基板上，再将格栅板铺设在上面，用格栅卡子固定。格栅走道安装示意图如图4-12所示。

7）其他管线组安装及试压

高压管线从井口管线出口至地面安全阀进口，油、气管线至平台分配管汇，缓冲罐天然气管线至两舷燃烧臂。通过前期平台调研所取得的参数（表4-4）预制管线及法兰接头，待各模块在甲板就位固定后安装以上管线，可能对部分管线还要进行局部的切割和焊接；在后续深水油气测试中也可以考虑使用高压挠性软管，它不仅便于安装和拆卸，还能提供由于平台晃动和硬连接所造成的误差位移。

（三）开井测试前的准备

（1）召开一次安全会议，就有关测试的注意事项、危险性向船上的每一个员工阐明，并就可能出现的紧急情况、处理分工等事项让每一个人都记住、明确各自职责；

（2）检查并确保从水下测试树到燃烧臂的放喷管线畅通，分离器的进口已关闭；

（3）值班拖轮起锚到上风处巡航；

（4）启动冷却水系统；

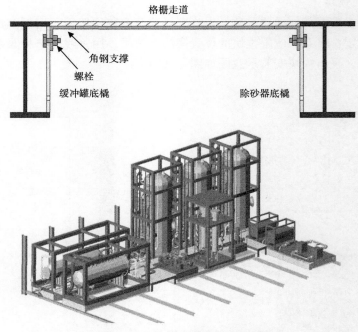

图 4-12　格栅走道安装示意图

表 4-4　地面测试设备试压报告

序号	试压段描述		测试压力 psi	开始时间 （年/月/日 时:分）	结束时间 （年/月/日 时:分）	稳压时间 min	试压结果
	开始段	结束段					
1	油嘴管汇下游	加热器进口阀、旁通阀上游	5000	2014/8/7 16:15	2014/8/7 16:40	15	合格
2	加热器上游	加热器盘管、分离器、分离器油、水出口到密闭罐油、水进口。分离器油出口到燃烧头油管线球阀。分离器气出口到燃烧臂根部管线阀	1500	2014/8/8 13:30	2014/8/8 14:15	15	合格
3	3个密闭罐气管线	两舷密闭罐气管线	50	2014/8/9 15:25	2014/8/9 15:45	15	合格
4	输油泵进口管线	输油泵出口，隔膜泵进口	120	2014/8/9 15:45	2014/8/9 16:10	15	合格
5	分离器气管线出口	两舷分配管汇燃烧臂根部气进口阀	1500	2014/8/8 14:45	2014/8/8 15:10	15	合格
6	平台高压固定管线、地面安全阀、除砂器、三个数据头	油嘴管汇上游阀	15000	2014/8/8 21:25	2014/8/8 21:50	15	合格

（5）准备一台钻井泵给冷却系统供海水；

（6）启动锅炉，点燃烧头并保留火种；

（7）广播通知全体员工，各岗位人员到位，通信畅通；

（8）检查并确保供测试设备用的压缩空气处于良好状态；

（9）压风机处于备用状态，地面油嘴管汇处做好防冻剂注入的准备工作；

（10）开井流动，记录井口压力、温度等数据。

（四）初开井

（1）记录初开井的时间及井口流动显示；

（2）每分钟记录一次井口压力和温度；

（3）如果地层产能较高，初开井完成清井工作，井内柴油液垫通过燃烧头烧掉；

（4）初开井彻底清井，尽可能取得最大产量；

（5）地层流体到达地面后，及时检查流体内是否有 H_2S 及 CO_2，如果 H_2S 的含量大于 30mg/L，听从监督指令或在紧急情况下井口关井。

（五）初关井

（1）环空泄压，关闭井下测试阀，关闭地面油嘴管汇，记录关闭后的井口压力；

（2）初关井求取原始地层压力，关井时间为开井时间的 5~8 倍；

（3）关井后每 5min 记录一次井口压力和温度。

（六）流动求产

（1）值班拖轮起锚到上风处巡航；启动压风机、锅炉和平台的冷却水系统；燃烧点火系统工作正常。

（2）环空加压打开井下测试阀，观察地面油嘴管汇处压力，确定测试阀已打开后，开地面油嘴管汇放喷。

（3）观察确保井内的流体干净后，将流体导入三相分离器进行计量。

（4）流动期间取资料要求：

① 要求稳定流动时间在 2h 以上，1h 内压力变化波动不超过 0.03MPa，1h 内产量变化波动不超过 3%；

②每 5min 记录一次，井口压力、温度，分离器压力、温度，凝析油、气、水流量，现场凝析油、气、水样分析数据等；

③每 30min 计算一次凝析油、气、水流量；

④每 1h 从分离器取样测量凝析油、气相对密度，从井口分离器取样做凝析油含水率及沉淀物含量一次；

⑤每 1h 从分离器（或井口）取水样做氯根含量分析，从分离器取气样做气组分分析一次。

（七）海上模块拆卸、复员及陆地保养

（1）移除格栅走道，拆除模块同平台的管线连接；

（2）拆除模块与模块之间的管线连接；

（3）拆除模块上设备同底橇内集成管线的连接；

（4）模块与平台连接的管线应尽可能保留在原安装位置，以备下次设备连接时使用；

（5）吊装前对橇块本体进行检查，对吊索具进行检查；

（6）对所有模块底部橇块进行保护；

（7）切除固定试油设备的"J"形板，设备吊运前做承重试验；

（8）根据拖轮载荷情况吊运模块及设备至拖轮复员；

（9）陆地保养要按保养操作程序，检验各类证书情况、压力试验及功能试验。

第三节　深水油气地面测试设备

一、地面测试树

地面测试树（流动控制头）是控制油气井和下入电缆的主要设备，上部连接电缆钢丝作业的防喷管和防喷器等设备，下部与钻杆或油管相连，流动头通常配有旋转短节用来旋转下部管柱，如坐封封隔器等，用长吊环吊住提升短节，来悬挂控制头，共有四个闸阀，且排列成十字形，主阀是位于下部的液控阀，用来隔离油井和地面流程，抽吸阀是位于上部的手动阀，用来下入电缆工具串到井筒中，流动翼阀是液控无故障常关阀，通过控制面板加压开启，紧急情况下泄压快速关井，压井翼阀是液控阀，测试时通过单流阀与泵相连，紧急情况下用于压井。

本节以南海××井为例，其地面测试树如图 4-13 所示，其技术规范见表 4-5。

图 4-13　南海××井地面测试树

表 4-5　南海××井深水地面测试树技术规范

设计标准	API 6A PSL 3，ANSI B31.3
使用范围	H_2S NACE MR 0175+CO_2
长×宽	66.03in×69.54in
生产主阀	7.375in 液压驱动
生产清蜡阀	7.375in 液压驱动
流动翼阀	3in FIG1502 F 液压驱动/法兰轮廓
压井阀	2in FIG1502/法兰入口
内部最大工作压力	15000psi
控制通道最大压力	10000psi

液压操作压力	3000psi
额定拉力载荷	400klb @ 250 ℉ &15000psi，500klb @ 250 ℉ &0psi
工作温度范围	−45~177℃
质量	23920 lb
提升短节提升部位外径尺寸	5½in & 5in
提升短节顶部扣型	5 ½in −4 STUB ACME BOX & 5in −4 STUB ACME BOX

二、挠性软管

用于连接至流动头上的流动翼阀和压井翼阀，并能满足流动头上下活动，其技术规范见表4-6。

表4-6　南海××井深水挠性软管技术规范

设计标准	API 6A PSL 3，ANSI B31.3
使用范围	H_2S NACE MR 0175+CO_2
长	40ft
进口	4in/3in/2in FIG2202 内/法兰
出口	4in/3in/2in FIG2202 外/法兰
内部最大工作压力	15000 psi
最大弯曲角度	12 X ID
工作温度范围	−20~130℃
质量	1500kg

三、地面安全阀

用于连接地面高压管线与油嘴管汇，紧急情况下用于紧急关断，南海××井地面安全阀如图4-14所示，其技术规范见表4-7。

图4-14　南海××井地面安全阀

表 4-7　南海××井地面安全阀技术规范

服务环境	防硫
内径	$3\frac{1}{16}$ in
材料等级	EE-NL（碳化钨硬面）
最大工作压力	15000psi
液压操作压力	3000psi
最大工作温度	−50~350 ℉
阀门	3in Anson，15000psi E 型
流体入口连接	3in 或 4in Weco 2202 活接头（外螺纹）（或 $3\frac{1}{16}$ in 15000psi BX154 法兰连接）
流体出口连接	3in 或 4in Weco 2202 活接头（内螺纹）（或 $3\frac{1}{16}$ in 15000psi BX154 法兰连接）
尺寸	1.00m×0.40m×1.40m
质量	900kg

四、除砂器

除砂器主要用于将流体的砂过滤掉，南海××井除砂器如图 4-15 所示，其技术规范见表 4-8、表 4-9。

图 4-15　南海××井除砂器

表 4-8　南海××井 10000psi 地面除砂器技术规范

服务环境	防硫
工作压力	10000psi
工作温度	-20~120℃
最大干气流量	$1×10^6 m^3/d$
最大流体流量	5000bbl/d
最大三角筛网压力	1500psi（100 bar）
过滤罐容量	46L
井液入口	3in Weco 1502 活接头（内螺纹），内径 78mm
井液出口	3in Weco 1502 活接头（外螺纹），内径 78mm
排水管	2in Weco 1502 活接头（外螺纹），内径 38mm
内部连接	法兰连接 3$\frac{1}{16}$in×10000psi
入口连接密封	10in/82 钢圈
筛网尺寸	2250mm×162mm（L×OD），筛网尺寸：100μm、200μm、400μm
外部尺寸	2.80m×2.18m×4.06m（包括提升架）
质量	8000kg

表 4-9　南海××井 15000psi 地面除砂器技术规范

服务环境	防硫
设计型号	F-100B
使用范围	H_2S NACE MR 0175 + CO_2
长×宽×高	2.5m×2.6m×4.2m
进口	3in FIG2202 内/法兰
出口	3in FIG2202 外/法兰
内部最大工作压力	15000psi
内部体积	$0.09m^3$
液压操作压力	3000psi
工作温度范围	-29~121℃
常用滤网尺寸	100~800μm
质量	19800kg

五、油嘴管汇

由五个 3in 闸板阀提供了三条流体流动通道，可调油嘴通道用于开井放喷时控制调节地面压力，固定油嘴通道用于提供一定尺寸流体流经的通道，以控制压力及流量，测试出稳定的产量，旁通用于提供一个大尺寸通道，以便测试后对流程清洗和冲扫，南海××井油嘴管汇如图 4-16 所示，其技术规范见表 4-10、表 4-11。

图 4-16　南海××井油嘴管汇

表 4-10　南海××井 10000psi 油嘴管汇技术规范

服务环境	防酸性气体
材料等级	EE-NL（碳化钨硬面）
额定工作压力	10000psi
水力测试压力	15000psi
最大工作温度	API P~U（-20~250 ℉）
阀门	3 $\frac{1}{16}$ in E 型手动闸板阀，3 $\frac{1}{16}$ in 闸板阀，3 $\frac{1}{16}$ in 闸板阀于旁通管线
可调油嘴	最大开度 2in
固定油嘴	2in 油嘴球座，C/W 一套标准油嘴：4/64in、8/64in、12/64in、16/64in、20/64in、24/64in、28/64in、32/64in、36/64in、40/64in、44/64in、48/64in、52/64in、56/64in、64/64in、72/64in、80/64in、88/64in、96/64in、104/64in、112/64in、120/64in、128/64in
入口连接	3in 1502 活接头（内螺纹）（或 3 $\frac{1}{16}$ in 1000psi BX154 法兰连接）
出口连接	3in 1502 活接头（外螺纹）（或 3 $\frac{1}{16}$ in 1000psi BX154 法兰连接）
外部尺寸	2.65m×1.90m×1.00m
质量（整套）	3200kg

表 4-11　南海××井 15000psi 油嘴管汇技术规范

服务环境	防酸性气体
材料等级	EE-NL（碳化钨硬面）
额定工作压力	15000psi
水力测试压力	22500psi
最大工作温度	API P~U（-20~250 ℉）
阀门	3 $\frac{1}{16}$ in E 型手动闸板阀，3 $\frac{1}{16}$ in 闸板阀，3 $\frac{1}{16}$ in 闸板阀于旁通管线
可调油嘴	最大开度 2in
固定油嘴	2in 油嘴球座，一套标准油嘴：4/64in、8/64in、12/64in、16/64in、20/64in、24/64in、28/64in、32/64in、36/64in、40/64in、44/64in、48/64in、52/64in、56/64in、64/64in、72/64in、80/64in、88/64in、96/64in、104/64in、112/64in、120/64in、128/64in
入口连接	4in 2202 活接头（内螺纹）（或 3 $\frac{1}{16}$ in 15000psi BX154 法兰连接）
出口连接	4in 2202 活接头（外螺纹）（或 3 $\frac{1}{16}$ in 15000psi BX154 法兰连接）
外部尺寸	3.20m×2.25m×1.00m
质量（整套）	4000kg

数据管汇用于连接地面记录仪、压力计、静重试验仪、化学注入泵、试压泵等设备，也可在此处取样。管线内径：76.2mm（3in）。耐压：680.5atm（10000psi）。服务环境：防硫。最低防硫温度：−28.9℃（−200℉）。这个数据头配备了76.2mm（3in）管汇，可适用于680.5atm（10000psi）工作压力并防硫。带有可接井下压力计的接头（Calibration-sub型接头），有取样口、静重试验仪接口、温度压力测量仪器接口。这个数据头装有以下接口。

（1）Calibration-sub型接口：这使接口在测试期间能够装上一支标准的井下压力计，以获得地面压力的精确记录，得到一条与时间对应的压力曲线。

（2）取样口：在井口条件下取得地面样品。

（3）静重试验仪接口：在任何要求的时间上得到精确的压力测量数据。

（4）化学注入泵接口：使化学注入泵能够接上并注入下述药品。

① 防腐剂：防止下流设备腐蚀。

② 乙二醇或甲醇：防止水合物形成。

六、蒸汽加热器

可用于对井内生产的流体加热，降低其黏度，主要用于气井，防止水合物结冰堵塞管线，南海××井蒸汽加热器如图4-17所示，其技术规范见表4-12、表4-13。

图4-17 南海××井蒸汽加热器

这种装置有两路盘管。由一个25.4mm的可调油嘴分开，在油嘴的上流有10道76.2mm XXH管线制成的高压盘管，工作压力为301.6atm，在油嘴的下流有10道76.2mm XH管子制成的低压盘管，工作压力为122.2atm。这种加热器还配有3个76.2mm×340.2atm球阀的旁通管汇，并在进出口管线上配有76.2mm半付Weco602活接头。加热器外部带有38.1mm带铝皮的保温层。蒸气进口由一个恒温控制阀控制。

在测试中使用加热器的主要目的是，针对气井测试时，当高压气体通过油嘴，由于减压，气体膨胀并冷却。如果冷却非常严重将导致水合物形成，堵塞流程管线。

在气井测试中上述的大多数情况都会出现。如果天然气温度低于800℉，压力超过4500psi，那么水合物就很可能形成。在700℉，压力为1400psi时水合物就要形成。在640℉，600psi时水合物就会形成。

表 4-12 南海××井 5000psi 蒸汽加热器技术规范

服务环境	防硫
罐体尺寸	42in 内径×16in
防水外壳	150 lb，−20~400 ℉
容量	3900L
分流盘管	4in XXH X 4in XH
最大工作压力	上游油嘴组件为 5000psi，下游油嘴组件为 2400psi
设计温度	−20~340 ℉
井液入口连接	3in 602 Weco 焊接活接头
井液出口连接	3in 602 Weco 活接头
蒸汽入口连接	3in 602 Weco 活接头
蒸汽出口连接	2in 602 Weco 活接头
进出口阀门类型	FMC 5000psi，防水
安全设备	气罐上备有压力安全阀，旁通歧管
隔热	$1\frac{1}{2}$in 厚玻璃棉，配上可拆卸的外壳
质量流量	2.25t/h
外部尺寸	6.10m×1.85m×2.50m
质量	10000kg

表 4-13 南海××井 10000psi 蒸汽加热器技术规范

服务环境	防硫
工作压力	150 lb（10.6 bar）
容量	4875L
分流盘管	4in
最大工作压力	上游油嘴组件及下游油嘴组件均为 10000psi（700bar）
水力测试压力	15000psi
设计温度	−4~248 ℉（20~120℃）
可调油嘴尺寸	最大 2in
井液入口连接	3in 1502 Weco 活接头（或 $3\frac{1}{16}$in 10000psi BX154 法兰连接）
井液出口连接	3in1502 Weco 活接头（或 $3\frac{1}{16}$in 10000psi BX154 法兰连接）
蒸汽入口连接	2in1502 Weco 活接头
蒸汽出口连接	2in1502 Weco 活接头
安全设备	气罐上备有压力安全阀，旁通歧管
隔热	$1\frac{1}{2}$in 厚玻璃棉，配上可拆卸的外壳
质量流量	蒸汽为 2.25t/h
外部尺寸	7.20m×2.00m×2.60m
质量	11500kg

加热器的基本设计目的就是要解决上述问题。这种设计被认为是分离的管束组。经过油嘴管汇后膨胀并冷却的上流气体直接进入到由 10 道高压管子组成的高压盘管，天然气得到重复加热。

加热器内高压气体通过加热器油嘴膨胀，减压变得更冷，冷却的天然气又进入到加热器并通过低压盘管，使之更快地加热。旁通管汇是加热器的一部分，这可以使测试流体不进入加热器而直接走旁通。加热器的热量输出与盘管的有效面积、加热器内液体与进入流体的温差、流体流动速度和盘管材料的热通效率有关。相当于每平方英尺盘管外部面积，导热率为 1000 英制热量单位/小时，根据经验，对于多数工作条件来讲是可接受的。

七、缓冲罐

用于回收和监测返出污油，存储气体，南海××井缓冲罐如图 4-18、图 4-19 所示，其技术规范见表 4-14、表 4-15。

图 4-18 南海××井 50psi 缓冲罐

表 4-14 南海××井 **50psi 缓冲罐技术规范**

服务环境	防 H_2S（防酸）
最大容积	100bbl（15.9m³）
罐体设计温度	−200~2120 ℉
罐体设计压力	75psi
工作压力	50psi
入口连接	3in 602 Weco 活接头（内螺纹）
1 & 2 原油转换泵入口连接	3in 602 Weco 活接头（内螺纹）
气体计量出口连接	3in 100 Weco 活接头（外螺纹）
通风口/压力安全阀出口连接	3in602 Weco 活接头（外螺纹）

燃烧器出口连接	3in 602 Weco 活接头（外螺纹）
排水管出口	2in 100 Weco W/plug
1 & 2 原油转换泵出口连接	3in 100 Weco 活接头（外螺纹）
压力安全阀	2in×2½in 150# 标准 H 孔板（压力设置为 75psi）
外部尺寸	4.00m×3.64m×4.85m
质量	5300kg

图 4-19　南海××井 250psi 缓冲罐

表 4-15　南海××井 250psi 缓冲罐技术规范

服务环境	防酸性气体
最大容积	100bbl（15.9m³）
罐体设计温度	−200~2120 ℉
罐体设计压力	375psi
工作压力	250psi
入口连接	4in 602 Weco 活接头（内螺纹）（或 4in 600API 标准法兰连接）
缓冲罐旁通出口连接	4in 602 Weco 活接头（内螺纹）（或 4in 600API 标准法兰连接）
气体计量出口连接	4in 602 Weco 活接头（外螺纹）（或 4in 600API 标准法兰连接）
通风口/压力安全阀出口连接	4in 602 Weco 活接头（外螺纹）（或 4in 600API 标准法兰连接）
排水管出口	2in 602 Weco W/plug（或 2in 600API 标准法兰连接）

1 & 2 原油转换泵出口连接	3in 602 Weco 活接头（外螺纹）（或 3in 600API 标准法兰连接）
压力安全阀	4in×6in（压力设置为 250psi）
外部尺寸	6.00m×2.50m×2.90m
质量	17000kg

八、燃烧器分配管汇结构

燃烧器分配管汇主要由 4 个管线进口和 5 个管线出口组成，油、天然气、压缩空气和冷却水 4 个管线进口，冷却水出口管线为 2 个。天然气管线上有一个 1in 接口，可接到燃烧头上用于点火，另外天然气管线与压缩空气管线连通，可以用分离出的天然气雾化原油，以利于原油燃烧。

技术规范如下。

（1）油管线：3in Weco 100 活接头（外螺纹）进口×3inWeco 100 活接头（内螺纹）出口。

（2）气管线：3in Weco 100 活接头（外螺纹）进口×3in Weco 100 活接头（内螺纹）出口。

（3）压缩空气管线：2in Weco 100 活接头（外螺纹）进口×3in Weco 100 活接头（内螺纹）出口。

（4）冷却水管线：4in Weco 100 活接头（外螺纹）进口×2 个 3in Weco 100 活接头（内螺纹）出口。

（5）耐压：1000psi。

（6）质量：589.6kg。

九、燃烧器

燃烧器包括三部分，燃烧臂、燃烧头和电打火系统。燃烧臂主要是一个支持油、天然气、压缩空气和冷却水管线的框架，保证燃烧头离开平台一段距离。燃烧头的设计主要是利用压缩空气对原油进行雾化，将井内产出的流体燃烧干净，保证海洋环境不受污染。电打火系统主要用于地层流体流到燃烧头之前，将火点燃，保证能够连续燃烧。

（一）燃烧头

（1）原油处理能力：1590m³/d，80psi 空气供给 34m³/min。

（2）风扇排风量：212m³/min。

（3）风扇电机：功率 5.5HP，380V，50Hz。

（4）油、气、水、空气管线接头：3in Weco 100 活接头。

（5）耐压 1000psi。

（二）燃烧臂

（1）外形尺寸：18290mm×1020mm×800mm。

（2）油、气、水、空气管线接头：3in Weco 100 活接头。

十、压风机

压风机主要用于提供燃烧器原油燃烧时需要的助燃空气，南海××井压风机技术规范见表 4-16。

表 4-16　南海××井压风机技术规范

排气量	$31m^3/min$
排气压力	$10.55kgf/cm^2$（150psi）
空气初过滤元件	Part No 35123512
空气过滤器安全元件	Part No 35123520
压风机油过滤元件	Part No 35330133
压风机油（气）罐容积	189L［50gal（美）］
12V-71N 底特律柴油机	Model 7123-7000
柴油机满负荷转速	2100r/min
柴油机无负荷转速	1000r/min
电超动系统电压	24V
柴油机润滑油箱容积	36L（包括过滤器）
柴油机冷却水箱容积	96.5L［25.5gal（美）］
柴油油箱容积	818L［216gal（美）］
外形尺寸	5860mm（包括拖杆）×2200mm×2690mm
毛重（包括燃油，冷却水）	6875kg
净重（包括压风机气罐内润滑油）	6150kg

十一、数据采集系统

数据采集系统主要用于快速求得准确的产量数据，通过计算机的监视随时检查设备和仪器出现的问题，大大提高测试的成功率，中海艾普基于 Windows 2000 中英文操作系统见表 4-17。设计开发的计算机软件通过与设备安装的传感器自动录取并计算出产量结果，并根据数据绘制测试情况趋势图。可进行数据图表的实时打印和回放打印，可以编写测试报表。

表 4-17　中海艾普基于 Windows 2000 中英文操作系统

井口工作压力	0~15000psi
井口温度	0~260℃
管内压力	0~10000psi
分离器压力	0~2000psi
分离器温度	0~260℃
孔板流量计压差	0~400in H_2O
分离器静态压力	0~2000psi
气体温度	0~260℃
油流量量程	50~10000bbl/d
水流量量程	50~3000bbl/d
适用规范	NACE MR-01-75

十二、原油外输泵

原油外输泵是由电动机驱动的叶片式离心泵，吸入口为4in，排出口为3in，主要是靠叶片旋转时产生的负压将液体吸入泵内，然后靠叶片离心力将液体排出，其工作原理与普通离心泵是相同的。

技术规范如下。

（1）外输能力：1590m³/d（10000bbl/d）。

（2）外输压力：8.9kgf/cm²（125psi）。

（3）电动机功率：30hp。

（4）电动机转速：1800r/min。

（5）电源要求：380V，50Hz。

（6）泵入口接头：4in Weco 100 活接头（外螺纹）。

（7）泵出口接头：3in Weco 100 活接头（内螺纹）。

十三、化学药剂注入泵

化学药剂注入泵是用于深水地面测试作业中，对井下化学药剂短节、水下测试树化学药剂注入点及地面测试流程化学药剂注入点的注入提供注入动力，并且能够控制注入排量、压力以及注入量，从而实现地面及井下对水合物的化学药剂法控制。

技术规范如下。

（1）最高工作压力：1000bar。

（2）环境温度：最低温度5℃，最高温度40℃。

（3）环境湿度：湿度应不大于95%。

（4）最高工作温度：40℃。

（5）驱动空气压力：6~9bar。

（6）驱动空气流量：3000~4000L/min。

（7）最大出口流量：5.5L/min。

十四、动力油嘴

动力油嘴用于深水地面测试作业中，特别是高压大产量气井，可以实现远程控制油嘴的开度，安全性较高。

十五、振动监测系统

HG8916WD 管道多通道（十六个振动通道）振动监测系统，通过计算机 USB2.0 端口方式来采集数据，是一个全新概念的故障诊断系统。该系统由高性能笔记本电脑、小巧轻便的采集箱、可靠耐用的加速度传感器组成。每一部件都经过精心设计、挑选、严格测试。各项性能指标均居国际先进水平，其幅域参数对故障的敏感性和稳定性比较见表4-18。特别适合现场使用。同时，HG8916WD 还具有强大的现场数据分析功能，界面友好，操作简单、方便。该系统采用 Windows 界面，可保存现场数据，具有数据回放、测点信息打印等数据管理功能。系统软件存在硬盘上，为今后进一步升级提供方便。

表 4-18　幅域参数对故障的敏感性和稳定性比较

幅域参数	敏感性	稳定性
波形指标	差	好
峰值指标	一般	一般
脉冲指标	较好	一般

十六、三相分离器

利用油、气、水密度的不同，经分离器内分离元件将油、气、水分离，并利用外部的油、气、水计量仪器对其产量进行计量的设备。分离器内部装有去泡板、湿气捕集元件、内部防波浪缓冲板，分离器外装有 Daniels 152.4mm 测气装置，两个三笔巴顿记录仪，一个原油收缩主测定仪，三个 Floco 76.2mm F2500-3 流量计，在低液位时处理装置 16.38-1471.9m³/d 装有一个带旁通而且油气水可以相互导通的管汇，使操作更方便。

BWT 卧式三相测试分离器是一个配套齐全的、橇装的、全封闭的便携式油井测试装置。分离器的封闭宽边框架有两个作用，第一是运输中保持分离器不受损害，第二是当用于海上钻井平台地方珍贵时，为了减小占用空间，可以重叠放置，这个作用对于海上平台是非常重要的。BWT 卧式三相测试分离器是一个标准的压力容器，其作用是将油气井产出的混合物分离成油、气、水。这三相流体从容器中分路排出。分离后的流体分别通过各自的计量仪表，相应的仪表确定测定通过流体的产量，这种能使用户确定井的产量的过程就称为"测试"。当分离器用于确定油井产量时，下列过程将在分离器内同时发生。

（1）通过井口管线井内液体进入分离器，井内流体（乳化液）首先通过扩散器进行分离和脱气，继而进入分离器。

（2）井内流体进入进口扩散器元件，气液初级分离完成，分离的气体通过一组缓冲极（折流板），缓冲极保证薄层气体流过，同时使液体颗粒靠重力分离出来。气体再进入到机械叶片型温气捕集器，这个捕集器可使气中的液体颗粒进一步分离。现在气体进入到气体收集器装置，以使在气体排出容器之前再进一步地将液体颗粒分离出来。

天然气以下述方式计量其流量。气体进入计量管线，流经一个平直的叶片组使之产生层液，然后流经一个标准的孔板。当气体经测气孔板的上流流到下流时，产生一个压差，这个压差记录在卡片记录仪上，根据卡片记录仪记录的数据及已知的孔板尺寸，经过系统的气体产量就可确定。当天然气进入孔板下流时，经过第二个平直叶片装置，保证其层流的连续性。经过第二套平直叶片装置的天然气通过回压阀，天然气回压阀维持分离器内部恒定的压力，通过回压阀的天然气经气出口管线排出。从脱气元件分离的油水乳化物可以进入到分离器的下部，如果时间充分且无紊流状态，由于油和水的密度不同，两种流体将分离开。为保证无紊流状态，使用了一组带孔防紊流缓冲板。油水分离过程中，水颗粒流到液体底部，同时，油颗粒浮到顶部，油气界面和油水界面通过液面控制器来调节，最优的液位设置可根据预测的情况确定，最好由试验决定。当设置选择好后，油液位上升时油的液位控制器使油路的气动薄膜阀开放，原油通过一个可调的堰式帽子状的防漏流装置后排出。在通过原油流量计前，原油先流经一组平直的叶片以保证层流状态，原油进入计量管路时，直接流经一个液体计量装置。使用的两种液体流量计为正压排液流量计和满轮流量计，可以由流量来确定流量计的选择，也可以同时使用这些流量计以计量最大产量，最后原油流经单流阀并排出。在预先控制点设置后，油水界面升高时，液位控制器开放水路的气动薄膜阀，分离器内的水进入到水流量计计量。水的计量是与油计量方法完全一致的。为完成上述自动控制功能，所有气动阀和控制器都需要压缩气体。压缩气体也可以使用分离器中无硫化氢的天然气。当有硫化氢时，仪器、仪表的气体不能使用分离器分离后的天然气，为防止硫化氢损害，必须有另外的气体供给仪器设备使用。

南海××井三相分离器技术规范见表4-19。

表4-19 南海××井三相分离器技术规范

工作压力	1440psi
服务环境	防硫
最低防硫温度	-28.9℃（-200℉）
压力容器外形尺寸	1067mm（42in）×4572mm（15in）
容器液面半满时 处理能力	气：在98atm（1440psi）操作压力下，处理能力124.59×10⁴m³/d 在40.8atm（600psi）操作压力下，处理能力67.99×10⁴m³/d 液：停留时间2分钟，处理能力1649.5m³/d 停留时间1分钟，处理能力3299.0m³/d
容器液面在 355.6mm（14in）	气：在98atm（1440psi）操作压力下，处理能力175.56×10⁴m³/d 在40.8atm（600psi）操作压力下，处理能力101.94×10⁴m³/d 液：停留时间2分钟，处理能力963.5m³/d 停留时间1分钟，处理能力1926.9m³/d
进口接头	3inWeco 602活接头（外螺纹）
气管线出口接头	3inWeco 602活接头（内螺纹）
油管线出口接头	3inWeco 602活接头（内螺纹）
水管线出口接头	2inWeco 602活接头（内螺纹）
安全阀出口接头	4inWeco 602活接头（内螺纹）
质量	15600kg
外形尺寸	7315mm×2438mm×2667mm

（一）分离器的安装和起动

（1）油井测试分离器运输和安装应有一个提升框架，这个框架在运输过程中加强了对装在上面的控制仪表的保护作用。

（2）提升分离器时，应四点起放，以避免损坏分离器。

（3）分离器应放牢，调平，放在基础坚固的地方。为保证液位控制准确、看窗液位显示无误，分离器必须放平。

（4）分离器不应放置在易受震动的地方，控制仪表可能会受到震荡的有害影响。震动还可以引进螺纹或螺钉松动。在有硫化氢井的作业中，一旦螺杆松动，硫化氢流体流出，会出现特别危险的情况，应特别注意，即使是极少量的硫化氢，危害性也是很大的。

（5）在每次使用分离器之前，检查所有螺纹和法兰并上紧，在分离器上不能有任何漏失。

（6）连接井口流动管线到分离器进口（进口阀应关闭）。

（7）连接油、气、水安全阀出口管线，油、气、水管线可以从分离器上分别排出，也可以通过分离器管汇上的阀切换排出。

（8）切记，如果不能按 ASME 第Ⅰ卷第Ⅷ部分标准释放圆柱（post）焊接应力，那么不能在分离器上进行任何类型的焊接。除了取得焊接标准证书的电焊工，不能对标准的容器进行焊接。取得证书的电焊工可以进行焊接，但要求焊接容器时要按 AMSE 第Ⅰ卷第Ⅷ部分要求进行焊接应力释放，并要由 ASME 国家检验部门检验。

（9）在起动前修理或更换可见的损坏部件。

（10）使油和气的压力慢慢进入分离器并开始使用。

（11）当达到分离器最高压力时，检查整个分离器及附件的漏失情况，如发现漏失应及时修复。

（12）干净的井内流体慢慢地进入分离器。为了确认液面、仪表状况阀工作及其他控制功能是否可靠，流入分离器的流量应慢慢增加。

（13）油流面和水流面控制要人为设置，油液面和水液面控制应设定为：油管线排出的全部为油，而水管线排出的全部为水。

（14）这样油井进入到理想的测试阶段。

（15）测试结束时，应慢慢地关闭阀，以避免震动负荷造成的损害。

（二）分离器的故障排除

下面的几点线索对于万一出现不正常情况的判断是有益的。

1. 油位过高

（1）油的液面控制器需要调节或维修；

（2）油出口管线被外来物堵塞；

（3）阀不正常；

（4）分离器压力低，不足以克服乳化液与管线的摩擦阻力；

（5）看窗阀未打开或需清洗。

2. 油液面过低

（1）油液面控制器需要调节或维修；

（2）油出口管线上的气动薄膜阀漏失；

（3）天然气经水管线出口排出。

3. 水液面太高

（1）水液面控制器需要调节或维修；

（2）水出口管线被外来物堵塞；

（3）水管线上的阀处于关闭状态；

（4）水管线内的压力高于分离器压力，使分离器内的水排不出去；

（5）看窗阀未打开或需要清洗。

4. 水液面太低

（1）水液面控制器需要调节或维修；

（2）油或水的气动薄膜阀漏失。

5. 工作压力过高

（1）气管线中堵塞；

（2）气管线回压阀（气动薄膜阀）或控制器出故障；

（3）测气孔板尺寸选择太小，代替了气动薄膜未控制了气管线压力。

6. 工作压力太低

（1）气管线上的气动薄膜阀漏失或控制器失灵；

（2）气体从油管线中排出。

7. 油随水出

（1）水液面控制太低；

（2）分离器的产量太高。

8. 水随油出

（1）水液面控制太高；

（2）分离器产量太高；

（3）水管线堵塞。

9. 油随气出

（1）油液面控制太高；

（2）分离器产量太高。

10. 气随油出

（1）分离器产量太高；

（2）油液面控制太低。

11. 油的流量计读数过高

（1）天然气从油管线排出；

（2）产量太高；

（3）油内有泡沫；

（4）流经油流量计的流量超过了计量范围；

（5）流量计需要修理；

（6）电子仪表故障。

12. 油流量计读数过低

（1）经过流量计的流量太小；

（2）流量计需修理；

（3）电子仪表故障。

13. 水流量计读数过高

（1）气或油和水一起排出；

（2）流量计需修理；

（3）电子仪表故障。

14. 水流量计读数过低

（1）经过流量计的流量太小；

（2）流量计需要修理；

（3）电子仪表故障。

（三）测试前分离器、加热器自动控制系统的检查与功能试验

在油气井测试中，三相分离器测得的油气产量对确定油气田开发方案、生产井工作制度，确认气油比及地层产能等都有着重要的意义。因此，每次测试开始之前，要对计量油的流量计和计量气的巴顿记录仪进行认真校验，以消除人为因素所造成的油气产量不准或不真实的现象，使产量资料尽量准确可靠。然而还有一个重要的因素会影响所测产量的准确与真实性，这就是自动控制系统的功能及工作状态情况。在测试前对三相分离器自动控制系统进行功能试验，也就是在测试开始前模拟油气井条件，分别对分离器油管线自动控制系统和气管线自动控制系统进行试验，检查其工作状态，确保满足测试需要。

（四）对三相分离器自动控制系统进行功能试验的意义

国外进口的三相分离器在原文说明书中对自动控制系统的各气动阀、浮子组件及仪表总承都有比较详细的说明。但这种说明只是基于其本身的结构功能而编写的，而且由于制造分离器与制造仪表、仪器的厂家不同，加之仪表、仪器不是专门为三相分离器而生产，因此有些说明与实际使用情况截然相反，更没有对整个自动控制系统进行功能试验的说明。对自动控制系统进行功能试验的意义在于使测试资料更准确、更可靠。为什么要靠自动控制系统来保证测试油气产量的准确与真实性？因为，如果自动控制系统失灵，完全靠手动阀来控制三相分离器出口的油气流量，则无法适应井内条件的变化（压力、温度的变化），三相分离器测试产量时要能反映测试井产能的变化，手动控制无法达到这一要求。自动控制系统可以通过压力、液位的反馈控制使三相分离器的压力、液面保持在一定的范围内自动调节气动阀开启程度，以测得真实的油气产量。因此，要测取准确的产量资料，调好自动控制系统是非常必要的。

开井期间地面流程故障，地面测试树发生油气漏失，应首先关闭水下测试树及防喷阀，再采取处理措施。发现地面油气泄漏，视泄漏位置及时关闭油嘴管汇、地面安全阀或地面测试树生产阀门，对泄漏设备进行整改。清理泄漏的原油，防止原油落海造成海洋污染事故。井口关井时，当井口压力或温度达到地面测试树、地面高压流程等设施的额定工作压力的80%时，用小油嘴控制开井泄压。如果发现管道堵塞，应立即井口关井，确定堵塞原因，冰堵通过加热和注化学药剂结合的方法解冻。其他杂物堵塞应辨明堵塞物性质，再做进一步清理工作。确保流程已经畅通后，选择合适油嘴控制井口压力开井。

第五章 测试资料的录取与处理

现阶段认识储层的方法主要有物探、录井、测井、测试技术等，其中录井、岩心及测井等资料反映的仅仅是井眼及其附近的信息，而储层的非均质性使其认识储层能力有限。物探资料能够反映远井缝洞储集体的宏观发育情况，与之相比测试是一种以渗流力学为基础，以各种测试仪表为手段，通过对油井、气井和水井生产动态的测试来研究油、气、水层和测试井的生产能力、物理参数，以及油、气、水层之间的连通关系的方法，其探测范围远大于测井、录井，对油藏的精细刻画优于物探，是认识动态油藏特性的唯一技术。

试井工作包括试井资料采集和资料解释两个重要组成部分。前者即现场测试，其任务是取得足够多的可靠资料；后者及试井解释，任务是通过分析取得的资料，得到尽可能多且可靠的关于地层和测试井的信息。这两部分是密切相关、相互依存、相辅相成的。得到可靠的试井解释结果是整个试井的目的之一，而测得精确的试井资料则是得到可靠解释结果的基础和前提。事实上，测试所得结果的多少和质量取决于所采集资料的多少和质量，以及所采用的解释方法。试井解释方法随着试井资料采集的不断进步而不断发展，试井解释方法的不断发展，对资料采集手段和方法又提出了更高的要求，反过来促进资料采集手段和方法的不断进步。

深水油气测试是衔接深水勘探与深水开发的重要一步，也是海洋勘探开发走向深海的重要一关，因此很有必要对深水油气测试进行深入研究。本章对南海目前所取得的深水油气测试成果进行提炼归纳，对其中的两个方面——资料录取和资料处理做出比较详细的介绍，以期促进南海深水油气测试的发展。

第一节 测试目的及应录取主要资料

一、测试目的

地层测试是指钻井和建井之后，沟通地层到井底的通道，将地层流体诱流到地面，按一定的程序进行测试，录取地层产能、流体性质、地层压力、温度及动态特征资料的整个工艺过程。其目的在于，为油层评价和科学制订油气田开发方案提供可靠的资料和参数，以进一步加快勘探开发速度，提高勘探成功率，降低成本，提高经济效益。

通过地层测试可以达到以下目的：

（1）确定正式所钻构造是否存在商业油气层；

（2）探明油气田的含油、气面积及油水或气水边界；

（3）结合电缆地层测试技术探明气、油、水层的纵向分布及水动力系统；

（4）搞清油气层的产能、压力、温度及渗透率等动态特征参数；

（5）搞清地层流体在地层条件及地面标准条件下的性质；

（6）观察地层压力衰减，探明油（气）层连通范围，估算单井控制储量；

（7）观察边界显示，计算边界距离；

（8）搞清油气层受损害的程度，计算理想产能；

（9）搞清地层水性质，为测井解释提供参数。

不同的勘探阶段，测试目的不同，选层原则也不同，应以经济效益为中心优化测试方案，统筹测试层位。比如预探井以证实和发现商业性油气流为目的，而评价井以评价已证实的含油气层系为重点，通过整体测试确定油气藏类型、面积、油水系统、油气水边界、产能及有关的油气藏评价资料，为计算油气藏储量和编制油气田开发方案提供依据。

对于深水油气勘探的评价而言，地层测试依然是评价商业发现的重要手段，在相对确定的地质条件下评价不确定的油藏因素，从而最终评价油气藏的商业价值，为区块的下步勘探开发提供有力依据。

二、应录取主要资料

由于成本高昂，目前南海西部深水油气测试井较少，但是后期勘探开发需要地层测试提供足够多的依据，因此深水油气测试在深水初期勘探中起到重要的作用。在成本压力下，深水油气测试要"好钢用在刀刃上"，取全取准地质资料，包括开井期间压力、温度资料，产能资料，油气样品、水样品资料，压力恢复资料以及其他深水油气测试特殊资料等。

（一）开井期间压力、温度资料

深水油气测试过程中所取压力资料主要包括：油压、套压、静压、流压、深水油气测试树及泥面处压力。所取温度资料主要包括：井口温度、流温、静温、分离器油温、分离器气温、深水油气测试树及泥面处温度。通过测试流程整个压力、温度场来掌握流动情况，确保流动稳定安全，保障测试安全。

油压是指油气井油管内油气在井口部位的压力；套压是油套环形空间内，油气在井口的压力。油压和套压可以通过装在井口上的压力表直观地观察出来。油气井在生产过程中，油套压的变化直接反映地层能量的变化，以此确定合理的工作制度。静压是关井一段时间，井底压力回升到稳定状态后测得的储层中部压力；流压是油井正常生产时，测得的油层中部压力。

（二）产能资料

产能资料在勘探工作中是评价储层的重要指标，在开发工作中是开发方案确定井网、井距、井数、管道直径等设计的主要依据。产能是油气藏动态描述中的核心问题，作为一个预探评价阶段的油气田，管理人员最关心的问题，莫过于油气井初始单井产量值地大小，需要打多少口井达到规划的产能，从而在开发方案实施后能够保证向下游正常而稳定地供应油气。

南海西部深水勘探区域从成藏和运移角度来看，气藏居多，以下为气井产能指标。

（1）气井产能：气井产能泛指气井的产气能力。它既可以是某一特定油嘴下的气井井口产量，也可以用气井无阻流量或气井的流入动态曲线（IPR）等加以表示。表达气井产能时，除标明产量生产压差外，还需要标注测试条件（即测量产量的压力、温度数值）。

（2）气井无阻流量：气井的无阻流量（q_{AOF}），是指气井的极限产量，也可称为"绝对无阻流量"。它一般被定义为井底流动压力——产气层层面上的表压力降为零时，或者绝对压力降为大气压力（1atm）时的气井产量。显然由于井筒摩阻系数的存在，所设定的条件在现场是无法达到的。也就是说，从目前技术来看是一个无法用现场实测值验证的指标，但无阻流量是目前表征气井产能大小的比较有说服力的指标，也是后期开发配产的重要依据。

求产时所制定的工作制度和录取资料内容都需要同时求出相对稳定的产量和生产压差。如选定的油嘴直径，测量油压、套压以及流压等，都是为了在求得产量的同时获得相对稳定的生产压差。

另外，在测试作业之前要充分与开发人员进行沟通交流，了解开发预期配产；测试地质设计中、测试求产过程中可尝试有针对性地将某一油嘴产量调整至预期配产附近，录取到模拟开发条件下的储层资料，为后期开发提供最直接的一手资料。

（三）油气样品、水样品资料

油、气、水物性是测试取得的一项非常重要的资料，是为测试层定性、下结论的重要依据，求取油、气、水资料具有以下重要意义：

（1）确定流体性质，评价流体质量和价值；

（2）帮助分析油气井出水原因及水驱油的洗油能力，为勘探部署和开发设计提供依据；

（3）为修井、测试、采油、储运所用管材及装置设计提供依据；

（4）对生产过程中安全、环保、健康措施提供重要依据。

目前深水油气测试现场样品录取通常分为常规分析样品、工业分析样品、高压物性分析样品三种。凡有地层流体产出的测试层，都应录取常规分析地层流体样品；凡能用分离器正常求产的油气层都应取得地层流体的地面 PVT 样品；凡是新发现的油气藏均应取得工业分析样品。地面取得的油、气、水样品要求具有代表性，能够代表储层的产液特征，一般在求产阶段取得性质稳定的样品。

对于高压物性（PVT）样品有两种录取方式，其一是求产稳定后在地面分离器处同时取油样和气样，在实验室内将油样和气样在高压条件下重新配成地层条件下的状态进行高压物性分析，这种样品称之为"地面 PVT 样品"；其二是将取样器下至井下储层附近，录取到接近储层原始状态条件下的高压物性样品，这种样品称为"井下 PVT 样品"。这两种取样方法各有利弊，地面 PVT 样品录取受流动条件影响较大，流动条件稳定只是相对稳定，并不能保证井下产出的油气样品组分性质长时间不变，加之油气样品是分离后的状态，很难精准还原到地层原始状态，但它有录取方式简单和成本较低的特点；井下 PVT 样品录取接近储层，更为接近储层原始状态，虽然其取样难度和成本均较高，但是由于样品更具分析价值，在深水油气测试中应用较多。实际测试过程中考虑到某些储层油气的地饱压差较小，一般在较小产量制度下录取井下 PVT 样品，此时取样条件最为接近储层原始状态。

根据地层水和地面水化学成分不同，利用水分析资料来判断产出的水是地层水还是钻井液滤液，是本层水还是外来水。地层水一般都具有较高的矿化度以及游离的二氧化碳和硫化氢，不同层位的各种离子含量也不同，地层水和地面水的物性也可作为辨别地层产水的依据。

（四）压力恢复资料

试井评价是测试资料分析的重要手段，按照压力变化方式分为压恢试井和压降试井。压恢试井是当求产稳定后关井获取地层压力恢复资料来进行试井分析。压降试井则是通过开井并长时间保持产量稳定监测井下压力下降情况来进行试井分析。开井立即稳定产量存在较大难度，而且长时间求产会增加测试成本和风险，因此目前海上测试通常采用压恢试井来达到相同的目的。

地层产能测试结束后，进行井下或地面关井，关闭地层流体释放通道，使得储层压力再平衡，从而获得能够反映储层性质的井下压力恢复数据。目前测试作业一般采用井下关井的压力恢复方式，这样可以尽量减小井筒储集效应，从而提高资料质量。

（五）深水油气测试中的特殊资料

深水井测试由于测试工艺有所不同，考虑的方面更多，在设计中对取得的资料也提出了一些特殊要求，如天然气水合物防治资料和措施以及出砂防治资料与措施。

1. 天然气水合物防治资料

深水油气井测试的一个重要难题是天然气水合物防治问题。天然气水合物是一种由水分子和碳氢气体分子组成的白色的结晶状固态简单化合物（$M \cdot nH_2O$），其主要生成条件是自由水、低温、高压。深水井泥线较深，高压油气流从井底通过测试管柱流动至泥线附近后，受大厚度的低温海水影响，温度逐渐降低，加上油气流中存在自由水分子，极易生成天然气水合物。流体流向发生突变、管线截面积发生突变以及压力温度急剧变化的地方也都有可能形成水合物，比如油嘴管汇处。

目前南海西部深水油气测试主要采用在测试流程中注入水合物抑制剂来抑制水合物的生成，其作业原理是在天然气流中加入吸水性极强的抑制剂，通过抑制剂与水蒸气结合形成冰点很低的水溶液使天然气中水合物蒸汽含量减少，降低天然气的露点，从而使得天然气在节流后较低温度下不形成水合物。因此现场测试作业时，需要录取泥线、深水测试树、油嘴管汇前、油嘴管汇后、分离器的温度压力，并要实时记录水合物抑制剂的泵入压力和排量，全面有针对性地进行水合物防治。

2. 出砂防治资料

目前深水勘探成本极高，后期开发要求少井高产，因此选择测试的深水井储层物性普遍较好，砂岩疏松。测试大产量求产易出砂，会堵塞并损害测试设备，因此出砂监测资料以及地面除砂筒压力温度资料也是资料录取内容的重要一部分。

第二节　各工序资料录取标准

一、基础资料

（一）资料录取要求

结合钻井、录井、测井等资料，录取试油所必需的基础资料，为测试方案的编制和测试施工提供依据；要求所录取的基础资料齐全、准确。

（二）资料录取项目

（1）井号、井别、构造位置、地理位置、井位坐标、补心高度、水深；

（2）完钻井深、人工井底、井底垂深、水平段长度（水平井）；

（3）测试井为若为斜井，需录取造斜点井深、方位、曲率，最大井斜深度、斜度及其方位，井底水平位移；

（4）套管程序、规范、钢级、壁厚、下入深度，短套管深度、联入；

（5）固井质量、水泥浆密度、水泥返深；

（6）钻井液类型、密度、黏度、失水、漏失量、氯离子含量、pH 值，浸泡测试层时间；

（7）钻开油层油气显示、井涌、井喷情况和中途测试资料；

（8）试油层序、层位、层号、井段、厚度、岩性、电阻率、孔隙度、渗透率、含油气饱和度、测井解释结果；

（9）测试树类型、工作压力、油补距、套补距。

二、射孔

（一）资料录取要求

（1）根据地层条件，选择合适的射孔方式及优化射孔参数；

（2）标准射孔深度误差不大于 0.3m；

（3）射孔发射率要求达到 100%，低于 80% 应补孔；

（4）以实射孔数除以设计应射孔数，计算发射率。

（二）射孔负压值的确定

（1）对于渗透性好的疏松岩层，负压值不宜大，以避免流动初期出砂，但也要保证顺利诱流。

（2）对于渗透性差的致密岩层，负压要大，以促使顺利诱流，但要保证套管和测试工具、贯串的安全，不致遭到破坏。

无论是致密地层还是非致密地层，均可用式（5-1）计算最小负压值：

$$\begin{cases} \Delta p_m = 24.13/K^{0.37}（油层） \\ \Delta p_m = 17.24/K^{0.17}（气层） \end{cases} \tag{5-1}$$

式中　Δp_m——TCP 射孔最小负压，MPa；

K——地层渗透率，mD。

致密地层最大负压值，取套管破坏强度的 80%，或下井工具、贯串破坏强度的 80%。

非致密层的最大负压值按式（5-2）或式（5-3）计算：

$$\begin{cases} \Delta p_x = 24.83 - 0.1379 \times \Delta t（油层） \\ \Delta p_x = 32.75 - 0.1724 \times \Delta t（气层） \end{cases} \tag{5-2}$$

或

$$\begin{cases} \Delta p_x = 16.13 \times \rho_b - 27.58（油层） \\ \Delta p_x = 20 \times \rho_b - 32.40（气层） \end{cases} \tag{5-3}$$

式中　Δp_x——TCP 射孔最大负压；

Δt——声速测井曲线上、下围岩时差平均值，μs/ft；

ρ_b——放射性测井曲线地层体积密度，g/cm^3。

（3）求出最小负压和最大负压后，先计算两者的中值，然后再根据压井液滤液侵入深浅、岩性特点及经验来确定选用值。

（三）资料录取项目

目前深水油气测试射孔工艺一般为油管输送射孔，简称 TCP。油管输送射孔的基本原理是把每一口井所要射开的油气层的射孔器全部串连在一起连接在油管柱的尾端，形成一个硬连接的管串下入井中。通过在油管内测量放射性曲线或磁定位曲线，校深并对准射孔层位。可采用多种引爆方式引爆射孔器。为实现负压射孔，在引爆前，使射孔井段液柱压力低于地层压力，以保护好射开的油气层。油管输送射孔在高难度井射孔作业等各方面具有其他射孔方法所不具备的优势，主要有以下五点：

（1）能按目的层的压力和岩性特点设计负压，从而减少射孔孔眼杆堵，提高产能；

（2）输送能力强，可一次性实施长井段和多井段射孔；

（3）能使用高性能射孔器，达到高孔密、深穿透、多方位和大孔径要求；

（4）射孔后可以直接进行测试作业，缩短测试流程；

（5）可实施管柱正加压射孔，提高射孔成功率。

油管输送射孔录取资料项目包含的内容主要有以下几点：

（1）测试管柱各部件规格及其深度、油管内径、完成深度、尾管类型及规格；

（2）射孔时间、层位、层号、射孔井段、厚度；

（3）射孔枪型、弹型、相位角、弹数、孔数、孔密、发射率；

（4）测试液及液垫名称、类型、密度；

（5）射孔井段、层位、层号；

（6）射孔零长、射孔总零长、上提值、深度误差、校深深度；

（7）管柱正加压点火射孔的加压方式、加压流程、压力及点火时间；

（8）脉冲压力计记录数据。

三、清喷诱喷

（一）资料录取要求

（1）清喷时液面降低深度不能超过套管允许掏空深度（抗外挤安全系数不低于1.125），139.7mm 套管最大掏空深度为 2200m；177.8mm 套管最大掏空深度为 1800m；244.48mm 套管最大掏空深度为 1500m。

（2）对疏松砂岩储层，清喷时要合理控制回压，以防储层出砂或损坏套管。

（3）一般将清井阶段放在初开井流动期。判断喷净方法：①观察燃烧头处的喷物及其燃烧颜色，液垫喷完后有一股压井液或测试液，此为封隔器以下井段的压井液或测试液，压井液或测试液喷完后，若属纯气流则成青烟色，带水时成白雾状，纯天然气点燃火焰成蓝色，带盐水成黄色，带地面水则呈淡红色；②观察燃烧臂下海绵是否还有浑浊的钻井液滤液落入，若有则没喷净；③观察井口压力，观察和分析从油嘴管汇前或后放出的流体样品，通畅喷净后井口压力相对稳定，产出流体为纯气体，若含水，水样 Cl^- 含量基本一致，喷净后进入分离器流程粗测一个流量数据，以供初始恢复曲线解释及求产流动选择油嘴作为参考。

（二）资料录取项目

（1）开井时间、开井操作过程；

（2）手工记录井口压力、温度变化，初期每 1min 一次，流动相对稳定后每 5min 一次，数据采集系统和直读压力计系统每 1min 记录一次全套数据；

（3）液垫离井口距离、液垫到达井口时间、压井液或测试液达到井口的时间；

（4）油气到达井口时间；

（5）原油含水及沉淀物的百分含量、水样 Cl^- 含量及气样组分含量，并通过样品分析结果和对喷出物的观察，检查是否喷净。

四、测试求产

深水油气测试求产制度的制定主要受以下几点影响：

（1）深水区域勘探依靠先进的半潜式深水钻井平台，深水油气测试时间久，成本高，风险高，测试求产制度在保证地质资料质量的情况下要缩短测试时间，降低成本和风险；

（2）深水油气测试之前通常进行测压取样测井作业，储层原始压力较为落实，二开二关的测试制度意义较小；

（3）深水油气测试关井期间井下流体静止，温度下降很快，加之未与水合物抑制剂流动融合，水合物生成风险较大，容易生成水合物堵塞管柱，导致无法再次开井。

基于以上几点原因，目前深水油气测试无特殊情况则采取一开一关的测试程序，高效测得 3~4 个合适油嘴的稳定测试资料。

开井后尽量先用可调油嘴控制液垫排出，通过压力变化情况判断地层能量大小，进而选取一个合适的油嘴快速将井筒中的液垫排出，地层油气产出地面后根据产量大小判断是否需要更换油嘴，然后进行第一个油嘴的求产，通常该油嘴较大，有利于快速清井，解除井筒周围的污染，为后面几个油嘴求产打下基础。第二个选用小油嘴求产，尽量提高井底流压，流动相对稳定后录取井下高质量 PVT 样品，需要注意的是该油嘴产量不能太低，否则容易使油气流携带热量太少，流速慢，温度下降后生成水合物，而且太低的产量也容易产生井底积液，影响样品质量。第三个油嘴应提高产量，若条件满足可在该油嘴取地面样品，注意该油嘴不能与第一个油嘴相同。最后一个油嘴为高产油嘴，经过前三个油嘴的求产，储层产能基本了解，在设备和地质条件允许的情况下尽量放大油嘴，拉大生产压差。这是目前针对深水油气测试开发的求产程序，根据实际情况及地质要求，在第二个小油嘴后面可以添加多个油嘴求产，以实现多级油嘴求产。

一开一关测试程序比较适合深水油气测试，技术本身也在不断优化与革新，未来还有一定的发展空间。

（一）资料录取要求

（1）井内积液、污染排净后方可进行求产。

（2）深水气井测试求产阶段无特殊要求从开井后泵入水合物抑制剂，并开启锅炉对流体进行加热。

（3）求产稳定的标准为：以 15min 为一记录点，相邻三点压力变化不超过 0.05% 视为稳定。

（4）求产工作制度一般为 4 个，如产量较低可设置为 3 个。

（5）保证最小油嘴求产时无水合物生成且气体流量能够携液。

（6）保证最大油嘴求产时能够求产稳定，且无地层出砂。

（7）对于凝析气藏，选择最大产量时，要考虑尽量减少地层中两相流的范围。

（8）系统试井测试时，每一工作制度的产量尽量保持由小到大的顺序，开井后快速清井产量除外。

（9）各个工作制度之间分布要均匀。

（10）若无地面直读压力系统，每个工作制度稳定求产时间不少于 4h。

（11）油、气、水流量计算如下。

确认清井干净后，应及时引进分离器流程进行计量及通过燃烧臂燃烧。

油流量计算公式为：

$$q_o = \Delta q_o \times \frac{1440}{\Delta t} \times F_m \times (1 - S_{hr}) \times (1 - B_{sw}) \tag{5-4}$$

式中　q_o——标准条件下油流量，m^3/d；

Δq_o——在采集间隔 Δt 时间内的流量表产量，m^3；

Δt——数据采集时间间隔，min；

F_m——流量表校正系数；

S_{hr}——原油出分离器后的体积收缩系数；

B_{sw}——分离后原油含水及沉积物的百分率。

水流量计算公式为：

$$q_w = \Delta q_w \times \frac{1440}{\Delta t} \times F_m \tag{5-5}$$

式中　q_w——水流量，m^3/d；

Δq_w——在采集间隔 Δt 时间内的流量表产量，m^3；

Δt——数据采集时间间隔，min；

F_m——流量表校正系数。

天然气流量计算在分离器孔板流量计中进行。目前在海洋测试作业中，分离器配备的孔板流量计常见的为法兰接法，在法兰顶及孔板下游取压，天然气流量通用计算公式为：

$$q_g = C \times F_{pb} \times F_b \times F_{tb} \times F_{tf} \times F_g \times F_{pv} \times F_r \times Y(p_f \times h_w)^{1/2} \tag{5-6}$$

式中　q_g——标准状况下（0.101MPa，20℃）的天然气流量，m^3/d；

C——常数，法定单位下为 533.8857，若 h_w 用 kPa 表示，则 $C = 16.8830$；

F_{pb}——基础压力系数，$F_{pb} = 0.101MPa/$基础压力；

F_{tb}——基础温度系数，$F_{tb} = [273 + $基础温度（℃）$] / 293$；

F_b——基础孔板系数；

F_{tf}——天然气流动温度系数，$F_{tf} = \{288.6/[273 + $实测气流温度（℃）$]\}^{1/2}$；

F_g——天然气相对密度；

F_{pv}——超压缩系数；

F_r——雷诺系数，雷诺系数接近于 1，通常只用于商业性测量，现场测试可忽略；

Y——膨胀系数；

d——孔板直径，mm；

D——测气管线内径，mm；

p_f——分离器内气体静压力，MPa；

h_w——孔板流量计孔板前后压差，MPa 或 kPa。

（12）流动稳定标准：

①通常要求稳定时间 4h 以上；

②油层 1h 内压力波动不超过 0.1MPa；

③气层 1h 内压力波动不超过 0.07MPa；

④油层 1h 内产量波动不超过 10%；

⑤气层 1h 内产量波动不超过 5%；

⑥人工举升井 1h 内产量波动不超过 20%。

（二）资料录取项目

（1）开井时间及操作过程；

（2）开始泵入水合物抑制剂、调整油嘴时间及操作过程，每个时间点的油嘴尺寸及类型；

（3）实时关注泥线、水下测试树、井口、除砂器前、除砂器后、油嘴管汇前、油嘴管汇后、分离器节点处的压力温度数据变化情况，如有非正常变化，第一时间找出原因并进行处理；

（4）求产更换油嘴的时间及操作过程；

（5）其他设备的操作时间及操作过程；

（6）水合物抑制剂注入的相关数据，包括各个注入泵的开关泵时间、泵冲、泵压、注入量等；

（7）一般采用单相取样器取样，且转样样瓶也采用单相样瓶；

（8）如无特别要求，深水的气井或高气油比井测试时，应尽量避免绳缆作业取样，而采用管柱中的单相取样器，通过环空压力操作的方式取样；

（9）较低气油比的油井测试也可参考浅水测试的取样方式取样。

（三）手工记录数据

（1）每 5min 读取井口压力、温度一次；

（2）每 30min 读取分离器压力、温度计、各个流体流量计数据，计算油水流量一次；

（3）每 30min 读取气体流量计的气流温度、差压、静压数据，计算天然气流量一次；

（4）每 30min 从分离器取样测量油、气相对密度；

（5）每 30min 从井口取样测取原油含水及沉淀物一次；

（6）每 30min 取气样组分分析一次，并检测 H_2S、CO_2、CO 变化；

（7）每 30min 测量和计算油水流量一次（若油水进计量罐计量）；

（8）每 30min 记录一次泥面附近的压力、温度。

（四）数据采集系统记录数据

（1）每 1min 录取井口压力温度、分离器压力温度及各个液体流量计数据一次，每 30min 计算油、水流量一次；

（2）每 1min 录取分离器气流温度、静压、差压一次，每 30min 计算天然气流量一次；

（3）如有直读压力计系统记录井底压力温度数据，每 1min 录取井底压力温度一次；

（4）求产开始后每 15min 记录一次油、气、水流量；

（5）地面含砂监测数据，每 30s 记录一次。

五、取样

（一）常规分析样品

凡有地层流体产出的测试层，都应取得常规分析地层流体样品。

分离器取样条件：正常求产测试阶段井下流动压力、井口压力稳定；油、气、水流量及气油比稳定。

取样方法：原油或水用常压排放法；天然气用真空瓶灌注法。

（二）地面 PVT 样品

凡能用分离器正常求产的油气层都应取得地层流体的地面 PVT 样品。

分离器取样条件：正常求产测试阶段井下流动压力、井口压力稳定；油、气、水流量及气油比稳定，井底处于单相流。

取样方法：原油或凝析油用驱替盐水法取样，取样速度控制在每瓶 10~15min；天然气用真空瓶灌注法取样，取样速度控制在每瓶 5~10min，油气取样必须同时进行。另外深水气井测试为防止水合物生成，需在海底泥线附近及地面等处给产出流体加注水合物抑制剂，取凝析油时注意尽量不要被注入物影响。

（三）工业分析样品

凡是新发现的油气藏均应取得工业分析样品。

分离器取样条件：正常求产测试阶段井下流动压力、井口压力稳定；油、气、水流量及气油比稳定。

（四）井下 PVT 取样

深水油气测试采用电缆或钢丝进行井下 PVT 取样难度和风险较大，目前通过在管柱中添加单相取样器来实现井下 PVT 样品录取。

井下 PVT 取样条件：

（1）原油或凝析油含水率小于 5%；含砂率小于 0.1%；

（2）测试层流体在井下应处于单相流动状态，为确保这一条件的建立，取样时尽量用小油嘴求产，提高井底流压；

（3）取样阶段井下流动压力、井口压力稳定；油、气、水流量计及气油比稳定；

（4）确保非地层流体已经全部排出；

（5）取样前首先应根据测试资料用相关经验公式计算出该测试层的流体泡点（露点），然后将井置于 $p_{wf} > p_b + 1.0$MPa 井控条件下，通过测取井筒流压梯度验证，地层原油或天然气在井底单相情况下进行 PVT 井下取样；

（6）除特低饱和油藏井下 PVT 样可在最终关井恢复期进行外，通常取井下 PVT 样在最终关井恢复结束后，用小油嘴控制流动进行获取，对高饱和油藏和凝析气藏可用小油嘴控制流动一段时间后获取。

备注：

（1）所有样品都要贴好标签，填好取样清单，送样品分析单位；

（2）取样容器必须干净，装船前，气瓶抽空，油瓶先用丙酮清洗，再用清水清洗后灌满盐水，分离器取样数据填入"PVT 配样数据表"，井下取样数据填入"PVT 样品数据表"；

（3）除特殊要求外，深水油气测试目前一般不采用钢丝下入 PVT 取样器进行取样；

（4）某些深水高温井测试时由于测试储层温度高于井下 PVT 取样器耐温上限，测试之前需进行温度评估，决定测试管柱是否下入井下 PVT 取样器。

由于深水气层测试压力一般较高且油产量较低，无法和常规测试井一样在油嘴管汇前取样，因此深水油气测试常规分析样品一般在分离器取样。测试过程由于全程注入水合物抑制剂，这会大大影响录取的油气样品（特别是油样）质量。针对这种情况，可以选择在关井地面泄压后，待分离器液面稳定且凝析油与水合物抑制剂发生液相分异，从分离器下方取得较纯的油样。

六、关井压力恢复

资料录取项目及要求如下。

（1）要求求产阶段最后一个工作制度稳定时间足够，在产能资料和样品资料录取完毕后，进行关井测取储层压力恢复资料。

（2）深水气井测试必须进行井下关井，先井下关井、调整地面油嘴管汇释放井口压力至 0，关闭阻流管汇。

（3）井下压力计托筒分为上压力计托筒和下压力计托筒，每个位置放置 4 支压力计，其中至少一支为高采点率压力计，以保证后期数据分析的高质量；另外至少一支为中低采点率压力计，以保证压力计数据容量以及电池满足整个测试流程的时间要求。若测试下入防砂筛管，则下压力计托筒须安装两支管柱外压力计来录取筛管外压力温度数据，以便于后期分析筛管的阻流作用，并获得地层真实流动情况。

（4）井下关井后井口泄压时密切监测井口温度、井口及环空压力，无取样要求时可保持合理的水合物抑制剂注入量。

（5）关井压力恢复期间井下测试管柱封隔器以下管柱不能移动，且井下不得进行任何作业，以防对压力恢复造成影响。

（6）如有地面压力直读系统，则按实时显示压力恢复情况决定关井时间；如无地面压力直读系统，则按照测试地质设计并参照测试井实际情况决定。

第三节 资料处理与储层评价

一、资料解释基本原理

试井是油藏工程的组成部分，它涉及油层物理、渗流理论、计算机技术、测试工艺和仪器仪表等各个领域，是评价油气田开发动态的主要技术手段和基础工作之一。试井分析可看作是一个系统分析问题，把油藏及其中的井看成一个系统 S，把给油藏造成的激动（如产量改变等）看作系统的输入信号 I，把激动引起的油藏内部的能监测到的变化（如压力变化）看作系统的输出 O，其原理如图 5-1 所示。

图 5-1　试井分析原理图

可以简单描述成以下过程。

正问题如图 5-2 所示。

图 5-2　正问题

反问题如图 5-3 所示。

图 5-3　反问题

　　测试作业本质就是图 5-3 中的反问题，通过激动地层反映出的 Q 来确定油藏未知系统 S。通过短时的流量变化产生一个压力瞬变（随时间变化）响应，在一个相对较短的时间监测这个响应的变化，压力响应都与油藏的特性参数有关，通过分析压力响应可以得到关于油藏参数。这是试井的基本原理，其中应用的主要理论是质量守恒定律、达西定律、扩散方程等，在内外边界条件的约束下，结合渗流微分方程来得到测试储层的解析解。

　　根据流体在油藏中的流动状态，试井可分为稳定试井和不稳定试井，一般来说，稳定试井是建立井的产能方程，不稳定试井是求解油气藏的物性特性，下面对这两种方法的资料录取原理进行详细介绍。

（一）油气井稳定试井

1. 原理

　　稳定试井是常规测试中常用的一种试井方法，是指地下流体处于稳定状态时的试井。达西定律表明：平面径向流的井产量大小主要决定于油藏岩石和流体的性质以及生产压差。因此，测出井的产量和相应压力，就可以推断出井和油藏的流动特性，这就是稳定试井所依据的原理。

　　稳定试井也可称为产能试井。其具体做法是：依次改变井的工作制度，待每种工作制度下的生产处于稳定时，测量其产量和压力及其他有关资料；然后根据这些资料绘制指示曲线、系统试井曲线、流入动态曲线；得出井的产能方程，确定井的生产能力、合理工作制度和油藏参数。目前海上深水产能测试一般采取回压试井，测试程序相对简单，可靠性高，但要求每个工作制度下生产达到稳定流动或拟稳定流动，适合于高渗透油气藏，井具有较高的产量，能够建立多个稳定工作制度。

测点数：工作制度一般取 4 个，不得少于 3 个，均匀分布在最大与最小产量之间。最小产量：在设备安全运行、气流携液、防治水合物前提下，使稳定流压尽可能接近地层压力。最大产量：保证稳定前提下，使稳定流压尽可能接近大气压力，但不引起地层严重出砂或造成地层水的快速指进或锥进。

由于深水油气测试的特殊性（高产、水合物防治、成本高），测试制度一般采取"一开一关"测试流程。"一开"是指第一个制度产量中等，主要为了短时间内进行清井，为后续产能测试做好准备；第二个工作制度一般较小，保证在稳定流压尽可能接近地层压力的情况下进行井底 PVT 取样，保证样品的代表性；第三和第四工作制度则进行求产和求高产。每一个工作制度均要测量其相应的稳定产量、流压和其他有关数据。

2. 产能方程及其确定

稳定试井中多个求产工作制度，可以得到每个工作制度的产量及井下稳定压力，后期结合储层原始压力即可对该井产能进行评价，确定气井流入动态曲线即产能方程，进而计算无阻流量、确定合理产量、分析井底污染情况、确定开发井数等，为后续开发方案制订提供重要参数。目前气田测试用的产能方程主要分为二项式和指数式两种形式，其原理及表达形式将在后文中详细介绍。

（二）不稳定试井

1. 原理与方法

当油藏中流体处于平衡状态时，若改变其中一口井的工作制度，则在井底造成一个压力扰动，这扰动将随着时间的推移而不断向井壁四周地层径向扩展，最后达到一个新的平衡状态。这种压力扰动的不稳定过程与油藏、油井和流体的性质有关。通过分析这一不稳定过程的压力随时间变化的数据，就可以判断并确定井和油藏的性质。

不稳定试井是指在油气井开井或者关停后，引起油气层压力重新分布的这个不稳定过程中，测得井底压力随时间变化的资料，根据曲线形状来分析油气层性质，求得油气层各种资料。不稳定试井主要分为压力恢复试井、压力降落试井、干扰试井、脉冲试井等，各种不稳定试井方法的根本点都是测量压力随产量和时间的变化情况而后加以分析。目前深水油气测试由于其特殊性，主要采用难度较低的压力恢复试井的不稳定试井方法，以便于高效获取储层资料。

2. 关井压力恢复

在最后求产稳定的情况下，突然关井（一般采取井下关井），井底压力释放通道被封堵，产生压力恢复波动，这种压力波动类似于声波一样从井筒处向外径向传播，遇到储层性质变化时压力波传播受到影响，反馈在井下压力变化中，通过井下压力计记录压力变化细节即可分析储层的物性、流体性质、形状等信息。

通过上述分析可以看出，不稳定试井方法是结合求产流体流动和压力波在地层中传播来认识和了解地层，因此不稳定试井解释得到的参数均是地层油气流流动情况下获取的，对后期开发更有意义。另外压力波传播距离较远，且随着测试时间延长，压力波波及范围的不断扩大，所研究范围也逐渐扩大，因此不稳定试井所求参数代表了更广面积上的地层深部情况，这与地震物探技术相类似，不过地震中的声波在试井中换成了压力波。

二、资料质量控制与处理

（一）数据检查

1. 数据完整性检查

数据完整、齐全、可靠，基础数据至少包括以下内容。

（1）油藏数据：测试层位图、地质油藏构造图。

（2）井型数据：直井、斜井、水平井。深水探井目前均为直井。

（3）测井解释数据：测井渗透率、孔隙度、饱和度、储层厚度（TST）、射开有效厚度（TST）；如为斜井还需收集斜长、井斜角，如为水平井，还需收集水平段长度、周围直井测井数据。

（4）钻完井数据：射孔方式、完钻钻头直径、管柱图。

（5）流体数据：测试层位的油、气、水高压物性资料，相渗资料。

（6）测试数据：压力测试数据、产能测试数据。此外还包括测试情况（作业情况、开关井情况和生产情况）等。

2. 数据确定性检查

（1）测井解释数据准确性检查：有效厚度、水平段长度等参数准确。

（2）流体数据准确性检查：高压流体数据准确，借用合理。

（3）测试产量、压力数据检查：压力是否完全是地层反映，产量是否记录准确。

3. 数据处理检查

数据处理符合油藏基本规律，至少进行以下处理。

（1）时间处理：产量、压力时间对应一致，划分不同的测试段，如正打压、射孔、清喷产能测试、关井压力恢复测试等；开井、关井的起始时间点必须对应一致，特别是关井时间。

（2）产量处理：产量必须与压力响应对应一致，地面产量不确定或存在假象，以压力为基准进行处理，如开井后井筒出现段塞流，地面没有产量，但是井下压力上升，根据压力的变化幅度进行产量处理。

（3）压力处理：压力曲线应该光滑，对异常数据点、台阶数据进行剔除或圆滑处理。

（4）PVT 参数处理：高压流体数据拟合当前压力温度下的 PVT 数据。

（二）资料质量分析

1. 异常分析

对测试压力异常段，参照施工报告，分析异常原因，如测试过程打压导致压力骤升，可调油嘴换固定油嘴、油嘴倒换、更换孔板产生的压力波动，水合物产生造成的压力变化，地面设备异常导致的压力产量波动等。

2. 质量分析

根据 PPD 曲线分析测试资料的质量，确定解释结果的可靠性，具体分为四类。

（1）测试质量较好，解释结果可靠：PPD 曲线为一条连续单调递减的曲线，双对数曲线趋势符合地质油藏特征，双对数曲线反映的流动阶段较完整，达到完整流动阶段 2/3 以上（直井和斜井，出现明显径向流；水平井，至少出现大部分线性流）。

（2）测试质量中等 I 类，解释结果可靠：PPD 曲线有一定程度发散，均匀分布在单调递减直线两旁，双对数曲线趋势符合地质油藏特征，双对数曲线反映的流动阶段较完整，达到完整流动阶段 2/3 以上。

（3）测试质量中等 II 类，解释结果仅供参考，分为三种情况：

①PPD 曲线为一条连续单调递减的曲线，双对数曲线反映的流动阶段不完整，小于完整阶段的 2/3（直井和斜井，只出现井储流或极少部分径向流；水平井，只出现早期径向流或极少部分线性流）；

②PPD 曲线有一定程度发散，均匀分布在单调递减直线两旁，双对数曲线反映的流动阶段不完整，小于完整阶段的 2/3（直井和斜井，只出现井储流或极少部分径向流；水平井，只出现早期径向流或极少部分线性流）；

③PPD 曲线发散，分布不均匀，趋势递减，双对数曲线反映流动阶段达到完整流动阶段 2/3 以上。

（4）测试质量较差，解释结果可信度较低，分为两类：

①PPD 曲线发散无规律，部分 PPD 曲线上升或双对数曲线趋势无规律可循；

②双对数曲线反映的流动阶段极其不完整（直井和斜井，井储流尚未完全出现；水平井，早期径向流尚未完全出现）。

（三）测试数据预处理

试井分析过程中，能够正确辨识数据所属流动形态的重要前提是数据本身可靠。然而在压力测试过程中会受到实际客观条件和人为主观条件的限制，导致测试数据出现偏差，因此在开始分析处理之前必须对数据进行必要的修正处理。测试数据的格式、单位等属于简单的操作处理，此处不作介绍。这里主要介绍对数据进行的两种整理，即：数据量和数据频率；数据平移。

1. 数据量和数据频率

现代电子压力计具有高频率、高精度的测试能力，如果需要的话可以实现每秒多点的测试速度，其测量数据可以在地面记录，也可以在井下记录。测试过程中的数据点可能有成千上万个。对于永久安装的压力计，数据点可达到数百万个。对如此大的数据量进行绘图或处理是一项繁杂的工作，因此有必要选取一组有代表性的数据点进行分析处理。

选取有代表性数据的主要标准是：（1）能够完全描述测试压力的基本特征；（2）能够对各流动形态的数据进行有意义的分析；（3）能够减少总数据量，以满足快速分析处理的需要。目前选取数据主要用以下三种方法。

（1）按测试点顺序选取数据。

这一方法的步骤是每隔一定的测试点进行选择，如在 2000 个测试点中每隔 9 个测试点选择一个数据点，则最终选取了 200 个数据点进行处理分析。如果目标是减少数据，那么应选用这一方法。

然而如果测试点是以等间隔选取的话，将会出现晚期数据点过多，而早期数据点太少的情况。由于压力变化早期比较剧烈，因此，这一方法存在一定的问题。

实际上这一方法在对大量数据进行初选时或晚期减少数据记录频率时是有效的。

（2）按对数规律选取数据。

这一方法是按照时间对数周期选取数据点，例如每个对数周期取 20 个点，测试时间若为 4 个周期的话，可选择 80 个点作为数据分析点。

对于按均匀时间步长记录的数据，采用这种方法是较合理的。该方法实现了早期数据点多、晚期数据点少的要求，满足了晚期径向流分析的需要。但对于多流动阶段的情况，它并不是一个好的方法，因为每个流量变化的开始时间点的选取也必须以对数周期为起点。

（3）按压力变化幅度均匀选取数据。

这种方法是按照压力变化幅度均匀取值。如整个测试过程中的压力变化幅度为 Δp 的话，如果要选取 N 个点，则每个点压力下降幅度为 $\Delta p/N$。这种方法保证了压力变化剧烈时能够选取较多数据，但同样会导致各流动阶段的数据点的不均衡。运用这一方法时应注意两点：对于定压力条件，后期数据已基本不变，应保证这一区域不会漏过；有时数据会有干扰，出现个别压力值异常，而这一取样方法更加突出了异常值的影响，因此应首先对异常点进行处理，然后再应用该方法。

2. 数据平移

井筒储存效应的特种识别曲线的另外一个用途是识别或纠正时间误差。

有时，记录的开井或关井时间有误差，使得用早期资料画成的特种识别曲线不通过原点，或双对数曲线不呈单位斜率的直线。这时可以利用图版加以纠正。办法是将直线平移到通过原点，就是说此特种识别曲线与横坐标轴（$\Delta p=0$）的交点的横坐标为 0，则将此特种识别曲线向左（$a>0$）或向右（$a<0$）平移 a，即将每个点的时间值都减去 a，井筒储存特种识别曲线如图 5-4 所示。但值得注意的是，时间误差一般是很小的，另外，不要将非 p_{WBS} 的点误认为是 p_{WBS} 的点加以处理。

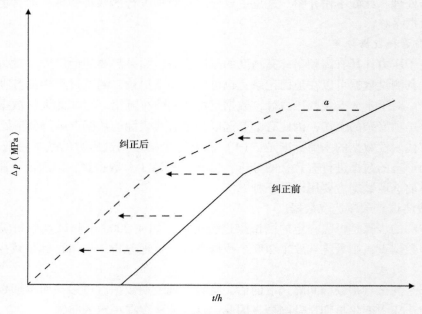

图 5-4　井筒储存特种识别曲线

三、测试资料解释

从 20 世纪 60 年代末发展起来的现代试井分析方法是目前广泛应用的试井解释方法，该方法的物理模型建立在更接近于测试实际的基础上，重新建立考虑各种边界条件的数学模型，用解析方法或数值方法求出数学模型的解，并绘制出分析用理论图版或得到理论压力曲线。

所谓的现代试井分析方法就是采用系统分析的方法，将实测压力曲线与理论压力曲线进行图版拟合或者自动拟合反求井和油藏参数，且整个分析过程中要反复与常规试井解释结果进行对比，直到两种解释方法的结果一致，最后再进行解释结果可靠性检验。

现代试井解释的核心是解释图版拟合，或称典型曲线拟合。通过图版拟合，可以得到关于油气藏、流动阶段等多方面的信息，还可以计算测试井和测试层的特征参数。下面为利用图版进行压恢试井分析的方法和步骤。

（一）初拟合

在与解释图版坐标比例尺完全相同的双对数坐标纸上，绘制出 Δp—t 实测曲线。

将实测曲线在解释图版上做上下左右平移，找出一条与实测曲线最相吻合的典型曲线（称为初拟合）。

读出并标出纯井筒储存阶段终止的大致时间和径向流动阶段开始的大致时间（划分流动阶段）。

（二）特种曲线分析

1. 早期纯井筒储存阶段的特种曲线分析

在直角坐标系中，用初拟合所划分出的纯井筒储存阶段的数据（双对数曲线中落在斜率为 1 的直线段上的数据点）画出直线，用直线段的斜率 m 计算井筒储集系数 C：

$$C = \frac{qB}{24m} \tag{5-7}$$

如果直线不通过原点，则可能存在时间误差，应进行校正（详见数据预处理部分）。

2. 径向流动阶段的特种曲线分析（双对数曲线分析）

径向流动阶段的分析，可根据关井前生产时间 t_p 的长短分为两种情况。

（1）关井前生产时间很长，$t_p \gg \Delta t_{max}$ 时，用 Δp_{ws}—$\lg \Delta t$（或 p_{ws}—$\lg \Delta t$）曲线（即 MDH 曲线，Miller—Dyes—Hutchinson）作为特种识别曲线。这是因为这一情形，$t_p + \Delta t \approx t_p$，所以 $(t_p + \Delta t) / t_p = 1$，从而有：

$$p_{ws}(\Delta t) \approx p_{ws}(\Delta t = 0) + \frac{2.121 \times 10^{-3} q\mu B}{Kh} \left(\lg \frac{K\Delta t}{\phi \mu C_t r_w^2} + 0.9077 + 0.8686S \right) \tag{5-8}$$

（2）$t_p \gg \Delta t_{max}$ 不成立，但关井前的求产阶段仍达到了径向流动阶段的情形，此时用霍纳曲线，即 p_{ws}—$\lg \dfrac{t_p + \Delta t}{\Delta t}$ 曲线作为特种分析曲线。

绘制 MDH 曲线或者霍纳曲线，用直线段斜率的绝对值 m 计算地层流动系数、渗透率和压力拟合值等：

$$\frac{Kh}{\mu} = \frac{2.121 \times 10^{-3} qB}{m} \tag{5-9}$$

$$K = \frac{2.121 \times 10^{-3} qB}{mh} \tag{5-10}$$

$$\left(\frac{p_D}{\Delta p}\right)_M = \frac{1.151}{m} \tag{5-11}$$

在直线段或其延长线上读出 $\Delta t = 1h$ 时的 p_{wf}，计算表皮系数：

$$S = 1.151 \times \left[\frac{p_{ws}(\Delta t = 1) - p_{ws}(\Delta t = 0)}{m} - \lg\left(\frac{K}{\phi \mu C_t r_w^2} \cdot \frac{t_p}{t_p + 1}\right) - 0.9077 \right] \tag{5-12}$$

3. 径向流动阶段的特种曲线分析（双对数曲线分析）

若油藏是个封闭系统，而且流动达到了拟稳定流动阶段，则可画出这个阶段的特征识别曲线，即在直角坐标系下画出 p_{wf} 与 t 的关系曲线，用直线段的斜率 m 可求出该封闭系统的储量：

$$N = \frac{qBS_0}{24mc_t} \tag{5-13}$$

进行各流动阶段的特种识别曲线分析时应注意，用来画特种识别曲线的点应当是诊断曲线（双对数曲线）所划分出的相应流动阶段的数据点。

通过半对数曲线分析得到的直线段的斜率绝对值 m，可以很容易地确定压力拟合值。由于

$$p_D = \frac{Kh}{1.842 \times 10^{-3} q\mu B} \Delta p \tag{5-14}$$

故

$$\frac{p_D}{\Delta p} = \frac{Kh}{1.842 \times 10^{-3} q\mu B} = \frac{1.151}{\frac{2.121 \times 10^{-3} q\mu B}{Kh}} = \frac{1.151}{m} \tag{5-15}$$

即用 1.151 除以半对数直线段斜率的绝对值 m，就可得到压力拟合值。可以用这个压力拟合值来修正初拟合，即下一步的终拟合。

（三）终拟合

在拟稳定流动阶段特种曲线分析中，压力拟合已确定了，只需进行时间拟合，也就是说，只需进行左右平移而不需上下平移。

同初拟合一样，选择最佳拟合曲线。选一个容易读的点，读出拟合值，即从图版上读出拟合点的 p_D 和 t_D / C_D 值，从实测曲线上读出拟合点的值 Δp 和 t。计算如下拟合值。

压力拟合值：$\left(\dfrac{p_D}{\Delta p}\right)_M = \dfrac{p_D}{\Delta p}$。

时间拟合值：$\left(\dfrac{t_D}{C_D t}\right)_M = \dfrac{t_D}{C_D t}$。

曲线拟合值：$(C_D e^{2S})_M$。

由压力拟合值可计算如下参数。

流动系数：

$$\frac{Kh}{\mu} = 1.842 \times 10^{-3} qB \left(\frac{p_D}{\Delta p} \right)_M \tag{5-16}$$

地层系数：

$$Kh = 1.842 \times 10^{-3} q\mu B \left(\frac{p_D}{\Delta p} \right)_M \tag{5-17}$$

地层有效渗透率：

$$K = 1.842 \times 10^{-3} \frac{q\mu B}{h} \left(\frac{p_D}{\Delta p} \right)_M \tag{5-18}$$

由时间拟合值计算井筒储存系数 C：

$$C = 7.2\pi \frac{Kh}{\mu} \left(\frac{tC_D}{t_D} \right)_M \tag{5-19}$$

由曲线拟合值计算表皮系数 S：

$$S = \frac{1}{2} \ln \frac{(C_D e^{2S})_M}{C_D} \tag{5-20}$$

式（5-20）中的 C_D 由式（5-19）计算的井筒储集系数 C 无量纲次化得到：

$$C_D = \frac{C}{2\pi\phi c_t h r_w^2} \tag{5-21}$$

（四）一致性检验

在第二步和第三步中，用不同的方法计算出了 K，S 和 C 的数值，它们必须彼此相符，误差标准是：

如果用手动操作，K 和 C 值相差不超过 10%，S 值不超过 2；

如果用计算机编制软件进行计算，误差则应更小。

必须指出：就计算参数而言，特种识别曲线分析的结果要比图版拟合分析更为准确可靠。但若用不同方法计算出的同一参数相差超过 10%，则表明解释过程中出了问题，必须重新检查。

如果用手工计算，只能到这里就结束了。上述方法手工计算较为麻烦，上手难度很高，而且出结果较慢，目前中国海油进行资料解释时绝大多数情况下采用试井解释软件进行分析，则还需要下列步骤。

（五）计算理论曲线与实测曲线进行拟合

可以选择最佳 $C_D e^{2S}$ 值。用手工解释时，因图版中典型曲线有限，可以内插。例如只有 $C_D e^{2S}=1$ 和 $C_D e^{2S}=5$ 的典型曲线，而没有 $1<C_D e^{2S}<5$ 的典型曲线，若 $C_D e^{2S}=1$ 显得太小，$C_D e^{2S}=5$ 又显得太大，此时可根据实测曲线的形态和压力拟合值等，拟合 $C_D e^{2S}=2$ 或 $C_D e^{2S}=3$ 等的典型曲线，这当然只能靠目测。用计算机解释时，依靠其强大的计算能力，

可以让计算机产生 $C_D e^{2S} = 2$、2.5、3…的典型曲线，使其拟合非常准确，从而求出更准确的参数数值。如果得不到较好的拟合，则表明前面的解释步骤中有问题，必须重新检查。

用所得参数和关井前实际生产时间 t_p 计算无量纲霍纳曲线与实测霍纳曲线相拟合。所谓无量纲霍纳曲线，是指 $p_D [(t_p + \Delta t)_D] - p_D (\Delta t_D)$ 与 $\lg \dfrac{t_p + \Delta t}{\Delta t}$ 的关系曲线。如果解释正确，计算无量纲霍纳曲线与实测霍纳曲线就相互重合。若两条曲线不重合，但具有一致的形状，则表明所推算的原始地层压力不对，必须检查并纠正。若两条曲线的形状不一致，则表明所选择的理论模型不对，必须重新进行解释。理论模型选择是该步骤的难点，模型建立需要合理、可靠，遵循以下原则：

模型与双对数曲线形态对应；

模型与地质油藏情况、测试生产情况吻合；

模型有一定的继承性；

考虑基础资料的完整程度；

考虑解释软件的适用条件。

解释过程中按下列方法确定模型。

（1）测试模型（Test type）：根据测试目的选择测试模型，常规物性测试选择 standard 模型，干扰测试选择 interference 模型，深水探井测试一般情况下选择常规物性测试。

（2）流体模型（Fluid Type）：根据地面产出物选择流体类型，部分井缺少准确相渗及饱和度数据时，多相流体可用拟单相代替。

（3）分析模型（Analysis）：根据流体模型、相渗数据、饱和度数据情况确定分析模型，一般情况选择线性标准模型，对多相流体，若相渗数据齐全、饱和度数据准确，可选择非线性模型。

（4）井模型：考虑井斜角、测井信息、测试生产变化情况、双对数曲线，选择适合的井模型，包括以下四个模型。

①井筒模型：一般为定井筒模型，若测试过程中井筒发生变化（如补射孔），则选择变井筒模型。

②井型模型：根据井斜情况选择直井、斜井、水平井模型，根据完井情况选择全部射开、部分射开、压裂模型。

③表皮模型：根据工作制度情况确定表皮模型，单个工作制度一般选择定表皮；对油井、多个工作制度或长生产史选择时间变表皮；对气井、多个工作制度选择流量变表皮，深水气井测试通常产量较高，非达西流效应明显，一般情况下需要选择合适的流量变表皮系数。

④井储模型：根据井储阶段双对数曲线形态确定井储模型，正常情况下，压力、压力导数曲线重合，选择定井储模型；若压力、压力导数曲线相交，选择变井储模型。

（5）储层模型：考虑储层结构、非均质性、双对数曲线形态，选择油藏模型，如均质模型、双孔介质模型、径向复合模型等。

（6）边界模型：根据地质油藏构造、双对数曲线形态、生产动态情况，选择合适的边界模型。

（六）压力历史拟合

用解释的结果和实际生产过程进行数值模拟，即用解释所识别的油藏类型、油井类型和算得的各个参数，以及实际的产量、生产时间资料来计算理论压力变化。这实际上又是一个解正问题。将计算的压力变化和实测压力变化相对比，如果解释结果正确，则它们应能很好地相互拟合；如果拟合不好，则表明上述解释有问题，必须重新检查。

整个解释过程可用图 5-5 表示。

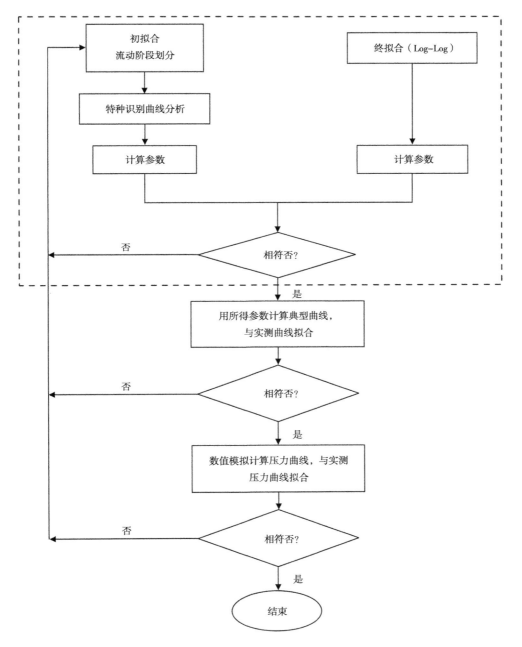

图 5-5　试井解释过程框图

（七）解释结果评价

通过调整模型参数，拟合双对数曲线、压力历史曲线、半对数曲线，进行理论模型与实际油藏动态的对比分析，反演油藏地质模型，得到试井解释结果，一般包括：渗透率、表皮、油藏边界及连通状况等。试井解释结果合理可靠，遵循以下原则（图 5-6 为试井解释各环节的质控点结构）。

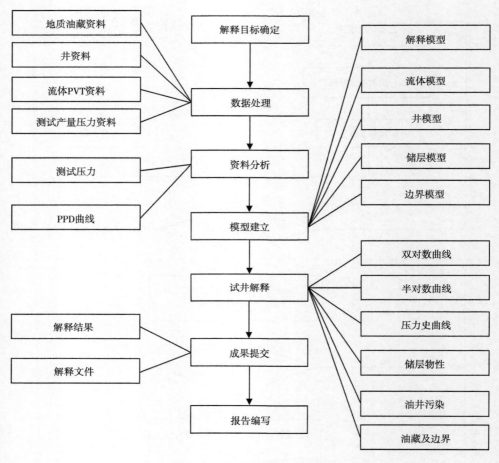

图 5-6　试井解释质控结果图

（1）一致性：解释结果（渗透率）与区域地质油藏认识一致，参考区域内同层位井解释结果；解释结果（污染情况）与生产动态认识一致。

（2）合理性：解释结果不能超出正常合理范围，即 $K_z/K_r<1$，$S_{机械}≥0$（当 $S_{机械}<0$ 时需要分析井底流动改善的原因）；边界情况（特别是解释不渗透边界）符合地质油藏情况，不能随意增加断层。

（3）拟合精度合适：重视拟合精度，但不一味追求拟合精度，试井解释结果的合理性高于解释图形的拟合精度。根据资料质量确定不同的拟合精度。

①资料较差和中等Ⅱ类：拟合总趋势，压力史曲线拟合精度高于双对数曲线拟合精度，拟合结果参考历史拟合结果和区域其他井拟合结果。

②资料较好和中等Ⅰ类：拟合精度要求较高，细分为两类。（a）完整径向流井，双对数曲线与压力史曲线均要求拟合较好，双对数曲线径向流阶段拟合精度高于井储阶段和边界流阶段；（b）不完整径向流井，压力史曲线拟合精度高于双对数曲线，边界流阶段高于井储阶段。

四、主要参数计算

前面已经介绍过，利用霍纳法或 MDH 法表示的井底压力恢复（压降）曲线表达式可计算出有关地层参数。

霍纳公式为：

$$p_{ws} = p_i - m \lg \frac{t_p + \Delta t}{\Delta t} \tag{5-22}$$

MDH 公式为：

$$p_{ws}(\Delta t) = p_{wf}(t_p) + m\left(\lg \frac{K\Delta t}{\phi \mu C_t r_w^2} + 0.9077 + 0.86686 S \right) \tag{5-23}$$

式中　p_{ws}——随关井时间变化的井底压力，MPa；

K——地层渗透率，mD；

ϕ——地层孔隙度；

m——井底压力恢复（压降）曲线在半对数坐标中的直线段斜率，MPa/h；

t_p——开井生产流动时间，h；

Δt——关井压力恢复时间，h；

μ——地层液体黏度，mPa·s；

C_t——地层综合弹性压缩系数，MPa^{-1}；

r_w——井眼半径，m；

S——表皮系数。

$$m = \frac{2.121 q \mu B}{Kh} \tag{5-24}$$

式中　q——关井前稳定产量，m^3/d；

B——地层液体体积系数；

h——地层有效厚度，m。

（一）地层流动系数、地层产能系数及地层渗透率

地层流动系数计算式为：

$$\frac{Kh}{\mu} = \frac{2.121 q B}{m} \tag{5-25}$$

地层产能系数计算式为：

$$Kh = \frac{2.121 q B}{m} \tag{5-26}$$

地层渗透率计算式为：

$$K = \frac{2.121qB}{mh} \qquad (5-27)$$

（二）表皮系数

在钻井和完井过程中由于钻井液侵入，射孔不完善，或酸化、压裂，或生产过程中污染，或增产措施等原因，使得井筒周围环状区域渗透率不同于油层，当流体从油层流入井筒时，在这里产生附加压降，这种现象叫表皮效应，其示意图如图5-7所示。

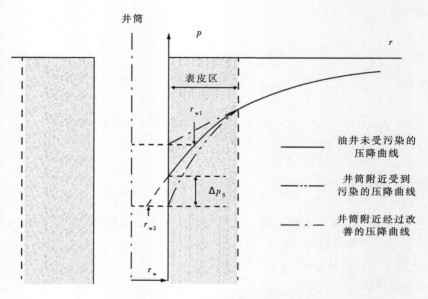

图5-7　表皮效应示意图

油气层在钻井完井后，是否受到损害以及损害程度如何，主要通过试井中的表皮系数来定量分析，表皮系数（S）是表皮效应严重程度的定量，任何引起井筒附近流线发生改变的流动限制，都会产生正表皮系数。

深水探井在压力恢复情况下的计算公式为：

$$S = 1.151 \times \left[\frac{p_{ws}(\Delta t = 1) - p_{ws}(\Delta t = 0)}{m} - \lg\left(\frac{K}{\phi\mu C_t r_w^2} \cdot \frac{t_p}{t_p + 1} \right) - 0.9077 \right] \quad (5-28)$$

式中　$p_{ws}(\Delta t = 1)$——在霍纳图上的直线段或延长线上对应关井1h的压力值，MPa；

　　　ϕ——地层孔隙度；

　　　C_t——地层综合弹性压缩系数，MPa^{-1}；

　　　r_w——井眼半径，m。

需要注意的是，计算出来的表皮系数实际上是个复合变量。它不仅是近井区地层伤害的函数，还与地层不同程度的堵塞、地层钻开程度、钻开性质不完善、不同井型、气体湍流等许多因素参数有关。

由不稳定试井分析算出的表皮系数是一个综合反映值，一般由以下几部分组成：

$$S = S_t + S_{tu} + S_\theta + S_p + \cdots + S_{IT} \tag{5-29}$$

式中　S_t——由井筒附近渗透率变化引起的真表皮系数；

　　　S_{tu}——井筒限制流体流入引起的假表皮系数；

　　　S_θ——井斜引起的假表皮系数；

　　　S_p——油井性质和程度不完善引起的假表皮系数，比如打开程度、是否完全钻穿油

　　　　　气层等；

　　　S_{IT}——井筒附近非线性流动产生的非达西流表皮系数（通常为高速气流）。

其中深水气井测试由于产量普遍较高，惯性和湍流效应变得十分显著，非达西流表皮系数 S_{IT} 通常是总表皮的重要组成部分，可以按照公式（5-30）和公式（5-31）计算：

$$S = S' + S_{IT} \tag{5-30}$$

$$S_{IT} = Dq \tag{5-31}$$

式中　S'——钻完井、射孔、井型等因素引起的表皮系数；

　　　D——非达西流动系数，$(m^3/d)^{-1}$；

　　　q——测试（气）产量，m^3/d。

从式（5-31）中可以看到，非达西流表皮系数 S_{IT} 与测试气产量有关且呈正比关系，而且至少需要已知两个测试气产量及其对应总表皮方可求解出非达西流动系数。因此在深水油气测试新型"一开一关"测试流程中，开井需求产 3~4 个油嘴，以便于后期试井分析时得到至少两个有效油嘴的表皮资料，这样就可以解得较为准确的非达西流动系数和其他因素表皮系数，以便于指导后期开发。

总之，要得到近井区真实的表皮系数，必须将试井表皮系数分解为几个部分。此外，试井解释得到的渗透率和表皮系数具有相关性，其中一个变量的误差会直接影响另一个变量。所以对选定的渗透率—表皮系数模型，需要结合一些附加的输入数据来减小计算的不稳定性。只有通过正确的模拟，才能对储层伤害程度准确全面地分析，这对高产能气井尤为重要。因为深水井真实的与地层伤害有关的表皮系数，通常只是试井计算出来的总表皮系数的一小部分。

（三）附加压力降

由地层堵塞等引起的附加压力降 Δp_s 为：

$$\Delta p_s = 0.87 mS \tag{5-32}$$

（四）地层导压系数

地层导压系数（η）是表征地层和流体"传导压力"难易程度的物理量。其计算公式为：

$$\eta = \frac{K}{\phi \mu C_t} \tag{5-33}$$

（五）断层反映

如果在井附近存在一条线性断层，则按霍纳法所作的井底压力恢复（压降）曲线在出现一条直线段后会出现另一条斜率加倍的直线段。但是，呈现两直线必须有足够的流动期。

求测试井距断层距离的公式为：

$$d = 1.422 \sqrt{\frac{Kt_k}{\phi\mu C_t}}$$ (5-34)

式中　d——断层离井的距离，m；

t_k——恢复（压降）曲线两条直线的交点所对应的时间，h。

恢复（压降）曲线中出现不同斜率的直线段，表明在井附近有存在断层边界的可能，但并不一定完全是断层反映，也可能是其他因素造成的。因此，还需结合其他有关资料进行分析研究。

（六）原始地层压力

外推霍纳图中的直线段至 $\frac{t_p + \Delta t}{\Delta t} = 1$ 处，在压力轴上的交点 p^* 被认为是地层推算原始压力 p_i。通常在初关井测得的初关井压力认为是实测原始地层压力，但若测试时间不够长，关井压力并未稳定，则也要进行外推以求得原始地层压力。

常规井测试中有时需要采用多开多关的测试程序，一开时间很短，主要作用是释放储层钻井液压力，使得地层流体进入井筒，然后一关压力恢复获取储层原始压力。现在由于测井技术的发展，原始地层压力在测井测压取样作业过程中即可获取。深水气井测试出于成本和作业风险方面考虑，一般采用一开一关的测试制度，这种情况下也可以将关井恢复压力外推求得地层压力，该压力为储层求产结束后储层压力，与储层测压取样压力进行比较，可得储层能量衰减情况，该方法在南海西部三口深水油气测试探井中应用较好。

（七）气井产能方程

1. 指数式产能方程

$$q = C(p_r - p_{wf})^n$$ (5-35)

式中　C——与油藏及流体特性有关的常数；

n——流态指数，$n=1$，$C=J$，流动为单相达西渗流；$n>1$，存在低速非达西渗流；$n<1$，存在高速非达西渗流。

图 5-8 为南海西部 LS25-1-1 深水气井产能测试指数式产能回归直线图，将产能测试得到的四个稳定产量压力数据回归出一条直线，即可得到准确的指数式产能方程。指数式产能方程是由实验数据统计规律得来，具有较大局限性。

2. 二项式产能方程

$$p_r^2 - p_{wf}^2 = Aq + Bq^2$$ (5-36)

式中　A——二项式系数，（Pa/s）/（m³/d）；

B——二项式系数，（Pa/s）/（m³/d）²。

以上产能方程是基本的表达形式，目前主要适用于油井。气井产能试井解释与油井基本相同，但由于气体的黏度 μ、压力系数、偏差因子 Z 等是压力 p 的函数，因此，其渗流是非线性的。为了使渗流方程线性化，引入了拟压力 φ 的概念，用拟压力 φ 代替压力 p 进行分析计算：

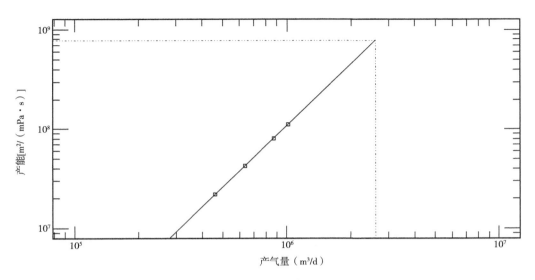

图 5-8　指数式产能图

$$\varphi(p) = \int_{p_o}^{p} \frac{2p}{\mu Z} \mathrm{d}p \tag{5-37}$$

式中　$\varphi(p)$——拟压力，$\text{MPa}^2/\ (\text{mPa} \cdot \text{s})$；

　　　p——压力，MPa；

　　　p_o——初始压力，MPa；

　　　μ——气体黏度，$\text{mPa} \cdot \text{s}$；

　　　Z——偏差因子。

　　得到指数式产能计算公式为：

$$q_g = C(\varphi_r - \varphi_{wf})^n \tag{5-38}$$

式中　q_g——气体产量，m^3/d；

　　　C——产能系数，$(\text{m}^3/\text{d})\ /\ (\text{Pa}/\text{s})^n$；

　　　φ_r——地层压力，MPa；

　　　φ_{wf}——井底流动压力，MPa；

　　　n——产能指数。

　　二项式产能计算公式为：

$$\varphi_r - \varphi_{wf} = Aq_g + Bq_g^2 \tag{5-39}$$

　　图 5-9 为某气田压力与拟压力关系曲线。

　　通过气体 μZ—p 曲线（图 5-10）可以看出，在低压时，μZ 近似为常数，所以拟压力可简化为：

$$\varphi(p) = \int_{p_o}^{p} \frac{2p}{\mu Z} \mathrm{d}p = \frac{1}{\mu Z}p^2 \tag{5-40}$$

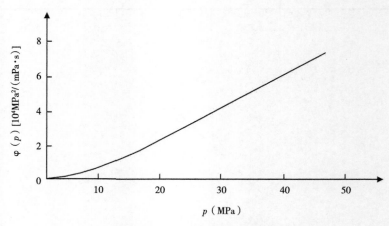

图 5-9　拟压力与压力关系曲线

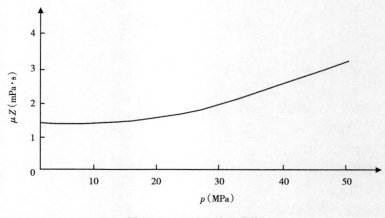

图 5-10　μZ—p 关系曲线

在高压时，μZ—p 曲线斜率为常数，即 $p/\mu Z$ 为常数，所以拟压力可简化为：

$$\varphi(p) = \int_{p_o}^{p} \frac{2p}{\mu Z} \mathrm{d}p = \frac{2p}{\mu Z} p^2 \tag{5-41}$$

根据拟压力与压力关系曲线分析可知：

当压力 p 处于低压（$p<13\mathrm{MPa}$）时，可以采用压力平方代替拟压力进行分析；当压力 p 处于高压（$p>20\mathrm{MPa}$）时，可以直接采用压力或压力平方进行分析。

随着计算机技术的飞速发展，试井解释实现了计算机程序化，一改过去长期以来纷繁复杂的手工计算，而在计算机上轻松实现，因此以上资料处理过程均是在计算机试井解释软件中实现的。

另外，气井产能计算还有一点法产能试井解释，主要是通过特定气藏产能试井建立经验公式，对已有资料要求较高，计算无阻流量可能存在较大偏差，而且需要建立适合本气田的无阻流量计算公式，目前尚不适合用于深水探井测试产能评价。

（八）气井无阻流量

（1）指数式产能方程可转换为：

$$\lg(\bar{p}_r^2 - p_{wf}^2) = \frac{1}{n}\lg q - \frac{1}{n}\lg C \tag{5-42}$$

根据现场产能测试压力和产量数据作出 $\lg q$—$\lg\Delta p^2$ 关系图，如图 5-11 所示。

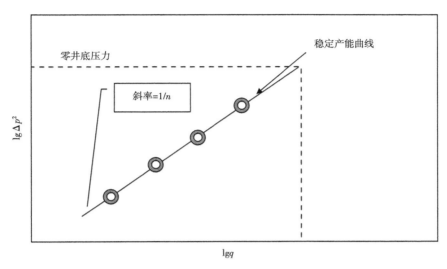

图 5-11　$\lg q$—$\lg\Delta p^2$ 关系图

从图 5-11 中可以看出，$\lg\Delta p^2$ 与 $\lg q$ 呈线性关系，两者会得到一条稳定产能曲线。当井底压力不断降低时，压差不断增大，当井底压力最小为大气压时，生产压差最大，气井达到最高极限产量，此时在稳定产能曲线上预测得到的产量即为气井指数式无阻流量。

实际上 C 和 n 不是常数，两者与时间和压力相关，如果在不同时间进行产能测试，C 会变化，n 也可能变化，因此该经验方法对于取得的数据形成的直线关系进行外推是存在风险的，尤其是现场测试求产阶段产量没有"拉开"较大距离时，误差可能更大。如果流动状态不是拟稳态，会导致错误的结果。

（2）当井眼附近紊流及与产能相关的非达西流动表皮系数随产量增加而增大时，指数式稳定产能曲线斜率会发生改变，根据二项式分析结果确定的无阻流量误差较小。

二项式产能方程可以转换为：

$$\frac{p_r^2 - p_{wf}^2}{q} = A + Bq \tag{5-43}$$

根据现场产能测试压力和产量数据作出 q—$\dfrac{p_r^2-p_{wf}^2}{q}$ 关系图，如图 5-12 所示。

从图 5-12 中可以看出，$\dfrac{p_r^2-p_{wf}^2}{q}$ 与 q 呈线性关系，得到一条稳定产能曲线，从曲线中读出截距为 A，斜率为 B，代入二项式产能计算公式进而得到二项式产能计算方程。井底流

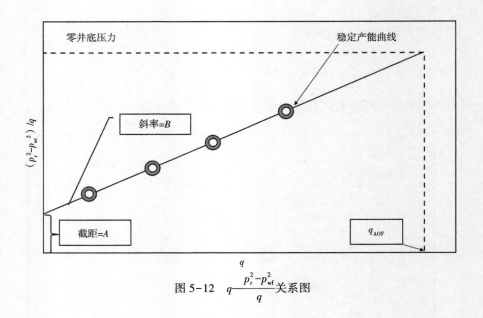

图 5-12　$q - \dfrac{p_r^2 - p_{wf}^2}{q}$ 关系图

压越低，$\dfrac{p_r^2 - p_{wf}^2}{q}$ 越大，产量越高，当井底流压最小为大气压时，生产压差最大，气井达到最高极限产量，此时在稳定产能曲线上预测得到的产量即为气井二项式无阻流量。

二项式无阻流量计算过程中，A、B 分别是描述达西渗流和非达西渗流的系数，公式推导有着严格的理论基础，因此可以进行外推，并且对于黏度 μ、气体压缩系数 Z 变化的情况，也比较容易进行修正，因此利用二项式产能公式进行产能评价误差较小，更有代表性。

第六章　深水油气测试设计

就测试作业而言，有以下四个紧密相关的环节：测试设计、工艺施工、资料录取和资料解释，每个环节都关系着测试质量。其中测试设计又是首要的工作，一个优秀的测试设计应该是，善于针对不同地层、测试层段、井身条件和测试目的，采取有效的工艺方法和测试方案。使测试既能满足取资料要求，又能达到安全、快速施工并降低成本。精心设计，是至关重要的环节。

深水油气测试设计是以测试地质设计、钻井方案及专题研究成果为基础，以钻井平台为载体，以优质高效录取地质资料、弄清储层情况为目的，规范指导深水油气测试作业的一项重要工作，其主要内容包括：资料收集、作业平台及配套设备优选、井筒清洁方案、测试液设计、射孔设计、测试管柱设计与安全校核、管流校核、坐落管柱设计、地面流程设计、流动保障措施、防砂设计、井控设计、应急解脱方案、油气层封隔设计、风险分析及对策、复杂情况处理。

第一节　测试设计准备及资料收集

深水油气测试设计需收集涉及本油气田或者相近、周边油气田的基本情况、地质油藏、钻井工程、专题研究成果等资料。

一、油气田基本情况

油气田基本情况包括但不限于：油气田名称、地理位置、水文、地形、气候环境条件（季风期、台风期和结冰期）、风浪流（南海内波流）、环境温度、水深、水温、航道交通、渔业养殖等。

二、地质油藏资料

（一）地质油藏基础资料

1. 地质构造资料

（1）区域地质简况、沉积相、油气田构造位置、构造类型、构造特征、圈闭类型、构造走向、地层倾角；

（2）油气组划分、储层孔隙结构特征。

2. 油气藏资料

（1）油气藏类型、边底水关系、储层段厚度及有效厚度、层间物性差异、储层岩性、储集类型、油藏驱动类型；

（2）油气藏温度及压力、油水界面、气水界面、储层孔隙度、渗透率、含水饱和度、含气饱和度、含油饱和度。

3. 储层资料

（1）储层埋深、储层厚度、储层岩性描述、泥质含量；

（2）原始地层压力、饱和压力、露点压力；

（3）岩石矿物成分、黏土矿物成分及含量、粒度分析、胶结类型。

4. 储层流体资料

（1）天然气性质：相对密度、天然气组分及 H_2S 和 CO_2 含量、露点压力及温度等。

（2）原油性质：原油密度、地面原油黏度、地下原油黏度、含蜡量、含硫量、凝固点、溶解气油比、饱和压力、露点压力。

（3）井流物：组分、H_2S 含量、CO_2 含量。

（4）地层水性质：密度、pH 值、水型、地层水离子含量、总矿化度、氯根含量等。

（二）测试及测井资料

1. 测试资料

（1）测试井井名、层位、深度、测试程序。

（2）取资料情况：井底压力、井口压力、井底温度、井口温度、日产液量、测试压差、环空压力、环空温度、泥线温度、泥线压力、水合物抑制剂注入方式、注入量、注入效果、工作制度、开关井操作。

（3）射孔方案：射孔工艺、射孔方式、射孔管柱、点火方式、射孔参数（孔密、相位、孔径、穿深）、射孔枪尺寸、射孔弹类型、射孔流体（隔离液、射孔液）、负压值、造负压方式。

（4）防砂方案：不防砂/筛管/充填、防砂筛管（类型、尺寸、材质）及防砂参数、防砂服务工具（管串、类型、尺寸）、防砂作业情况、出砂量、出砂砂样粒度分析、工作流体。

（5）测试管柱：管柱组合、工具（类型、尺寸、材质、功能、性能、下入深度）。

（6）测试液、储层保护措施及效果、弃井方案。

（7）存在问题：工程复杂情况和事故、结垢、结蜡、水合物产生、环空带压、筛管损坏、水淹、出砂、腐蚀、冲蚀、井筒完整性等。

2. 测井资料

（1）测井曲线：GR（伽马）、DT（声波）、Den（密度）、Cal（井径）、成像测井数据、阵列声波数据、电阻率数据。

（2）测井解释成果：层位、储层埋深、有效厚度、孔隙度、渗透率、泥质含量、含水饱和度、含气饱和度、含油饱和度、解释结论（油层、水层、气层、干层）。

3. 测试地质设计

（1）地质构造和储层描述、邻井或本区域测试资料。

（2）测试主要目的、测试层位描述、产能预测、诱喷压差、开关井工作制度、井下取样要求、地面取样要求、地层岩心及流体分析资料。

（3）做出地层含有硫化氢等有害气体风险提示。

三、钻井工程

（一）钻井设计资料

钻井机具、井深、井斜、井型、狗腿度、生产套管尺寸、生产套管壁厚、生产套管材质、钻井液体系、固井方式等。

（二）完钻井资料

（1）井深（垂深和斜深）和井斜、最大狗腿度及其位置，套管尺寸、壁厚、材质，水泥返高、尾管长度及深度、尾管挂位置及内径，套管指示接头深度、人工井底深度，井内桥塞、水泥塞深度及充填物，作业简史，套管试压值；

（2）临时弃井情况、井口类型及压力等级、井口尺寸及高度、井口现状。

四、作业平台及设备

（一）作业平台

（1）作业平台场地面积、强度、可变载荷、稳定性、作业平台最大允许的漂移量、顶驱工作能力、井架钻具排放能力、吊车能力、钻井泵排量、工作压力、振动筛处理能力。

（2）物资储备能力：钻井液池体积、钻井水、燃油、生活水、柴油等储备能力。

（二）地面设备

地面设备的处理能力、燃烧臂的放喷能力等。

五、专题研究成果

（1）井筒温度场分析。

（2）流动保障分析（包括水合物预测与防治）。

（3）储层保护及测试液体系优选。

（4）出砂管理。

（5）管柱设计与校核（强度、管流）。

（6）地面流程模拟。

（7）热辐射计算。

第二节　作业平台及配套设备优选

测试作业以钻井平台为载体，因此钻井平台选择是深水油气测试计划必须考虑的首要工作。

一、作业平台的选择

作业平台的选择主要考虑测试作业环境、所选深水油气测试装置的船型、定位方式，井别和作业平台的限制条件等因素。

（一）测试作业环境

作业环境主要考虑台风和季风等气候条件，水深、水文环境和海床地质条件。

在选择作业平台时，需要依据作业海区的海洋环境，对作业平台的运动性能、隔水管性能、下防喷器和下套管作业过程等进行详细分析与评价；确认作业平台的设备能否满足安全作业对地质、环境和气候条件的要求。主要针对所在海域的气候环境情况，进行作业限制条件及作业环境要求的评估，还必须确保作业平台的生存能力适应环境的要求。

（1）水深：作业平台的选择首先应满足水深的要求，应重点关注水深对隔水管、定位方式、防喷器及井口选择的影响。

（2）海流：海流超过1m/s，将导致测试作业困难，也会导致作业平台、隔水管与系泊系统等拖曳载荷增加，以及引起涡激振动。对于高流速的海域，应该选择定位能力更好的作业平台，同时须重点对张力器的张紧能力进行评估。在某些情况下，需在伸缩接头下部安装挠性或球形接头，以改善隔水管的应力状态；特殊情况下，需要配备隔水管涡激抑制装置。

（3）风浪与内波流：针对大风浪与内波流的危害，应选择具有自动应急解脱系统和防隔水管回弹反冲系统的作业平台。

（4）海床地质条件：遇到不适合抛锚的海底，应使用动力定位作业平台。

（二）深水油气测试装置的船型

在选用作业平台时，应根据作业需求和环境条件，对半潜式钻井平台和钻井船的性能进行综合比较。

（1）半潜式钻井平台稳定性好，适合于较恶劣的作业海况，作业气候窗口宽，作业效率高，但机动性差。

（2）钻井船机动性好，可变载荷大，存储容量大，较半潜式钻井平台易维护；但对恶劣环境的作业适应性差，作业气候窗口窄。

（三）定位方式

深水油气测试装置有两种定位方式，即锚泊定位和动力定位。

1. 锚泊定位

对于深水油气测试装置的锚泊定位而言，常用系泊形式为锚链式、钢缆式、合成纤维缆式或复合方式。锚泊定位的主要优点是燃油费用低和作业可靠性高。其主要缺点为：

（1）适用水深范围有限；

（2）起抛锚作业时间长；

（3）配套的起抛锚三用工作船对能力要求高；

（4）当锚泊装置能力不足时，作业平台周边移动控制难度大，不灵活，需要预抛锚；

（5）控制漂移距离难度较大。

2. 动力定位

动力定位系统优点：

（1）水深适应性强，对海床条件无要求；

（2）机动性强，就位、离位效率高；

（3）使用动力定位三用工作船，以保障平台防碰要求。

动力定位系统缺点：

（1）日租金较高；

（2）耗油量大，操作成本高；

（3）不适用于浅水区作业；

（4）维修和定期检验要求高；

（5）存在动力与定位系统失效的风险；

（6）使用动力定位三用工作船，使支持费用上升。

3. 定位方式选择

综合考虑目前定位系统的技术水平与经济性等因素，通常在水深 500m 以内可采用全钢丝缆或全锚链定位系统，水深 500~1800m 可采用锚链和钢丝绳复合锚泊定位系统，水深大于 1800m 则采用动力定位（表6-1）。

表 6-1　不同水深定位方式选择参考

水深（m）	全钢丝缆	全锚链	锚链和钢丝缆组合	动力定位
300	√	√	√	
600		√	√	√
900			√	√
1200			√	√
1800			√	√
>2400				√

选择作业平台锚泊定位方式，应考虑以下因素：锚机与卷缆机水深作业能力、起抛锚三用工作船作业能力、锚抓力、定位要求、锚泊系统的组合方式、后勤支持能力及经济因素等。为保证锚泊系统的安全作业，锚泊分析计算和设计必须委托专业公司，根据极限设计条件和作业条件进行，对不熟悉的海域还需进行风险分析及制订应急预案。

动力定位的选择需要考虑以下因素：定位能力、电力需求、系统冗余、隔水管管理、GPS 定位、燃料需求、可维护性以及应急程序等。为了确定动力定位系统能满足测试作业要求，对于深水油气测试的每一次动力定位作业，均应进行定位能力分析。

（四）作业平台的限制条件

作业平台的选择需要把握三个限制条件，即测试作业限制条件、脱离操作限制条件、生存限制条件。

1. 测试作业限制条件

测试作业限制条件是指作业平台能够适应测试作业的最大风、浪和流的组合效应。需要针对具体作业平台，根据井位所在海域的气候和环境情况确定最大作业限制条件，并分析预测停工期。

作业平台的水下设备操作主要受到水流和水深的限制。在选择设备的时候，应先考察水下设备的作业能力和平台的吊装能力，同时必须考虑设备适用水深、海洋环境、甲板空间面积、月池尺寸的影响。

2. 脱离操作限制条件

脱离操作限制条件是指分析隔水管脱离的最大风、浪和流的组合。脱离操作限制条件决定了什么工况下需要脱离。针对具体的作业平台，根据井位所在海域的气候和环境情况确定脱离操作限制条件。作业海域的风、浪、流组合所产生的极端环境会对作业平台的安全性能产生影响，因此深水油气测试装置一般都设计有恶劣环境自动脱离装置，并要求进行脱离操作的极限设计，以确保作业平台安全。

3. 生存限制条件

生存限制条件是指在极端环境条件下，作业平台生存所能承受的最大风、浪和流的组合。必须清楚什么情况下将发生灾难性事故，并采取相应的预防措施，这需要结合当地的海况条件，分析作业平台的稳定性，确定作业平台生存的限制条件，以确保作业平台的安全。

（五）作业平台选择的其他需要考虑因素

作业平台选择还需要考虑以下因素：历史记录，承包商经验与船员的资质，检查维护和保养，存货的水平和控制，相关证书，遵从规范，升级、平台和设备问题，技术能力，作业能力，管理能力，健康安全环保控制，财务状况等。

二、主要作业设备选择

在选择作业平台时，要重点评估钻机能力及一些关键设备，进行必要的计算分析，如钻机大钩载荷、电力负荷、可变载荷、钻井液循环系统、隔水管张力器系统、井控系统、定位系统等。以下针对主要钻井设备选择注意事项进行说明。

（一）钻机配套系统选择及有关参数选择

进行钻机配置时必须注意以下参数的限制条件：最大钩载、顶驱最大连续输出扭矩、钻井泵压力及功率、转盘静载荷能力和开口直径、钻井液池容积、散装灰罐系统与防喷器参数等。

1. 最大钩载

深水钻机最大钩载与水深、井深、井眼轨迹、钻具重量、套管柱重量、水下器具重量、作业平台的运动性能等有关。确定深水钻机大钩载荷时需要考虑以下工况：（1）下防喷器；（2）下套管；（3）起下钻。在这些工况中，需要考虑三类载荷，即静载荷、作业平台升沉运动引起的动载荷以及作业动载荷。

2. 钻井泵压力和功率

深水钻机钻井泵主要根据钻井过程中最大排量和功率进行配置。根据处理浅层地质危害和喷射钻井的需要，一般深水钻机钻井泵功率应考虑基于恒定测试作业压力的状况下，能满足处理浅层危害的排量要求。同时深水须配备隔水管钻井液增压泵。

3. 转盘静载荷和开口直径

转盘静载荷和开口直径是转盘的主要参数。深水油气测试由于水深更深，甚至超过1500m，转盘静载荷必须能够满足悬挂所有隔水管及防喷器、钻柱、套管柱的重量。深水油气测试用的转盘，必须能够顺利通过浮力块隔水管、大尺寸导管和井口工具。

4. 钻井液池容积

进行钻机选择配置时，要根据隔水管容量、井身结构等确定不同井段内的钻井液用量以及总钻井液用量，同时考虑紧急情况的安全余量，如浅层压井钻井液用量、替排量的备用需求和隔水管紧急脱开钻井液损失量等。

5. 钻柱升沉运动补偿

钻柱补偿装置的补偿行程、最大静载荷须满足深水环境下的使用要求。最大静载荷要求很高，例如 HY981 深水钻机的补偿行程为 7.62m，最大静载荷为 453tf。钻柱升沉运动补偿装置分为主动型和被动型，第 5 代、第 6 代深水钻机多采用主动补偿装置。

（二）隔水管选择

深水油气测试隔水管需要承受较大的张紧力和抵抗恶劣环境载荷的能力。在深水油气测试装置选择时，也应该考虑隔水管的重量和甲板存放能力，以及隔水管和防喷器系统安装效率。

隔水管选择的要求如下。

（1）应尽量选择长的隔水管单根，通常选择 22.86m 以上。

（2）隔水管系统应该具有紧急断开功能，即配备隔水管下部总成自动脱离装置和防回弹反冲系统。

（3）为提高隔水管起下、装卸和压力测试效率，应配置隔水管的半自动化或自动化处理设备。

（4）推荐配备监测系统，实现对隔水管张力器的张力、隔水管底部转角和张力及海流剖面等关键参数的监测。

（5）在测试过程中，柔性接头转角的限制比钻井时更为严格，测试作业的限制条件应考虑以下关键点：

①安装过程中，要关注油管悬挂器和海底测试树如何顺利通过分流器、上部柔性接头或球接头，以及坐挂油管悬挂器；

②回收过程中，要关注如何顺利解锁油管悬挂器与测试树下入工具，以及下放工具从分流器中脱离；

③油管悬挂器与测试树的紧急脱离。

（6）隔水管应急脱离的回弹反冲：隔水管应急脱离是深水油气测试的一种安全保护措施，但它会引起隔水管柱的回弹反冲，水越深回弹反冲越严重，对平台和设备的危害越大，例如：可能造成平台与隔水管相撞损伤、防喷器与 LMRP（下部海洋立管组件）相撞损伤和隔水管损伤甚至断裂等。

对应急脱离过程进行有效的控制，必须对隔水管回弹反冲的影响因素进行分析，从而确定控制条件，即回弹反冲阀阀口的开度和隔离阀关闭的数量。

防止回弹反冲应考虑的关键影响因素有以下几点。

①隔水管及下部总成：一方面水越深，隔水管顶部张力越大，隔水管回弹反冲越严重，但是，对于不同配置的隔水管，回弹反冲效应差别较大；另一方面隔水管脱离后，隔水管及下部总成与海水相互作用产生的黏性摩擦阻力会削弱隔水管回弹反冲效应。

②隔水管内钻井液：隔水管脱离后，隔水管内的钻井液与隔水管内壁间将产生摩擦阻力作用，抑制隔水管回弹反冲运动。

③海况：作业平台的升沉会显著影响隔水管的回弹反冲运动，如果升沉幅度过大，LMRP 可能会与防喷器相撞。

④张力器：控制隔水管紧急脱离回弹反冲的程度，必须通过张力器来实现。防回弹反冲设计时应关注张力器系统的具体情况，张力器提供的总张力越大，抗回弹反冲能力要求越高。

（三）防喷器组选择

与常规水下防喷器组相比，选择深水防喷器组应考虑以下因素。

（1）防喷器压力等级的选择：主要根据地层压力的情况，选用 69MPa 或者更高，通常为 103.4MPa 压力等级。

（2）防喷器及控制系统的功能更全面和响应时间更短，推荐增加套管剪切闸板。

（3）系统的适应性在选择时应做外部静水承压能力校核。

（4）尽可能增配套管剪切闸板，一般选择 0~13⅞in 的剪切范围。

（5）对于深水，特别是超深水，防喷器组应考虑安装压力监测装置。低压的压力监测装置应安装在上万能防喷器的顶部，用来监测隔水管中岩屑的堆积情况和关井时环空气体上升状况。高压监测装置安装在节流管线上，用来监测最底部闸板防喷器下部的压力。必要时推荐使用适用于海床低温高压环境的传输设备并在地面显示。压力监测装置要求为：

①达到一定水深以后，须考虑气体水合物的影响；

②深水井中使用的钻具及管材类型及尺寸要求更多，可变闸板防喷器及闸板的芯子尺寸配备要求更广；

③当水深超过 1500m 则优先选择电控或电液控系统。

三、配套装备及工具

（一）深水水下井口的选择

在设计前期，需要对特定海况条件下，井口可能受到的轴向力和弯矩进行分析，尤其应关注动力定位作业平台偏离井口或紧急情况下进行应急脱离的受力等状态。深水水下井口的选择主要考虑套管层次、套管尺寸和连接方式、抗弯曲能力、压力级别和可悬挂的大套管重量。同时还应考虑操作效率与安全可靠性问题。

选用的井口压力等级和抗弯强度应与防喷器连接器匹配，通常为 69MPa 或者 103.4MPa，特殊情况下为 138MPa，抗弯曲能力在（2.71~9.48）×10⁶N·m。

特别需要注意的是水下井口抗磨补芯倾斜角度与悬挂器下部坐落角度需保持一致。

（二）钻具选择考虑因素

随着水深的增加，钻柱长度也随之增加，钻柱在隔水管内的受力状况愈加复杂，对钻柱的抗压缩、拉伸、扭转屈曲和挤毁能力的要求更高，必须进行单井的管控力学研究。同时由于地层压力窗口窄，循环压耗控制要求高，必须进行与循环压耗有关的水力学设计，并根据结果选择钻具，以使所选择的钻具组合既满足井眼清洁的要求，又能满足循环压耗控制的要求，同时保障井眼稳定，确保钻进安全。

通常应选择高强度、大内径的钻具，如钻杆可选用 φ168.275mm（6⅝in）、φ149.225mm（5⅞in）、φ139.7mm（5½in）等或复合使用。钻柱强度校核参考 GB/T 24956—2010《石油天然气工业 钻柱设计和操作限度的推荐作法》执行。

（三）遥控水下潜器（ROV）

在深水油气测试期间，遥控水下潜器是必须配备的辅助设备。对 ROV 的选择主要根据水深、水文情况（能见度、温度）、海流、波浪及水下作业等极限条件，推荐选择配备地面轨道和中继器（TMS）系统的 ROV。ROV 所需要的功率取决于作业海域的海况、水深、功能要求等，深水油气测试应选用带钢缆铁箍保护的 ROV，功率应该至少大于 100hp，大多数情况下大于 150hp。

（四）三用工作船选择的要求

三用工作船选择时必须满足作业海区海况条件的安全要求及作业功能，并与所使用的作业平台匹配，应具有足够的动力、散装料运输能力、钻完井液运送能力和较大的甲板面积，并符合钻完井作业中消防及救生的要求，具备紧急情况的处理能力。

除上述要求外，深水作业的三用工作船还应配备有处理锚链与短索的双滚筒和双鲨鱼钳，应具有足够的滚筒拖力和滚筒容量。动力配置应依据水深、作业环境及距离进行选择，一般配置不小于14000hp。对于采用锚泊定位的作业平台，在选用三用工作船时，应考虑抛锚的需要，除功率的要求之外，一般还应满足以下基本要求：

（1）优先采用动力定位三用工作船；

（2）良好的运动性能以确保在恶劣环境下的作业能力；

（3）推荐侧推器功率大于3000hp；

（4）尾滚轮与绞盘有足够的承载能力来处理大的峰值载荷（一般要求大于400tf）；

（5）锚链卷筒与锚链舱有足够的空间以容纳更多锚链与缆绳等；

（6）应该有足够的甲板空间（推荐大于500m²）；

（7）钻井水装载能力应推荐为500~1000m³；

（8）灰罐体积推荐大于300m³；

（9）对于采用油基钻井液的井，应考虑油基钻井液对三用工作船的要求。

对于动力定位作业平台，优先使用带动力定位的三用工作船，若需考虑特殊气候原因（如台风或飓风带等），推荐至少使用一条带起抛锚能力的三用工作船以确保安全。

四、测试设备及对平台设备的要求

（一）测试需求面积

应满足地面测试主流程、水下坐落管柱系统及辅助系统设备摆放，甲板强度应满足地面测试设备的选型要求。

（二）平台设备要求

1. 固定高压井口测试管线

（1）从钻台至测试甲板专用的固定高压井口，测试管线的压力等级不小于10000psi，内径不小于3in；

（2）固定管线材质要求符合NACE MR01-75标准；

（3）管线配备法兰连接的接口，满足高温高压及硫化氢测试作业的需要。

2. 测试甲板分配管汇及固定管线

（1）平台应具备从测试设备摆放区域至左右两舷燃烧臂的固定分配管汇及下游固定管线；

（2）油、气管线压力等级不低于1440psi，公称通径不小于3in；

（3）管线材质要求应符合NACE MR01-75标准；

（4）分配管线及分配管汇配备法兰连接的接口，满足高温高压及硫化氢测试作业的需要。

3. 平台吊车

平台吊车的吊重能力及旋转半径满足测试设备的吊装，特别是分离器、锅炉、水下测试树和连续油管等重型设备的吊装和摆放。

4. 升沉补偿系统

升沉补偿系统的补偿能力满足起下测试管柱升沉补偿要求。

5. 环空加压系统

环空加压系统如钻井泵、固井泵等满足井下测试工具的操作及试压要求。

6. 井口工具

要求配备扭矩监测仪器及仪表，平台吊卡及卡瓦满足测试工具及管柱起下要求，禁止使用铁钻工对测试工具上、卸扣。

7. 配电箱

（1）测试甲板应配备地面测试动力设备的配电箱，满足平台 ZONE1 的要求；

（2）测试甲板最少配置一个 1 进 5 出的 380V 以上 100kW 的配电盘及一个 1 进 3 出 220V 10kW 的配电盘；

（3）水下测试树设备摆放区域，最少配置两个 1 进 3 出的 110～220V、50～60Hz、20kW 的配电盘。

8. 压缩空气

（1）设置专用压缩空气输出接口（接口与平台不间断气源相连接），供化学注入泵、ESD 系统、分离器、加热器、井下工具试压泵及水下测试树控制系统使用；

（2）平台压缩空气供应压力范围为 80～120psi。

9. 柴油接口

（1）设置柴油输出接口，供测试甲板上的压风机及锅炉等使用；

（2）柴油供应能力应满足至少 $3m^3/h$。

10. 淡水接口

（1）设置淡水水源接口，供测试甲板上的锅炉使用；

（2）淡水供应能力应满足至少 $3m^3/h$。

11. 通信及通信设施

测试甲板设置网络及电话线接口，保证测试期间的数据实时传输及工作沟通。

12. 燃烧臂

（1）平台配备固定式燃烧臂，燃烧臂可以通过液压或者吊车收放。

（2）燃烧臂上的天然气管线为独立管线，伸出燃烧臂前端独立燃烧，此天然气管线配备独立的消声器与电打火装置。

（3）燃烧臂配备高压安全泄压管线。

（4）燃烧臂油气管线满足设计最大油气产量的处理能力。

（5）燃烧头和燃烧臂的原油及天然气管线材质要求符合 NACE MR01-75 标准。

（6）燃烧臂配备喷淋冷却系统。

（7）燃烧臂包括：

①原油管线；

②天然气管线；

③安全泄压管线；

④排空管线；

⑤冷却水管线；

⑥压缩空气管线；

⑦液化气管线；

⑧柴油管线；

⑨蒸汽管线（可选）。

13. 消防喷淋系统

消防喷淋系统的明确要求：水雾的参数、喷头距离、覆盖面积，平台两舷燃烧臂配备独立的消防喷淋系统。

第三节　井筒清洁方案

深水油气测试作业期间，井筒的清洁程度直接影响后续作业是否顺利。深水井筒清洁方案与常规井有很大不同。

一、深水油气测试刮管洗井工具特点

深水油气测试的刮管洗井工具串组合应具有以下特点：

（1）一趟管柱能实现对套管和隔水管清刮、洗井替液和冲洗防喷器的目的；

（2）可边清刮，边循环，边旋转，提高洗井、清刮和携带固相的效果；

（3）可旋转，若水泥塞顶不满足射孔口袋，还需能钻水泥塞；

（4）为尽量实现井眼的清洁，应增加一些工具，如碎物捕捉器等。

二、刮管洗井管柱组合

深水典型的一趟管柱刮管钻具组合：钻头+浮阀接头+变扣+旋转刮管器+管状磁铁+钢刷工具+钻杆+多功能井筒过滤器+双球循环接头+钻杆+防喷器冲洗接头+钻杆+隔水管刷+钻杆，相关参数见表6-2。

表6-2　南海西部 XX 深水油气测试井刮管洗井管柱图

编号	名称	扣型	外径，mm	内径，mm	备　　注
1	5.5in 钻杆	HT55 BOX×HT55 PIN	177	121.36	BOP 喷射接头以上的钻具要求内径大于 2.875in（后续投堵激活需要）
2	变扣 A	HT55 BOX×411			
3	隔水管刷	410×411	18.42	$3\frac{3}{4}$in	至 BOP 上部挠性接头距离至少 9m
4	变扣 B	410×HT55 PIN			
5	5.5in 钻杆	HT55 BOX×HT55 PIN			
6	变扣 C	HT55 BOX×411			此变扣内径要求大于 2.875in
7	BOP 喷射接头	410×411	8in	2.875in	距离 BOP 下部 500m，保证冲洗 BOP 时钻头位于尾管挂上部
8	变扣 D	410×HT55 PIN			

编号	名称	扣型	外径，mm	内径，mm	备　注
9	5.5in 钻杆	HT55 BOX×HT55 PIN	177	121.36	
10	变扣 E	HT55 BOX×411			
11	多功能过滤器	410×411	8.25in	2.25in	
12	9⅝in 套管刷	410×411	8.929in	2.259in	
13	9⅝in 强磁	410×411	6.579in	2.984in	
14	9⅝in 旋转刮管器	410×411	9.226in	2.257in	距离尾管挂顶部不小于 5m
15	变扣	410×311			
16	3½in 钻杆	310×311			
17	7in 多功能过滤器	310×311			
18	7in 强磁铁	310×311			
19	7in 旋转刮管器	310×311			
20	变扣 F	310×330			可考虑加浮阀
21	6in 牙轮钻头	331			在浮鞋以上 3m

三、刮管洗井作业程序

（一）作业准备

（1）工具的所有孔眼都需要清洗并去除杂物；

（2）所有入井工具必须绑扎好，并通径；

（3）为节省时间，刮管器、刮管刷、磁铁等工具应尽量提前预接；

（4）彻底清洗钻井液池、循环系统，预先配制清洗液、隔离液、完井液和射孔液；

（5）确认刮管洗井管柱表。

（二）刮管洗井作业程序

（1）刮管和冲洗防喷器：

①组合刮管洗井管柱；

②控制下钻速度，在水泥塞位置、封隔器坐封位置、射孔段位置及其上下刮管至少三次，同时使用隔水管刷对隔水管清刷；

③下钻到位前，泵入稠浆，用海水顶替，冲洗防喷器内腔，上下活动管柱，大排量循环，用稠浆清扫，直至井眼干净。

（2）循环洗井：

①按照设计泵入洗井液，同时转动和上下活动管柱；

②替过滤海水，直到洗井液返出井口为止；

③洗井液返至防喷器以上时，启动隔水管增压泵；

④大排量循环过滤海水，直至返出液清洁程度满足作业要求；

⑤替入完井液及射孔液；

⑥投堵打开 BOP 喷射接头，清洁 BOP 及上部隔水管。

（3）起刮管洗井工具：

①起钻，控制起钻速度；

②甩刮管洗井管柱，检查并记录磁铁及回收筒内所收集到的碎屑和异物情况。

四、主要注意事项

（1）一趟钻井底清洗工具组合配长时，要注意：当隔水管刷在下部柔性短节上方 30ft 左右时，BOP 喷射接头要刚好在 BOP 组合下方，刮管器距离尾管挂顶部以上 10m，此时，钻头也刚好距井底合适的距离以便将整个井筒洗井至满足测试要求，再将整个井筒替入测试液。

（2）BOP 喷射接头上方的管柱不能连接任何内径小于激活喷射接头堵头外径的工具，否则无法投堵激活喷射接头。

（3）控制好下钻速度，小心通过防喷器和井口区域。

（4）清刮封隔器坐封位置及射孔段，每柱钻杆至少上、下清刮三次，如有必要，接顶驱开泵循环清刮，在允许的作业参数范围内，开泵至最大排量，如果需要可缓慢旋转和上下活动管柱。

（5）工具起到地面后，打开多功能过滤器上的窗口来清理其中的碎屑。查看磁铁捕捉的碎屑。记录回收的碎屑量，进行分析，如果多功能过滤器中的碎屑量超过其容积的 80%，则根据实际情况考虑是否有必要再次下入清洗工具进行清洁。

第四节　测试液设计

测试液是油气井测试作业中用到作业流体的统称。测试液对井控安全、作业工艺安全，以及准确评价油气层起到非常重要的作用。

一、测试液设计原则

（1）凡是与储层接触的测试液应最大限度地保护储层，与其他的入井流体（地层水、钻井液、水泥浆）的配伍性好；

（2）防止作业过程中水合物的生成和盐结晶；

（3）与地层压差尽量小，在工具承压能力范围内；

（4）测试弃置液井下性能长期稳定；

（5）满足测试不同工序的要求。

二、测试液设计要求

（1）应对工作液与地层流体配伍性进行评价；

（2）测试液设计应包括测试液种类、基本配方、性能参数、配制方法、单井用量等；

（3）根据选定的负压值确定液垫高度和密度；

（4）测试液密度应满足井控要求，同时应考虑满足封隔器上下压差及油套管抗挤强度要求；

（5）应具有抑制水合物生成的功能，防止完井作业中水合物的生成和堵塞；

（6）应防止因低温造成的盐水结晶、稠化和性能改变，要求测试液结晶温度低于井筒剖面最低温度5℃以上，同时须考虑井底高温对测试液性能的影响；

（7）测试液应采用硅藻土、双级过滤等过滤方式清除测试液固相，减少测试液对储层的伤害，新配测试液 NTU（浊度值）应小于30；

（8）对于易漏失的储层应有相应的防漏失方案，配置堵漏液；

（9）测试液材料数量应充足，并满足井控最低配制数量要求；

（10）考虑环保、流变性及测试液腐蚀性对管材、井下工具橡胶密封件的影响；

（11）测试液满足作业人员安全要求，每种测试液材料必须配备 MSDS 卡（化学品安全信息卡）。

第五节　射 孔 设 计

射孔设计应按照安全、高效、简易可靠的原则进行，降低作业风险，提高作业时效。

一、射孔方式与射孔枪、射孔弹选择原则

（1）宜采用油管传输联作负压射孔。

（2）根据温度、压力、下井时间选择合适的射孔枪和射孔弹。

（3）按照井眼尺寸或者套管尺寸合理选择射孔枪，射孔枪尺寸不仅需满足最佳射孔效果，而且满足在意外卡枪时可实现打捞作业。

（4）疏松地层宜采用大孔径、高孔密射孔弹，常规地层和致密地层宜采用深穿透、高孔密射孔弹。

（5）宜采用正加压引爆射孔，射孔应考虑备用点火方式，设置合理的延迟时间。

二、射孔工艺设计

（1）应在射孔数据表确定前与地质部门确认射孔层位是否可以扩射，以消除实际作业误差带来的影响；应复核与射孔层位距离较近水层的位置，确定是否需要避射，防止误射开水层。

（2）根据测试的目的及要求选择射孔方式及射孔参数（孔密、孔深、相位等）。

（3）确认油气层射孔段深度和套管放射性标志的下入深度。

（4）TCP 射孔管柱结构（管柱结构图）的设计，考虑管柱的减震设计，对于插入密封管柱，安装自动丢枪装置，射孔后实现丢枪。

（5）负压值确定参照《勘探监督手册测试分册》，同时需确定现场设备及作业条件，射孔负压值应小于最小地层出砂压力，小于井下及地面工具的安全压力等级。

（6）射孔模拟计算。

（7）编制射孔作业程序。

（8）制订应急方案（包括提前射孔、点火不成功、未丢枪等）。

（9）射孔管柱及工艺的设计需考虑平台漂移及升沉的影响。

第六节　测试管柱设计与安全校核

深水油气测试管柱设计应考虑到地质油藏完井要求、地层流体性质、测试工艺选择等多方面因素，设计的管柱要求在保障安全的前提下，达到能有效封隔地层、建立地层流体流动和循环压井通道、保障流体在井下处于可控状态的目标，同时应尽量简化管柱结构，以降低作业风险。

一、管柱设计的目标

（1）有效封隔地层，建立地层流体流动和循环压井通道。
（2）保障流体在井下处于可控状态，并满足地质设计要求。
（3）具备管柱应急解脱、管柱内剪切功能和井下开井与关井功能。
（4）满足安全和地质要求的前提下，宜尽量简化管柱结构。

二、管柱结构设计

（1）管柱通径满足产量要求。
（2）管柱满足资料录取：温度、压力、井下取样等。
（3）管柱应具备循环压井、水合物监测和防治、化学药剂注入、防砂、泥面温度压力监测等功能。
（4）应采用非旋转坐封管柱。
（5）应采用压控式测试工具。
（6）管柱内径尽可能一致，最小内径满足钢丝探砂面及水合物面、下入连续油管进行管柱内通井、钻水合物和冲砂、冲洗、顶替等作业。
（7）管柱外径满足可变闸板要求。
（8）测试管柱应配备至少两道安全屏障，下循环阀的位置应尽量靠近封隔器。
（9）气井测试管柱宜使用气密扣。
（10）管流计算应符合管柱结构及强度的安全要求。
（11）地面测试树与钻台的距离应考虑平台漂移的影响，推荐一根油管的高度，与地面测试树相连接的高压软管长度应大于70ft。
（12）地面测试树应具备以下功能：
①压井翼具备泵注压井功能，压井翼上的单流阀具备单向和锁定打开功能；
②清蜡阀上部具备安装和进行钢丝、电缆或连续油管作业的防喷器和防喷管的功能；
③流动翼具备流动测试导引流体和应急关断功能。
（13）水下测试树的要求如下。
①深水水下测试树系统主要有直接液压控制、先导液压控制和电液控制三种类型，当水深小于2000ft宜采用直接液压控制类型，水深在2000~5000ft宜采用先导液压控制类型，水深大于5000ft应采用电液控制类型。
②水下测试树温度范围满足-10~121℃。
③水下测试树系统解脱时间不超过15s。

④水下测试树系统具备水下关井、应急解脱、被剪切及剪切连续油管等功能。

⑤水下测试树系统解脱顺序为：关闭水下测试树，关闭水下承留阀，卸掉承留阀与水下测试树之间的压力，解锁。

⑥水下测试树系统具有泥线以下的化学注入通道。

⑦水下测试树系统宜安装压力、温度探头，并能将温压数据通过控制管缆实时传输到地面，用以实时监测泥线附近水合物的形成条件。

三、管柱材质选择

（1）考虑硫化氢、二氧化碳及高温环境造成的剧烈腐蚀，可选用含镍、铬、钼的高镍合金钢（含镍 25% 以上）。

（2）对于高硫化氢流体，宜使用 BG80S/SS 级以上材质的抗硫化氢应力油管（其中："BG"表示宝钢非 API 系列，"S"表示普通抗硫，"SS"表示高抗硫）。

（3）环境温度和氯化物浓度对二氧化碳腐蚀影响极大，二氧化碳含量高的油气井应避免使用高碳钢。

（4）应考虑地层流体腐蚀、材料的高低温性能和耐压等因素，选择强度受温度影响小的管柱材质。

（5）水下测试树剪切短节材质应满足防喷器剪切闸板的剪切要求。

四、管柱强度校核

（1）管柱的试压值应不低于预测地层孔隙压力值，稳压时间应不少于 15min。

（2）应对各种工况下的管柱变形（伸长或缩短）进行计算，以选择合适长度的插入密封或伸缩节长度。计算内容应包括：温度效应、膨胀效应、活塞效应、弯曲效应等。

（3）应考虑油管的屈服强度、抗拉强度等力学性能及抗挤性能的温度效应。

（4）对设计的管柱应根据可能出现的极端恶劣工况进行管柱强度校核。安全系数值宜按以下值选取（参考《高温高压测试标准》）：抗拉，1.8；抗外挤，1.125；抗内压，1.2。

（5）对于含硫油气井，管柱的许用拉应力应控制在钢材的屈服强度的 60% 以下。参照SY/T 5087—2017《硫化氢环境钻井场所作业安全规范》。

第七节　管流校核

（1）管流校核就是校核流程能否满足释放产能的需要，能否尽快将管柱内液体携带出来，即冲蚀和携液。

（2）对井下测试管柱及地面流程均需要进行管流校核，包括井下测试管柱的冲蚀、携液能力校核，地面流程的冲蚀校核。

（3）校核时管柱结构及设备流程、内径等数据要与实际使用的保持一致。

（4）临界冲蚀速度为 35m/s，气体流速低于 35m/s 才不会发生冲蚀。

（5）应用广泛使用的 Turner 球形液滴模型计算临界流量，作为判断井筒是否出现积液的最低临界流量。

第八节　坐落管柱设计

一、水下测试树系统组成

（一）水下测试树系统由上部坐落管柱和下部坐落管柱组成

（1）上部坐落管柱主要包括防喷阀组及扶正器（可浅设或深设），其工作压力应不低于预测地层最高压力的 1.25 倍，具有井控、辅助试压和化学注入功能。

（2）下部坐落管柱主要包括扶正器（具有化学注入通道）、电液加速包、深水储能器、承留阀、剪切短节、水下测试树、承压短节、可调悬挂器组和井下化学注入接头等，具有解脱、井控、剪切和化学注入等功能。

（二）水下测试树控制系统由电路控制系统和液压控制系统组成

（1）电路控制系统具备远程控制面板、地面电路控制面板、分线箱以及各类连接线和转换线。

（2）液压控制系统具备地面控制面板、液压脐带缆绞车、控制液循环过滤机、控制液清洁度检测仪器、化学注入绞车和化学注入泵等设备。

二、水下测试树控制系统流程

（1）水下测试树控制系统流程应配备：电路回路、液压线路和化学注入回路。

（2）电路回路包括液压脐带缆绞车分线箱、脐带缆、电液加速包、回路接地。

（3）液压线路包括液压控制面板、液压脐带缆绞车及坐落管柱。

（4）化学注入回路包括泥线以上注入和泥线以下注入。

①泥线以上注入：地面化学注入泵、化学注入绞车和水下测试树/防喷阀组扶正器。

②泥线以下化学注入：地面化学注入泵、化学注入绞车、电液加速包、储能器、承留阀、水下测试树、承压短节、化学注入管线和井下化学注入短节。

三、设备选型及要求

（1）水下测试树解脱时间不超过 15s。

（2）水下测试树悬挂器与井口头抗磨补心相匹配。

（3）水下测试树设备与防喷器组间距相匹配。

（4）水下测试树剪切短节强度满足防喷器剪切闸板剪切能力，长度满足配管要求。

（5）水下测试树承压短节外径及长度满足防喷器闸板关闭密封需求。

（6）水下测试树管串解脱角度应大于隔水管挠性接头脱离角度。

（7）水下测试树系统满足所在位置的预测最高、最低温度要求。

（8）水下坐落管柱系统压力等级应满足预测最高地层压力的 1.25 倍。

（9）水下坐落管柱的尺寸、外径、长度及位置等应与平台水下设备相配合，在正常关闭万能防喷器时保护管缆不受损坏。

（10）水下测试树至少具备以下两种解脱功能：

①电液控制系统功能；

②直接液压功能；

③机械应急功能。

（11）水下坐落管柱满足以下要求：

①水下测试树可快速关闭；

②承留阀关闭应能储存管柱流体，防止污染；

③水下测试树可实现剪切连续油管或钢丝并关井；

④防喷阀关闭实现关井。

（12）水下坐落管柱应满足 API 14A 标准（水下坐落管柱的标准定义）。

（13）具备以下注入化学药剂的通道：

①防喷阀（组）注入通道；

②水下测试树注入通道；

③井下化学注入接头注入通道。

（14）水下坐落管柱和水下测试管串配备合适数量的扶正器。

四、南海某深水井测试坐落管柱设计

为满足控制相应时间要求，选用 3in 电液控制坐落管柱。3in 通径，工作压力 15000psi。深水作业快速反应，3000m 水深 15s 内完成关闭：水下测试树，承留阀，解脱功能。SSTT 可剪钢级 QT900，OD1.75in，壁厚 0.175in 的连续油管。电控方式失效后，液控方式备用。实时温压监控，有效监控水合物的形成。加强型数采系统，数据刷新率达 0.25s/次。

水下测试树是坐落管柱的核心工具、井下解脱的执行工具，其相关参数见表 6-3，主要特征如下：

两个失压关闭的球阀；在无液控压力的情况下，可以承受来自底部的最大工作压力；泵通功能；剪切连续油管能力；往井下和水下测试树位置注入化学药剂功能；两个球阀的独立开关功能；具备电液方式、直接液压方式和机械方式三种解脱方式；回接互锁机构。

表 6-3　水下测试树参数表

设计加工标准	API 6A& API 14A289
适用于	H_2S
质量（大约）	1130 lb
总长度（无护丝）	49in（1321mm）
最大外径	12.5in（317.5mm）
最小内径	3in（76.2mm）
坐落管柱工作压力	10000psi
液压通道最大工作压力	4000psi
承受下部压差	10000psi
承受上部压差	N/A
最大拉伸载荷（最大工作压力）	400000 lbf
工作温度范围	$-18 \sim 121℃$

防喷阀是一道安全屏障，一般距离钻台面30m，上部管柱可作为连续油管等作业的防喷管，防喷阀参数见表6-4，3in电液加速包参数见表6-5。

表6-4 防喷阀参数表

设计标准	API 14A& SI 289
使用范围	H_2S
总长（无护丝）	46in（1168.4mm）
外径（最大）	12.5in（317.5mm）
内径（最小）	3in（76.2mm）
质量（大约）	1320 lb
工作压力（最大）	10000psi
承受上部压差	10000psi
承受下部压差	10000psi
控制通道工作压力（最大）	10000psi
工作温度范围	−32~250℃
最大拉伸载荷（最大工作压力）	400000 lbf

表6-5 3in电液加速包参数表

环境条件（水下）	钻井液或海水（相对密度1.03~1.5）
水下电源需求	60~90V DC @ 地面
电源要求	110~220V，50Hz或60Hz
设备工作水深	10000ft（液压软管长度限制）
总长（无护丝）	22.5in（517.5mm）
外径（最大）	12.5in（317.5mm）
内径（最小）	3in（76.2mm）
质量（大约）	100kg
工作压力（最大）	10000psi
控制通道最大压力	7500psi
螺线管电压消耗	2~14W（电压决定）
最大拉伸载荷（最大工作压力）	508000 lbf
工作温度范围	−20~121℃

承留阀用于在解脱时隔离油气，防止环境污染并保护隔水管，承留阀参数见表6-6，深水储能器参数见表6-7。

表6-6 水下树承留阀参数表

设计加工标准	API 6A& API 14A SI289
适用于	H_2S
质量（大约）	800 lb
总长度（无护丝）	41in（1041mm）
最大外径	12in（305mm）
最小内径	3in（76.2mm）
坐落管柱工作压力	10000psi
液压通道最大工作压力	10000psi
承受下部压差	—
承受上部压差	10000psi
最大拉伸载荷（最大工作压力）	400000 lbf
工作温度范围	−18~121℃

表6-7 深水储能器参数表

设计加工标准	API 6A& API 14A SI289
适用于	H_2S
质量（大约）	1720 lb
总长度（无护丝）	105.165in（2683.51mm）
最大外径	12in（305mm）
最小内径	3in（76.2mm）
坐落管柱工作压力	10000psi
液压通道最大工作压力	10000psi
最大扭矩	8000 lbf·ft
最大拉伸载荷（最大工作压力）	400000 lbf
工作温度范围	−20~121℃

第九节 地面流程设计

一、地面流程的组成

（1）测试地面流程设备包括以油嘴管汇为界的上游设备、下游设备及辅助设备。

（2）上游设备包括但不限于地面测试树、地面安全阀、含砂探测装置、除砂器、化学注入装置及油嘴管汇等。

（3）下游设备包括但不限于蒸汽换热器、三相分离器、密闭罐、平台固定油气分配管汇、平台固定油气管线及燃烧臂等。

（4）地面流程辅助设备包括但不限于锅炉、压风机、输油泵、数据采集系统、喷淋冷却系统等。

二、地面流程的要求

（1）地面流程的连接方案：

①根据测试计划提前对设备及流程摆放区域进行确认，制定相应的地面流程设备摆放图；

②如平台测试设备摆放区域允许，推荐将法兰等金属密封连接方式的测试主流程固定在平台上，以节约设备动复原时间及测试准备时间；

③如果平台的测试设备摆放区域不能满足长期固定测试主流程的要求，则应将测试安全所需的高低压安全泄压管线提前安装在平台上；

④预测井口压力超过 55MPa 或井口温度超过 100℃时，地面流程高压部分的连接宜采用金属密封。

（2）高产油气流：

① 地面流程的设备规格及流动校核应满足测试地质设计要求；

②应重点考虑在不同流量条件下流体内固相颗粒对测试流程的冲蚀影响。

（3）水合物防控：

①化学注入应综合考虑地面、水下及井下对水合物的防控；

②结合水合物的生成图版对地面流程进行温度压力的校核，重点关注压力、温度及管径有较大改变的地方。

（4）气井或轻质油井（原油相对密度不大于 0.9）测试：

①应考虑对凝析油或轻质油进行二次油气分离；

②根据天然气气体组分的腐蚀性选用相应流程设备材质；

③应考虑天然气中非可燃组分不同含量下的燃烧。

（5）稠油测试：

①油嘴管汇上游测试流程应具备一定的加热及保温能力；

②测试流程中的原油储罐应具备加热能力；

③地面测试流程应与人工举升工艺相适应；

④应对流程进行优化以缩短测试流体泵输的距离；

⑤应考虑稠油的油水分离、储存或燃烧处理方式。

（6）地面测试流程需要与平台的测试服务能力相适应，油气燃烧的热辐射抑制必须控制在安全限度以内。

（7）地面流程的固定及接地：

①地面流程设备及管线必须进行妥善的固定，加热炉、分离器、密闭罐及油嘴管汇等设备应摆放平稳，每侧至少应有一个固定点通过钢板或角钢与钻井装置甲板焊接固定；

②对于密闭罐等超高设备，应在恶劣环境条件下对不同液位的罐体进行稳定性分析，考虑使用斜拉绷绳加以固定；

③流动管线和连接弯头应摆平、垫稳，通过管子托垫和钻井装置甲板焊接固定，并用安全绳缠绕拉紧固定到甲板上焊接的固定点；

④软管采用安全绳固定；

⑤测试设备的静电接地应符合 SY/T 5984—2014《油（气）田容器、管道和装卸设施接地装置安全规范》标准。

三、地面流程的设计

（1）流体流速校核计算：

对地面返出流体在整个地面流程中的流速进行校核计算，以满足不同设备对于流速的安全要求。

（2）压力及温度校核计算：

①在满足设定产能的条件下，对整个测试流程进行压力及温度校核，以保证地面测试流程的压力及温度变化在可控范围以内，避免高产气井作业在大油嘴求产期间的井口高温导致的密封失效；

②校核计算应重点考虑油嘴管汇节流前后、加热器可调油嘴节流前后、分离器下游管线至燃烧臂等部分。

（3）安全泄压管线校核计算：

对所有压力容器的安全泄压装置按照 API RP520、API RP521 标准进行安全校核。

（4）对固相颗粒的防控设备进行最大过流能力的校核。

（5）对水合物的防控能力进行校核计算，确定化学药剂的推荐注入量，并对注入量进行分配。

（6）对燃烧的油气进行热辐射分析及燃烧噪声评估，并对硫化氢及二氧化碳进行扩散分析。

四、紧急关断系统设计

（1）系统设计基本要求：

①应至少具有地面测试树及地面安全阀两道安全屏障；

②应具备在 20s 以内完全关断地面流程的能力；

③具有手动（人工关断）和自动控制（自动关断）两种功能。

（2）地面测试树流动端阀门和地面安全阀阀门应为失压关闭型闸板阀。

（3）地面流程压力容器类设备（例如：加热器、分离器及密闭罐等）除自带安全泄压阀之外，宜安装高低压紧急泄压安全阀。

（4）地面紧急关断系统与水下紧急关断系统的逻辑关系如图 6-1 所示。

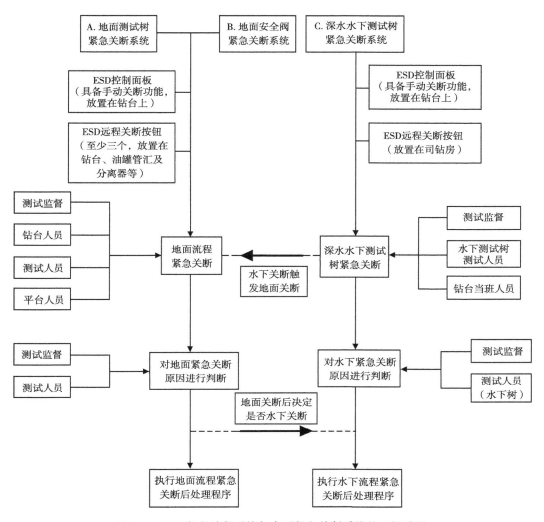

图 6-1 地面紧急关断系统与水下紧急关断系统的逻辑关系

第十节 流动保障措施

深水作业环境下的流动保障措施是深水油气测试作业中不可缺少的组成部分，直接关系到测试作业安全。就深水油气测试设计而言，流动保障内容涉及潜在堵塞处理（包括水合物、沥青质沉积、结蜡、结垢、出砂等）和系统完整性保障（如腐蚀、冲蚀）等方面。主要处理措施是利用流体物性和输送系统的热动力特性，制定系统的运行操作策略，控制井筒中的水合物、蜡、沥青质、水垢等固相的沉积，防止流动通道的堵塞。流动保障的核心在于预防和控制固相的沉积，其控制方法主要包括以下 3 种：

（1）热动力控制，使系统的操作压力和温度远离固相形成的区域；

（2）动力、化学控制，控制固相沉积的条件；

（3）机械控制，通过机械疏导操作清除固相沉积物。

对于深水油气测试及生产作业期间的天然气水合物、蜡、垢的预防，主要采取在设置的注入点定期或连续注入化学抑制剂操作来实现。

一、水合物

天然气水合物是流动保障中最重要的问题，在大部分深水油气测试作业中，海底环境低温是导致井筒内形成水合物的主要因素。水合物对测试作业的危害巨大，对其预测与防治是深水油气测试作业必须考虑的主要问题。

（一）水合物危害

（1）节流压井管线堵塞，无法恢复循环作业；

（2）隔水管、防喷器或套管与测试管柱的环空形成堵塞，无法移动测试管柱；

（3）防喷器连接器的空腔形成水合物，无法正常解脱防喷器，被关闭的防喷器闸板腔中形成堵塞，不能完全打开防喷器；

（4）井下工具的控制管线内形成水合物，导致井下工具控制失效；

（5）在清井放喷时，泥线附近、油嘴阻流管汇易形成水合物，造成清井放喷失败。

（二）水合物的形成条件分析

1. 存在游离水

（1）钻井液滤液的回返。

（2）固井质量差引起的含水层的窜槽。

（3）水基射孔液在测试返排时形成的自由水。

（4）气层空隙中本身含有的水。

2. 低温和高压条件

（1）深水海底泥面低温及井下高压环境。

（2）气体压力波动或流向突变产生扰动或有晶体存在。

3. 水合物生成预测及计算

（1）模拟测试过程中井筒剖面及地面流程的温度、压力场分布。

（2）预测水合物的生成趋势，绘制出水合物生成的包络线图版用于指导水合物防治。预测方法有：图解法、经验公式法、平衡常数法和统计热力学法等。

（3）在不同产量条件下水合物抑制剂注入量的预测计算。

4. 水合物防治

（1）尽量减少系统中引入自由水。

（2）将流体压力温度控制在预测的水合物形成图版的包络线以外。

（3）选用高效的水合物抑制剂（甲醇、乙二醇等）。

（4）根据预测计算，实时调整作业过程中水合物抑制剂的注入量大小，选择合适的化学注入泵。

（5）根据测试工作制度，宜在每个流动阶段前提前向管柱注入水合物抑制剂。

（6）根据实钻井资料，优化水合物抑制剂注入点，宜分别在井下（泥面以下）、水下（水下测试树或防喷阀）、地面测试树和地面油嘴管汇上游进行注入。

（7）降低油嘴管汇上下游的压降幅度。对于可能出现的较大压降，应考虑使用二级节流，并避免流程中的管径突变造成水合物冻堵。

（8）在关井期间，使用氮气对整个地面流程进行扫线。

（9）地面出现大量水合物或堵塞，应立即关井，使用蒸汽进行加热及增大地面水合物抑制剂的注入量进行解堵。

（10）开井作业之前，连续油管及钢丝设备应现场待命。

（11）测试过程中，推荐实时监测泥线、井口和分离器处流体的温度和压力，为防治水合物提供数据依据。

5. 水合物抑制剂选择

（1）目前深水作业中常用的热动力学水合物抑制剂有甲醇、一乙二醇（俗称乙二醇）、二甘醇和三甘醇等，其性能见表6-8。

表6-8　甲醇、一乙二醇、二甘醇和三甘醇性能表

项目	一乙二醇	二甘醇	三甘醇	甲醇
分子量	62.10	106.10	150.20	32.04
77℉相对密度	1.110	1.113	1.119	0.770
14.7psi沸点（℉）	387	473	546	148
冰点（℉）	8.6	17.6	19.4	−143.0
闪点（℉）	241	280	320	54
爆炸下限浓度（%）	3.2	—	0.9	6.0
毒性	有	有	无	有

（2）综合考虑各种抑制剂的性能、健康安全环保要求及经济性选择合理的水合物抑制剂。

（3）选择和使用水合物抑制剂应符合2011年颁布的《危险化学品安全管理条例》（中华人民共和国国务院令第591号）规定。

二、结蜡预防

（一）结蜡导致的问题及处理

（1）内表面上的沉淀造成受影响区域的压降增加、流量受限，还可能产生堵塞；

（2）流体的黏度增加，需要增加井口背压来输送流体；

（3）长期关井的情况下，温度降低导致油气在井筒中容易凝结，需要显著地增加动力（压力）来再次恢复油气输送。

（二）结蜡预测

如果在测试之前有油藏样品，应对该样品的浊点、倾点、各种流动及静态温度下的黏度及组分进行分析，以确定原油的结蜡条件。结合井筒温度场的计算，预测结蜡深度。

（三）防蜡措施

（1）对于高凝油或中凝油的深水油气测试，测试过程中可能出现结蜡，应在结蜡点以上使用保温油管、注入化学药剂（结蜡抑制剂、倾点降低添加剂）或者采用加热等方法，防止出现结蜡现象。

（2）为了确保原油在深水油气测试井筒中（特别是在泥线附近）的流温始终保持在结蜡点以上，需要采取热补偿措施。

对于可能出现的测试流动中断，应制定有效的应急作业程序以防止温度降低导致结蜡。

三、沉积垢的预防

如果对水层测试，应考虑沉积垢防治。沉积垢主要由钙、锶和钡三种金属对应的碳酸盐和硫酸盐组成，或者由硫化铁、氢氧化铁和碳酸铁等铁的多种化合物组成。

（1）测试中沉积垢的生成途径主要有以下两种。

①井筒或者地面流程的温度、压力变化，碳酸钙、碳酸镁等由于溶解度降低形成沉积聚集并生成沉积垢。

②两种互相不配伍的水源（如地层水与海水）在一起混合，产生硫酸盐类型的沉积垢。

（2）如果在测试之前有地层水样品，宜对该样品参照 API RP45 标准进行水样分析，然后运用相关结垢模拟预测软件来确定地层水中沉积垢形成的条件和趋势。分析内容如下：

①在特定的条件下可能形成的结垢量；

②结垢形成位置；

③结垢造成的经济损失和危害。

（3）沉积垢防治及防垢剂。

对预测有地层水产出并容易结垢的测试井，可通过往井下注入防垢剂来预防结垢。

常用防垢剂有无机磷酸盐类、有机聚合物及聚乙烯磺酸盐共聚物类等。根据经验各种防垢剂的注入浓度为 $10\sim100mg/L$ 的范围。

四、沥青预防

沥青的析出是一个复杂的物理化学过程，如果在测试之前有油藏样品，应对该样品进行原油中沥青含量测定、沥青的析出条件及组分分析，以确定原油中沥青析出的可能性和析出程度。

对于原油中可能会析出沥青的深水油气测试，测试过程中应通过连续注入化学药剂（沥青抑制剂）或者采用往地层挤入沥青溶剂等方法，防止出现沥青聚集；也可考虑运用磁力、超声波等技术来预防。

对于可能出现的测试流动中断，应制定有效的应急作业程序防止沥青的析出。

第十一节　防砂设计

防砂方式选择主要考虑储层物性、油水关系、储层保护、沉积相特征、钻完井成本以及地层砂粒径筛析结果中均质系数和分选系数、细粉砂含量、泥质含量等关键因素。

一、设计原则

（1）避免出砂或适度可控出砂。

（2）避免在高产条件下固相颗粒对井下工具和地面流程设备的冲蚀。

二、工艺设计

（1）通过出砂分析确定出砂的可能性。

（2）宜采用下套管固井完井方式。

（3）宜在井下管柱中安装筛管。

（4）应控制诱喷及生产压差。

（5）设计足够的沉砂口袋。

（6）管柱设计时应考虑出砂影响。

（7）油嘴管汇上游安装含砂监测仪。

（8）地面流程安装除砂器。

（9）备用连续油管设备，备用盛砂的容器。

第十二节　井 控 设 计

一、井控设计要求

井控设计应满足以下规范对井控的要求：

（1）《海上钻井作业井控规范》（Q/HS 2028—2007）；

（2）《海洋钻井手册》（《海洋钻井手册》编委会，石油工业出版社）。

二、最大关井井口压力计算

根据公式（6-1）计算最大关井压力：

$$p_{\text{whmax}} = p_{\text{b}} / e^{(0.000111549 \times \gamma_{\text{g}} \times L)} \qquad (6-1)$$

式中　p_{whmax}——最大关井压力，MPa；

$\quad\quad p_{\text{b}}$——泡点压力，MPa；

$\quad\quad \gamma_{\text{g}}$——气体相对密度；

$\quad\quad L$——井筒中流压为泡点压力处深度，m。

三、井控设备

（1）深水油气测试中的井控设备包括钻井井控设备和测试井控设备。在深水油气测试中，视井下测试阀、水下测试树、防喷阀、井下安全阀、地面测试树、地面安全阀等为测试井控设备。

（2）防喷器的额定工作压力级别不能低于油气藏的原始压力，至少含有 3 个闸板、1 个剪切盲板和上、下万能防喷器。防喷器及隔水管内径应满足测试作业的要求。闸板防喷器应能关闭除井下工具之外所有管柱，剪切闸板强度及操作压力能够剪切穿过闸板处的短节，闸板间的配长满足水下测试树配长的要求。

（3）测试管柱至少具备 2 道安全屏障。

（4）水下测试树应具备以下功能：

①水下快速关断；

②具备连续油管、钢丝剪切能力；

③对于电液系统，在 15s 内完成关井及解脱，电液控制系统失效时，具有备用解锁方式；

④回接功能。

为确保测试设备及测试流程安全，须安装应急关断系统，其控制点要求见表6-9。

表6-9　应急关断系统的控制点要求

类型	关断类型	数量	推荐安装位置
地面流程	ESD	5	测试区域逃生路线1 测试区域逃生路线2 司钻房 油嘴管汇 锅炉房
水下测试树	ESD	2	水下测试树控制面板
	EQD	2	司钻房

四、测试作业井控措施及处理

（一）井控措施

（1）防喷器闸板压力和万能防喷器压力级别均要求大于地层最大压力。

（2）测试管柱尺寸在可变闸板范围内。

（3）经理论计算，剪切闸板能剪断坐落管柱剪切短节（OD4.25in）。

（4）水下测试树具备应急解脱、关井和剪连续油管及电缆的能力。

（5）按BOP和隔水管防水合物程序防止水合物生成。

（6）使用测试液相对密度大于地层最高压力系数。

（7）压井根据实际情况，宜采用司钻法压井，减少井内钻井液静止时间。

（8）井控期间，定期通过阻流压井管线向BOP组注入水合物抑制剂。

（9）尽可能地维持井内较高的温度（即避免长时间静止）。

（二）隔水管内溢流气体的处理

（1）关井后，关闭转喷器，通过油气分离器的出口监测隔水管内是否存在溢流，如有溢流，再关闭一个闸板防喷器；

（2）若隔水管内继续溢流，判断油气分离器能否满足隔水管内溢流气体量的处理，若能则可使用油气分离器进行处理；

（3）如果不能确定溢流中气量大小，则导通舷外排放；

（4）观察直至无溢流后，才可打开转喷器。

（三）圈闭气的处理

测试管柱特点是解封封隔器之后，防喷器关闭位置的管柱上带有化学药剂注入管线，不能直接关闭闸板防喷器压井，只能关闭万能防喷器，因此测试期间的圈闭气处理不同于钻井期间的圈闭气处理。

上提管柱拔出封隔器后，上提至合适位置关闭万能防喷器压井，结束后，有两种方案选择处理圈闭气。

1. 重钻井液压出法

（1）从隔水管增压管线替入高密度的重钻井液至万能防喷器以上100m隔水管内容积，

保持阻流管线打开，打开下万能防喷器，利用"U"形管原理将下万能防喷器下方可能存在的少量圈闭气诱导至阻流管线内；

（2）打开下万能防喷器期间保持计量罐持续灌浆，监测隔水管液面稳定后，计量阻流管线返出情况；

（3）关闭下万能防喷器，通过压井管线循环压井液，替出阻流管线内混合液体，并监测返出情况，确认压井阻流管线内全部为压井液；

（4）从隔水管增压管线循环压井液一个隔水管内容积，顶替出隔水管内的重钻井液。

（5）打开下万能防喷器，进行溢流检查。

2. 轻流体诱喷法

（1）从阻流管线替入轻密度流体，停泵后，导通至油气分离器，保持阻流管线打开，打开下万能防喷器，利用"U"形管原理将下万能防喷器下方可能存在的少量圈闭气诱导至阻流管线内；

（2）打开下万能防喷器期间保持计量罐持续灌浆，监测隔水管液面稳定后，计量阻流管线返出情况；

（3）关闭下万能防喷器，通过压井管线循环压井液，替出阻流管线内混合液体，并监测返出情况，确认压井阻流管线内全部为压井液；

（4）从隔水管增压管线循环压井液一个隔水管内容积，顶替出隔水管内可能滑脱的少量气体；

（5）打开下万能防喷器，进行溢流检查。

注意：使用重钻井液压出法或者轻流体诱喷法，需要根据地层承压情况和压井液相对密度富余量的实际情况综合考虑来选择。

（四）应急关井要求

在测试过程中，如果出现以下情况，需立即进行井下关井。

（1）测试环境中硫化氢浓度高于 10mg/L。

（2）大气中的 SO_2 浓度连续 3h 超过 1mg/L 或 24h 超过 0.3mg/L。

（3）环境中可燃气体浓度高于 10% 且持续 3min 以上。

（4）测试流程中出现任何泄漏和压力突变。

（5）燃烧头故障或燃烧不充分。

（6）发现原油落海或甲板上发现原油。

（7）流动温度或压力超过地面测试设备等级或井控设备等级。

（8）预测的地面关井压力超过井控设备等级或地面测试设备等级。

（9）环境条件恶劣。

（10）靠船、台风或其他事件对人员、钻井装置、环境或井筒安全造成威胁。

第十三节　应急解脱方案

一、作业准备

（1）保障水下测试树工程师、防喷器水下工程师及动力定位操作工（DPO）之间的信息畅通。

（2）确认钻井装置设备及测试管柱的能力。

（3）确认钻井装置应急关断剪断管柱所需的时间。

（4）确认水下测试树应急解脱所需的时间。

（5）确认钻井装置隔水管挠性接头允许的最大偏离角度。

（6）确认水下测试树允许的最大偏离角度。

（7）确认钻井装置允许的最大漂移半径。

（8）重新校核环境参数对钻井装置漂移的影响。

（9）确认钻井装置动力系统、定位系统、定位控制系统的工况良好。

（10）确认钻井装置漂移的观察圈监测图。

（11）确认水下测试树剪切短节及其位置。

（12）校核测试管柱的安全性（在钻井装置允许的最大漂移半径下）。

（13）明确各个应急关断系统应急解脱时关断的操作顺序。

①正常关断时，关断顺序为：环空泄压、关闭井下测试阀、关闭水下测试树、关闭承留阀（同时泄掉水下测试树与承留阀之间的压力）；解脱水下测试树、关闭地面应急关断系统（如果时间充裕可以在解脱水下测试树之前对关闭后的水下测试树球阀底部试压）、释放掉过提拉力、向下坐 22.2kN（5000 lbf）左右的重量进行解脱；解脱后打开全部补偿器上提水下测试树脱闩部分至隔水管挠性接头以上。

②应急关断时，关断顺序为：关闭水下测试树、关闭承留阀（同时泄掉水下测试树与承留阀关闭球阀之间的压力）；解脱水下测试树；解脱隔水管。

（14）明确 DPO、司钻、防喷器水下工程师、水下测试树工程师岗位职责。

（15）水下测试树的功能试验。

（16）水下测试树机械解脱的可靠性检查。

（17）开井测试前的应急解脱演练。

二、水下测试树解脱及回接程序

(一) 常规解脱

（1）停止钢丝或者连续油管作业，起出作业工具，若时间不允许起出钢丝或连续油管，则需要先剪切钢丝或连续油管；

（2）确认判断隔水管下部的挠性接头角度，评估操作的可行性；

（3）如果时间充裕，可以对关闭的水下测试树阀进行密封试压；

（4）试压合格后泄掉所有压力；

（5）电路控制面板关闭回收阀；

（6）关闭地面测试树压井翼阀和流动翼阀，泄掉压井翼和流动翼的管线压力；

（7）泄掉环空压力；

（8）释放过提悬重，下放 22.3kN（5000 lb）管柱重量；

（9）再次确认承留阀和水下测试树关闭，储能器补压力；

（10）解脱水下测试树；

（11）上提水下测试树解脱部分至隔水管下部挠性接头以上，记录悬重；

（12）关闭剪切盲板。

（二）应急解脱

（1）确认液压控制面板压力；

（2）启动地面测试应急关断系统，确保无关人员远离钻台；

（3）操作电路控制面板应急解脱；

（4）上提水下测试树解脱部分至隔水管下部挠性接头以上，记录悬重；

（5）关闭剪切盲板。

（三）控制系统故障时解脱

（1）电路失效：在电路失效后，关闭电路控制面板的电源，通过脐带缆液压控制管线过载加压实现解脱，或通过上环空加压击破水下测试树上部破裂盘实现解脱。

（2）电液失效：在电液也失效后，可通过正转管柱至少6圈进行解脱，或关闭防喷器剪切闸板剪断水下测试树剪切短节实现脱离。

（四）水下测试树回接

（1）确认液压控制面板压力和电路控制面板状态；

（2）打开补偿器，小排量循环，缓慢下入管柱，离 BOP 剪切盲板顶部适当距离时打开剪切盲板；

（3）减小循环排量，下探水下测试树阀体部分；

（4）确认探到阀体，停止循环，继续下放管柱一定重量；

（5）功能回接；

（6）过提一定重量管柱，确保回接成功；

（7）确认所有设备功能处于良好状态；

（8）设定控制系统，打开水下测试树阀；

（9）若回接成功，释放一定过提拉力，继续下步作业；

（10）若回接失败，上提管柱至隔水管下部挠性接头以上，重复以上步骤；

（11）若尝试多次仍未能成功回接，起管柱，检查回接部分和密封件。

三、钻井装置发生漂移时的应对措施

一旦钻井装置发生漂移，在不同的观察圈中，应采取不同的应对措施，详细的应对方法见表 6-10（角度的确定与动力定位船体的飘移设定和设备的最大允许偏角有关）。

表 6-10　钻井装置发生漂移时的应对措施

作业描述	绿色观察圈	预警圈	黄色警报圈	红色警报圈
下入测试管柱	继续作业，注意天气变化，控制室正常作业，检查并适当调整平台位置	停止作业，评估未来天气变化，DPO 密切监测平台的漂移状况，熟悉应急反应程序	如果管柱在防喷器以上，停止继续下入；如果测试管柱在防喷器以下，调整管柱位置，如果漂移趋势恶化，关闭上部变径钻杆闸板，进一步评估作业与天气状况，根据状况解脱水下测试树。需要解脱以中控通知为准	如果管柱在防喷器的位置，快速释放送入钻柱，再快速解脱隔水管（不能剪切射孔枪）。如果管柱不位于防喷器位置，司钻必须迅速解脱隔水管

185

作业描述	绿色观察圈	预警圈	黄色警报圈	红色警报圈
放喷测试	继续作业，注意天气变化，控制室正常作业，检查并适当调整平台位置	评估作业状态、未来天气变化趋势；DPO密切监测平台漂移情况，继续作业，不进行新的作业，等待下步指令，熟悉应急反应程序	环空泄压关闭井下测试阀，关闭水下测试树，视情况泄掉球阀上部压力。根据漂移状况解脱水下测试树（确定管柱上提到 LMRP 连接器的上方），需要解脱以中控通知为准	司钻快速启动应急解脱程序
关井回复压力	继续作业，注意天气变化，控制室正常作业，检查并适当调整平台位置	回收上提连续油管、钢丝、电缆到井下测试阀上，并悬挂于井口；等待下步指令；评估作业现状与未来的天气变化趋势；DPO 密切监测平台漂移情况	如果时间允许，起连续油管至水下测试树上方；如果时间不允许，保持连续油管在上提状态，根据钻井船漂移状况，关闭水下测试树，剪切连续油管；剪切后立即上提连续油管，再次评估作业现状；视需要解脱水下测试树。需要解脱以中控通知为准	司钻快速启动应急解脱程序
起测试管柱	继续作业，注意天气变化，控制室正常作业，检查并适当调整平台位置	停止起管柱作业；将井下管柱上提至防喷器剪切闸板以上	如果管柱在防喷器上方，停止作业；如果管柱位于防喷器下部，调整管柱位置，关闭上部变径钻杆闸板	司钻快速启动应急解脱程序

第十四节　油气层封隔设计

一、封隔依据

深水油气测试油气层封隔参照执行国家安监总局令第 25 号《海洋石油安全管理细则》及 Q/HS 2025—2010《海洋石油弃井规范》要求，以下摘自 Q/HS 2025—2010《海洋石油弃井规范》中与油气层封隔相关内容。

（一）永久弃井

1. 套管井油气层封隔

1）油气层层间封隔

自每组油气层底部以下不少于 30m 向上注水泥塞，水泥返高不应少于射孔段以上 30m，层间距较短时亦可在油气层射孔段顶部以上 15m 内下桥塞、试压合格并倾倒水泥。

2）顶部油气层封堵

最上部油气层的水泥返高不应低于射孔段顶部以上 100m，候凝、试压并探水泥塞顶面；或在最上部射孔段顶部以上 15m 内下入桥塞、试压合格，并在桥塞上注长度不小于 100m 的水泥塞。特殊井应在顶部射孔段以上 15m 以内下入挤水泥封隔器、试压合格，采用试挤注、间歇挤水泥的方法向油气层挤水泥，设计最小挤入量不应少于 15m 长的井筒容积，最高挤入压力为该井段原始地层破裂压力。挤水泥结束后，在挤水泥封隔器上注长度不小于 50m 的水泥塞。

2. 裸眼井或筛管井油气层封隔

1）油气层层间封隔

用水泥塞封堵裸眼井段或封隔裸眼筛管井段的油、气、水渗透层之间流动通道，单个水泥塞长度不应小于 50m。用水泥塞封堵油、气、水层时，自所封堵油、气、水层底部 30m 以下向上覆盖至所封堵层顶以上不少于 50m。

2）顶部油气层封堵

在裸眼上层套管鞋或筛管顶部封隔器以下 30m 附近，应向上注一长度不小于 100m 的水泥塞，候凝、探水泥塞顶面并试压合格。特殊井应在裸眼上层套管鞋或筛管顶部封隔器以上 30m 内坐封一只挤水泥封隔器，试压合格，采用试挤注、间歇挤水泥的方法向油气层挤水泥，设计最小挤入量不应少于 30m 的井筒容积，最高挤入压力为该井段原始地层破裂压力。挤水泥结束后，在挤水泥封隔器上注长度不小于 100m 的水泥塞。

（二）临时弃井

1. 套管井油气层封隔

（1）应在每组射孔段顶部以上 15m 内下可钻桥塞倾倒水泥或注水泥塞封隔油气层。顶部油气层以上 15m 内应下桥塞、试压合格并在其上注长度不小于 30m 的水泥塞，或注不少于 50m 水泥塞，候凝、探水泥塞顶面并试压合格。

（2）天然气井、含腐蚀性流体的井或地层孔隙压力当量密度高于 1.30g/cm³ 的其他井（以下简称为"特殊井"），油气层间用注水泥封隔时水泥塞长度不应小于 30m，用桥塞进行封隔时桥塞顶部应倾倒水泥，顶部油气层以上 15m 内应下可钻桥塞、试压合格并在桥塞上注长度不小于 50m 的水泥塞。

（3）在尾管悬挂器、分级箍以下约 30m 处向上注一个长度不小于 60m 的水泥塞，候凝并探水泥塞顶面。

（4）在表层套管鞋深度附近的内层套管内或环空有良好水泥封固处向上注一个长度不小于 50m 的水泥塞（特殊井此处水泥塞长度不应小于 100m），候凝并探水泥塞顶面。

（5）在水面以上保留井口时，完成最后一个弃井水泥塞作业后，应在水泥塞以上采取防腐、防冻措施；在水面以下保留井口时，应装好井口帽或泥线悬挂器的防护帽，根据需要可采取防腐、防水合物等措施。

（6）按当地政府主管部门要求设置井口标志物和安全保护设施。井口标志物应符合 GB 12708—1991《航标灯光信号颜色》，CB 767—1968《信号浮标》，CB/T 876—1993《船用通信闪光信号灯》，SY/T 6632—2017《海洋石油安全警示标志》的要求。

（7）临时弃井结束，按政府主管部门要求提交资料备案。

2. 裸眼井油气层封隔

（1）在裸眼井段或筛管内充填保护油气层的完井液。

（2）在裸眼上层套管鞋或筛管顶部封隔器以上 30m 内坐封一只可钻桥塞并试压合格，在桥塞上注长度不小于 30m 的水泥塞。特殊井在桥塞上所注水泥塞长度不应小于 50m。候凝、试压并探水泥塞顶面。

（3）在表层套管鞋深度附近的内层套管内或环空有良好水泥封固处向上注一个长度不

小于 50m 的水泥塞。特殊井应在此位置坐封一只可钻桥塞，试压合格并在其上注长度不小于 100m 的水泥塞。

（4）后续按"套管井油气层封隔"中（5），（6）和（7）的要求完成作业。

二、作业程序

对于单层测试井的油气层封隔，若按临时弃井处理，参照以下程序。

（1）确认井下测试工具正常，录取压力数据有效，按设计要求电缆下入桥塞（水泥承留器）进行封层作业。

（2）选择距测试层 20~30m，避开套管接箍作为桥塞的坐封位置，定位桥塞坐封位置，确认无误后点火坐封桥塞。

（3）起出电缆下桥塞工具。

（4）关闭防喷器盲板。

（5）根据设计要求对桥塞试压，15min 稳压合格。

（6）组合并下入固井管柱下探桥塞，当遇阻达 5000 lb 时，上提管柱到安全位置，记录下桥塞顶部深度。

（7）在桥塞顶部打一个长度不小于 100m 的水泥塞。

（8）候凝，探塞，按规定试压至合格。

（9）起钻，技术套管内表层套管鞋以下位置处，打一个长度不小于 100m 的悬空水泥塞。

（10）候凝，根据设计要求决定是否探水泥塞面并试压。

（11）根据设计要求决定是否做负压测试。

（12）将工具起出转盘面移交钻井作业。

第十五节　风险分析及对策

深水油气测试作业非常复杂，风险较大。一旦发生风险，后果严重，所以深水油气测试重在预防风险。

一、水合物

（一）测试过程中生成水合物的预防措施

（1）在化学药剂注入阀（临界深度以下）、水下测试树、防喷阀及地面阻流管汇处注入抑制剂；

（2）调节气井放喷产量，以控制井筒温度压力剖面；

（3）采用一开一关制度；

（4）在海床面设温压监测装置，以实时监测是否有水合物产生；

（5）能在极端工况下防治水合物的测试液；

（6）压井阻流管线和 BOP 腔内提前替入水合物抑制剂。

（二）应急处理措施

（1）在出现生成水合物的征兆后，以上措施均无效，紧急关井；

（2）作业期间准备好连续油管设备，一旦生成水合物，关井降压无法解堵则使用连续油管，用化学药剂冲洗及钻头磨铣的方式解堵。

二、地层出砂

（一）测试过程中地层严重出砂的预防措施

（1）实际钻进时留足够的沉砂口袋；

（2）根据前期相同储层砂岩粒度情况对比，优化筛管挡砂精度，钻进至目的层时，根据实钻情况适时调整防砂参数，在测试管柱中下入合适的筛管；

（3）统筹考虑放喷产量及出砂量，选择合适的生产压差；

（4）地面设备中安装有除砂器，密切关注出砂量；

（5）地面流程中有出砂监测系统实时监测。

（二）应急处理措施

测试管柱中设计机械脱手工具，若砂埋严重无法起出，机械脱手起出上部管柱。

三、测试管柱泄漏

（一）测试管柱泄漏的预防措施

（1）采用双台阶金属气密扣的高强度厚壁 PH4 油管；

（2）采用适当措施使开关井期间测试管柱受力最小；

（3）下入过程和开井前对整个管柱进行试压，试压合格后方能开井。

（二）应急处理措施

（1）水下测试树以下管柱泄漏，关闭测试阀，打开循环阀压井，与基地讨论下步措施；

（2）水下测试树以上管柱泄漏，关闭测试阀，放空测试管柱内压力，管柱内替入诱喷液垫，脱手水下测试树，起出上部管柱，更换后，下入回接继续测试。

四、地面管线泄漏

（一）测试过程中地面管线泄漏的预防措施

（1）管线采用法兰连接，地面设备模块化，降低泄漏风险；

（2）井下设计防砂筛管，地面设计除砂器，减少出砂对管线的冲蚀破坏；

（3）开井前对整个流程阀门、设备进行逐个试压；

（4）流程中设计超低压报警关断装置，管线泄漏压力过低会自动关断；

（5）流程中设计多处应急关断按钮。

（二）应急处理措施

（1）发现泄漏后，从能控制的任何位置第一时间关井，如井下测试阀、水测试下树、承留阀、防喷阀、地面测试树、应急关断和油嘴管汇；

（2）关井后为防高温低压环境生产水合物，需持续一段时间注入甲醇；

（3）若需要继续开井，更换泄漏位置后，继续开井。

五、溢油

（二）测试过程中溢油的预防措施

（1）采用密闭罐，防止清喷期间凝析油外溢；

（2）诱喷液垫经密闭罐回钻井液池，确认无油后方能排放；

（3）严格控制密闭罐压力和液位，防止通过安全管线排海；

（4）采用新型燃烧头，确保凝析油燃烧充分；

（5）放喷求产期间，平台和拖轮严密注视海面。

（二）应急处理措施

（1）发现溢油后，立即查找溢油源并关闭；

（2）视情况，确认是否启动溢油应急预案。

第十六节　复杂情况处理

一、点火射孔失败

（1）现场确认服务商的管道输送射孔（TCP）作业程序和射孔枪回收程序；

（2）下钢丝工具通径，确认所有阀门打开；

（3）按照点火程序进行第二次点火；

（4）如果第二次点火失败，钢丝作业确认井口至点火头路径畅通，测试阀正常打开；

（5）确认以上情况正常，重复点火程序，尝试再次点火；

（6）如果多次尝试点火均失败，按照作业变更管理程序，申请作业变更；

（7）确认井筒稳定，起出测试管柱；

（8）起测试管柱时，控制起钻速度，保持匀速起钻，防止猛提猛放；

（9）起至射孔器材时，按照 SY/T 5325—2013《射孔作业技术规范》起射孔管柱，专业人员拆除未引爆的起爆装置，其他人员远离钻台位置，拆除的起爆装置放在防爆保险箱内，报废的其他火攻器材应按照 SY 5436—2016《井筒作业民用爆炸物品安全规范》中的有关规定执行；

（10）检查核实射孔失败原因，重新下入射孔管柱。

二、开井地面流程故障

（1）流动头主阀以上发生油气漏失，关闭主阀进行处理；

（2）流动头以下钻台以上管柱发生油气漏失，应首先关闭防喷阀及水下测试树，再关闭井下测试阀，通过油嘴管汇或应急放空管线尽快泄掉井口压力后再进行处理；

（3）如果考虑到油管内排空压差过大可能挤毁油管，可间歇排气并向油管内挤入海水，如果发现井口压力不能泄掉，表明测试阀未关闭或者未能完全关闭，应考虑进行应急压井，环空加压发指令打开 IRDV-CV 进行循环压井，结束本趟管柱的测试；

（4）发现地面油气泄漏，视泄漏位置及时关闭油嘴管汇、地面安全阀或流动头生产阀门，对泄漏设备进行整改；

（5）井口关井时，当井口压力或温度达到流动头、地面高压流程等设施的额定工作压力的 80% 时，用小油嘴控制开井泄压；

（6）如果发现流动头下游管道堵塞，应立即启用放空管线将天然气导通至燃烧臂，确保流程通畅后，再分析堵塞原因，冰堵通过加热和注化学药剂结合的方法解冻，其他杂物堵塞应辨明堵塞物性质，再做进一步清理工作，确保生产流程已经处理畅通后，选择合适油嘴控制井口压力进行求产，并通过加注化学药剂进行防冻，用海水持续喷淋地面流程管线防止管线结冰。

三、插入密封不能插入封隔器

（1）连接插入密封之前，在甲板再次确认封隔器下部每个工具的最大外径，并确保插入密封下部的所有管柱最大外径小于插入密封的本体外径，插入密封的密封胶环金属基座小于或等于密封单元的筒外径。如果因天气或装载撞击原因导致工程误差偏大，建议先用细砂纸稍做胶条打磨，并且入井之前涂抹好润滑油。

（2）插入密封插入时尝试下压不超过 5klb，将插入密封缓慢插入封隔器，插入前保持打开补偿器。对照下入表校核录井跟踪数据及封隔器坐封时打印结果，作为插入深度的考量。如果阻力不大，可考虑适当加大下压重量至 10klb。

（3）若尝试多次后无法插入，则再次检查确认与流动头相连到地面流程的畅通，能将插入管柱时排替出的液体顺利排掉，防止液锁憋压遇阻。若管柱内压力不断上升，则表明地面流程不畅通，通过油嘴放压缓慢插入。平稳缓慢下压插入，避免猛插顿钻，控制憋压压力不能太高，以防止憋压提前点火。

（4）若尝试多次不能下放，怀疑油管试压阀的蝶阀不能正常自动灌浆，考虑环空加压锁开油管试压阀后再进行插入。

（5）若以上措施尝试多次，均不能使封隔器插入封隔器，则可能封隔器位置有异物影响管柱的插入，考虑起钻，进行井筒清洁后再重新下测试管柱。

四、插入密封不能拔出封隔器

（1）分析插入密封不能拔出的原因；

（2）若还未射孔测试，初次插入封隔器后，油管试压阀 TFTV 未锁开，已插入的管柱会因液锁无法拔出，考虑锁开油管试压阀 TFTV 后壳拔出插入密封；

（3）若测试结束时发现插入密封不能拔出，则考虑因管柱内替成压井液后管柱自身悬重有所增加，根据实际情况进行计算，采取过提 10~20klb，尝试拔出插入密封；

（4）若测试过程中发现有出砂等现象，怀疑为插入密封以下管柱被砂埋不能正常拔出，尝试综合考虑射孔管柱中最薄弱工具抗拉强度的 80%过提或不超过测试管柱中最薄弱环节的强度过提；

（5）若仍然不能拔出，考虑通过激发管柱自带的机械脱手装置，脱手下部射孔枪组合后，再起出上部管柱；

（6）不能拔出，考虑先保持循环压井，汇报基地讨论后，再采取下一步操作。

五、射孔开井不出液

（1）井口开井监测，地层不出液；

（2）确认射孔枪是否正常点火射孔，若无法判断射孔枪是否正常射孔，按照射孔点火失败的处理方案尝试重新点火，直至正常点火射孔；

（3）若确认射孔枪已正常射孔，地层仍然不出液时，确认所有阀门正常打开，钢丝作业确认测试阀正常打开；

（4）继续开井监测，严密监视井口流动情况；

（5）若仍不出液，按照作业变更管理程序，采取下一步措施。

六、环空压力异常

（一）环空压力上升

（1）因管柱受热膨胀引起的环空压力上升，可在 DST 工程师的指导下，通过防喷器阻流管汇缓慢泄压至指定值；开井期间可根据实际情况，重复此步骤控制环空压力在指定范围。

（2）若环空压力上升不是因油管及环空井液膨胀引起，采取以下措施（当环空压力上升由井下泄漏引起，按井下管柱或封隔器泄漏处理）：

①尝试环空缓慢泄压至指定的范围，若不能泄压至指定范围，或泄压后环空压力迅速涨回，则立即停止环空泄压；

②确认关闭 BOP 闸板和压井阻流管线阀门；

③不要放掉环空压力，防止油气继续进入环空；

④关闭地面油嘴管汇，用钻井泵环空加泄压打开 IRDV 至循环位；

⑤反循环压井液，替出管柱内流体，走地面流程，进地面缓冲罐；

⑥循环干净后停泵；

⑦正循环至管柱内充满压井液；

⑧拔出封隔器，循环压井满足起钻要求；

⑨起钻更换管柱。

（二）环空压力下降

（1）出现环空压力下降，尝试环空补压至 DST 工程师指定范围内；

（2）若补压后环空压力继续下降，检查所有地面压井阻流管线有无泄漏；

（3）观察井口返出情况，监测井口压力变化情况，综合判断是否是测试管柱内外连通或封隔器泄漏；

（4）当环空压力下降由地面管线泄漏引起，关井检查漏点，维修或更换设备后继续开井；

（5）当环空压力下降由井下泄漏引起，按本章井下泄漏处理。

七、井下工具失效

（一）封隔器和密封总成

密封总成和封隔器密封筒失效均需考虑压井稳定后起出 DST 管柱，检查并更换新密封件，再重新下入井内。

（二）油管试压阀

（1）如果油管试压阀不能承压，尝试三次后，再次试压前，控制压力反循环冲洗试压阀阀板；

（2）如果反循环冲洗后，仍然不能承压，可考虑将油管试压阀设置成常开位置，将测试阀设置成测试位进行油管试压。

（三）测试阀

（1）如果初开时环空加压至设计压力后井口没有返出，采取措施如下：

①检查环空加压流程及压力表；

②如果流程及仪表均正常，环空泄压 30min，再次按照加压程序加压至设计压力，尝试打开测试阀；

③如果仍然不能打开测试阀，钢丝作业确认；

④若确认测试阀未能打开，考虑打开循环阀循环压井，起钻。

（2）如果测试阀关井时关闭失败，可尝试关闭井下一次性循环阀进行关井。

（四）循环阀

（1）将 IRDV 换位至循环位时，若是测试结束循环压井时，多次尝试均打开失败，有两种选择：

①环空直接加压打开备用循环阀，反循环出油管内的流体；

②泄掉油管压力，灌满管柱后打开备用循环阀。

（2）如果所有循环阀都不能打开，则尝试以下措施：

①下入管内打孔器；

②管柱内加平衡压后，在管柱上开孔；

③通过开孔反替管柱内的流体，经地面流程进缓冲罐；

④循环压井，起钻检查工具。

八、测试液沉淀

（1）刮管洗井起钻时，取井筒中的测试液样品，开井期间定期观察其养护样和常温样状况，如果测试期间发现底部出现沉淀或者养护样性能出现严重改变，考虑尽快结束测试，循环压井起钻；

（2）如果测试结束，进行压井作业前，环空加压不能打开循环阀进行循环，考虑下入管内打孔器，选择合适位置打孔，建立循环通道，反循环替出管柱内的流体，经地面流程进缓冲罐，循环压井，起钻检查工具；

（3）若循环压井结束，测试管柱无法起出，考虑后续解卡作业。

九、地层出砂

（1）出砂预防和监测措施：测试过程逐步放大生产压差，并在测试流程中选取易冲蚀位置进行壁厚监测，同时整个放喷期间连续监测井口产出含砂情况。

（2）若产出轻微含砂，加密监测，如果出砂量较大，应立即停止测试，或者降低生产压差和产量测试。

十、地层漏失

（1）开关井测试结束，将测试管柱内灌满测试液；

（2）将 IRDV 智能测试阀打开至测试位，尝试正挤一个封隔器以下井筒容积的测试液，将封隔器以下的天然气挤回地层，注意挤注压力不超过地层破裂压力，完成挤注后尝试泄掉井口压力，关闭测试阀；

（3）环空加泄压将 IRDV 智能测试阀打开至循环位；

（4）反循环测试液替出管柱内的流体，走地面流程进行处理，返出气体走燃烧臂燃烧，液体回地面罐，其间保持化学药剂注入；

（5）当井口返出纯测试液后停泵；

（6）正循环泵入堵漏剂，用测试液将堵漏剂替至循环孔位置的环空；

（7）上提管柱，将插入密封提出密封筒，上提至能关闭防喷器的位置；

（8）关闭防喷器，正循环压井；

（9）若压井期间发现地层有大量漏失，考虑调整堵漏剂配方及堵漏剂的用量，并用压井液顶替至循环孔位置的环空；

（10）环空向地层挤注堵漏剂，当堵漏剂进入地层时，泵压会急剧上升，停泵；

（11）监测压力 15min，如果环空压力没有下降，泄压；

（12）打开防喷器，观察漏失；

（13）无漏失，按照测试程序继续进行压井作业。

第七章　深水油气测试安全与应急程序

第一节　测试风险分析

一、井控风险

深水油气测试的井控风险受多种因素的影响，主要有地质条件、井控设备、水深、压井和阻流管线尺寸、井控检测方法、关井和压井方法，以及人员的操作技术水平和应对突发事件的能力等。

（一）地质条件与井控设备

准确地探测目的层地质情况对降低深水油气测试过程中的井控风险起着至关重要的作用，只有精确预测不同深度的地层压力和流体性质，才能知道平台井控设备的适应性并准确地设计测试液密度。

深水作业需要采用新型的设备来降低作业风险，如自动补偿式转喷器、大容量除气器、固控设备、点火器、燃烧臂、喷淋系统等，这些设备能够保证在出现井控风险时能够有效处理，以免造成事故的发生。

（二）水深与水合物

庞大的水体覆盖是深水油气测试与常规测试之间的最大区别，深水中的地层温度要比浅水中同等深处的地层温度低很多，并且随着水深的增加，这种差别就越发明显。在测试的过程中，由于隔水管外的海水温度低，导致隔水管内测试液或井液的温度也会快速降低，这就会在泥线以上形成高压低温的环境，而这种环境是极易形成天然气水合物的。

水合物的危害主要有：

（1）堵塞压井和阻流管线，无法正常进行循环作业；

（2）在测试管柱内形成堵塞，严重影响测试效果，甚至导致测试作业失败；

（3）在测试管柱与防喷器之间形成堵塞，从而使防喷器不能正常关闭；

（4）在被关闭的防喷器闸板腔中形成堵塞，从而影响防喷器正常打开。

因此，在深水油气测试作业中，水合物的形成将使作业变得非常复杂，并增加作业成本；同时，水合物堵塞压井和阻流管线，影响防喷器的开关，堵塞环空，极大地增加了井控风险。

影响水合物形成的主要因素是气液相成分，温度和压力。因此，在进行深水油气测试作业过程中，将相态曲线与不同产液量及不同产气量条件下的井筒温度压力曲线整合，形成软件。根据现场读取的海床温度、井口温度压力、分离器含水率等实时数据，制订现场综合防治方案。

（三）压井和阻流管线的摩阻

深水作业采用水下井口，压井和阻流管线随水深的增加而延长。井口的回压高、压井和阻流管线的压力损失大，导致深水油气测试的压井参数计算方法与常规测试不同。狭小的压井和阻流管线中的循环压耗很大，这些压力有可能会大于最大允许环空压力并压漏地层。气侵情况下，从井筒到压井和阻流管线的容积缩小，会在管线底部产生"气体置换效应"，管线内迅速被气体充满，静水压头快速降低，需要及时的压井和阻流操作来保证稳定的井底压力，如果调节不及时，则可能导致压力无法控制的严重后果。

（四）人员应对突发事件的能力

井喷事故经常是由于人员的疏忽大意或操作不当引起。由于对深水油气测试的相关工具和设备缺乏系统的认识，对深水井控处理方面更是缺乏实际经验，因此需要充分调研与分析国外深水油气测试作业，尤其是与深水油气测试井控作业相关的设备与技术，制订合理的规划，在遇到井涌等险情时可以顺利排除。

二、溢油风险

（一）井控风险引发溢油

在测试期间，存在发生井喷井涌的可能性，通常情况下主要原因是测试作业期间的防井喷井涌措施不当。由于气井中有可能存在凝析油，整个测试作业期间需要以井控为主线。一旦出现井喷井涌应急事故，为确保平台人员及平台自身的安全，应结合井控手册及国外深水井控程序处理，关井后，若隔水管内溢流，应关转喷器，同时导通下风舷外排海管线并进行观察，紧急情况下可直接排海。一旦发生井喷井涌，将可能有大量原油和天然气物质喷出，并对周围生态环境产生严重威胁。

因此，在测试作业过程中，必须要求作业平台配备完善的井控设备和防溢油设备，在应急情况发生时，能够快速控制情况并安全高效地处理油气。

（二）平台补给油料造成溢油风险

平台依靠拖轮补给油料，在补给过程中管线阀门刺漏、海况恶劣、拖轮失控，均有造成海面溢油的风险。针对这种风险，采取以下控制措施：

（1）补给油料尽可能选择海况较好、可见度好的白天进行；

（2）平台和拖轮相关责任人提前负责检查管汇系统和阀门接头，倒好阀门，以防止补给管线系统憋压破裂或刺漏，导致油料入海；

（3）补给油料过程中平台和拖轮必须有人值守观察，一旦发现管线阀门刺漏，要立刻通知拖轮停泵。

（三）平台污油罐吊装引发溢油

污油罐盖子阀门气密不严、索具安全质量不符合标准等，有可能使污油入海或污油罐坠落入海，造成海面溢油的风险。针对这种风险，采取以下控制措施：

（1）对污油罐顶盖密封胶皮及螺栓进行检查，出现损坏及时更换，装满后必须盖上顶盖，拧紧螺栓，防止吊装过程或者在拖轮运输过程油污散落入海；

（2）吊装污油罐前，进行锁具检查，注意不要超过安全负荷，吊装时吊车尽量平稳操作，减小晃动，以防止污油罐入海，造成海面溢油。

（四）含油垃圾引发含油污水入海

含油污水或含油垃圾处理不当，被雨水冲入或从地漏入海，造成海面油污风险。针对这种风险，采取以下控制措施：

（1）如果因设备修理或其他原因造成甲板有污油现象，应及时用吸油毡和清洗剂将油污吸收干净后再打扫，防止含油污水入海；

（2）平台含油垃圾应及时放入指定的含油垃圾处理箱，避免使用完乱丢乱放，在下雨前，含油垃圾处理箱和平台应及时清理一次，防止含油垃圾、物品乱丢乱放或经雨水浇打后，含油污水从地漏入海。

（五）燃烧臂天然气管线引发原油落海

当天然气中伴随有凝析油通过燃烧臂时，燃烧不充分，通过天然气管线落入海中，或者流程管线导入错误造成海面油污风险。针对这种风险，采取以下控制措施：

（1）放喷燃烧作业前对地面测试流程进行检查确认；

（2）求产期间发现有凝析油伴随着天然气产出时，立即进行油气分离，凝析原油进计量罐后通过压风机助燃燃烧，或者回收至基地进行处理；

（3）若产出的凝析原油量较大，全部进罐回收处理；

（4）放喷燃烧前，重点检查三相分离器和密闭罐，确保三相分离器油气旁通阀门处于关闭状态，确保三相分离器及密闭罐看窗及控制器处于正常状态。

（六）地面测试流程泄漏引发溢油

测试流程泄漏、阀门未关闭、管线密封不严等在测试放喷过程中均容易引起原油泄漏。针对这种风险，采取以下控制措施：

（1）地面流程测试管线连接完成后，整体试压合格方可进行下步作业；

（2）开井作业前由测试监督及测试主要专业领队一起进行开井前的检查，对流程连通状态进行检查确认；

（3）开井放喷前，由专业工程师及操作人员操作各个阀门及按钮，并确认其处于正确状态；

（4）油嘴管汇、资料管汇处，备用吸油毛毡，对取资料等残留或滴落的少量原油进行及时清理；

（5）备用地面流程中易损密封件。

（七）泵输过程中原油泄漏

平台使用输油泵向污油罐或者计量罐之间输送原油时，由于管线连接错误或者阀门倒换错误等导致原油泄漏至甲板，再落海导致海面污染。控制措施如下：

（1）测试作业前对输油泵及流程管线检查，须检验合格；

（2）设备吊装过程中确认设备及管线不受碰撞；

（3）确认输油管线连接正确，阀门导通至正确的流程；

（4）输油泵的连接须有测试领队进行确认正确后，方可进行输油作业；

（5）输油管线流程中备用必要的吸油毛毡，一旦发生原油泄漏，立即关闭输油泵，回收处理甲板上泄漏的原油，并使用吸油毛毡清理干净，严禁使用原油清洗剂将原油冲入海中。

（八）拖轮与平台相撞

当在靠平台进行吊装作业时，拖轮由于海流或动力突然出故障等原因，导致与平台相撞。在靠船作业期间，一旦发生这类事故，可能导致平台或者拖轮燃油泄漏。

（九）隔水管断裂和（或）水下工具、伸缩节、密封圈等失效

在钻井期间，存在发生内波流和冬北季风等威胁的可能性，而发生内波流威胁的主要原因是由于孤立内波的非线性较强，它具有很大的垂向振幅同时伴随着很强的波致流。一旦发生内波流威胁，内波流的剪切效应可能导致隔水管断裂，使得大量钻井液从断裂处喷出，并对周围生态环境产生严重威胁。此外，在钻井期间，也存在水下防喷及补偿系统和配套设备失效及其他不确定性因素威胁的可能性，而这些系统和设备失效及其他不确定性因素威胁的主要原因，是由于存在故障或泄漏且需要紧急解脱；所以这些系统和设备的失效及其他不确定性因素威胁，同样对周围的生态环境造成严重的污染。此外，伸缩节和供液管线内的液体是属于无色无臭、有甜味的液体——乙二醇，不会对环境构成威胁。

（十）直升机坠落

钻井期间，直升机用于运送作业人员和钻井平台急需物资。设备故障以及人员操作失误有可能造成直升机坠落。直升机停降坪远离钻井平台储油设施，同时直升机储油舱较小，所以即使直升机发生坠落事故也不可能造成大量油类物质入海。

第二节　测试安全准则

一、合规性要求

（1）向主管机关申请测试作业许可，获批准后方进行测试作业。

（2）编写测试作业相应的"应急预案"和"溢油应急计划"并需获得审批。

（3）测试作业期间，配备的守护船消防设备符合《海洋石油安全管理细则》要求的消防等级1级。

（4）所有测试设备、吊索吊具等的第三方检验证书应在有效期内，并提供出厂测试和试压报告。

（5）设计须设计人和审批人分别签字，工程设计中应有安全要求。

（6）按《海洋石油安全管理细则》的要求划分测试作业危险区及危险源存放区，在醒目位置设立安全标志和警示，并留有符合规定的逃生通道。

（7）按规定配备劳动防护用品，硫化氢防护装备配置应符合《海洋石油安全管理细则》的要求。

（8）测试作业与其他作业联合（交叉）作业时，应制定相应的安全防护措施。

（9）医务人员备足相关药品和器械，随时救助受伤人员。

（10）如果发生事故或险情，执行该井的"应急预案"或"溢油应急计划"。

二、测试准备及作业期间的安全要求

（1）跟踪最新气象和海况预报，选择合适的时间窗口进行测试作业。

（2）测试前召开安全会，明确作业程序、风险及应急措施等重要事项。

（3）测试前组织现场进行全面安全检查，宜对井架等进行一次防落物检查。

（4）钻井装置应储备足够的压井液、加重及堵漏材料。

（5）作业前对测试设备、管汇、阀门等整体连接后进行试压和检查。

（6）射孔前检查消防设施、救生设施、急救器材、喷淋系统，落实人员岗位职责。

（7）测试前进行消防、防硫化氢、弃平台演习，射孔前进行井控演习。

（8）按照设计程序进行安全施工作业。

（9）井控措施应符合《海洋石油安全管理细则》《海上钻井作业井控规范》《海洋钻井手册》和《深水钻井规程与指南》的要求。

（10）防火防爆应符合《海洋石油安全管理细则》的要求。

（11）用电安全应符合《海洋石油安全管理细则》的要求。

（12）火工器材的使用应符合《火工器材安全管理规定》和《海洋石油安全管理细则》的要求。

（13）放喷燃烧时根据风向变化及时转换燃烧臂，必要时调整平台艏向。

（14）视燃烧情况调整冷却措施，确保人员和设备安全。

（15）放喷燃烧时须防止原油落海。

（16）开井期间定期检测流程和环境中硫化氢含量，按《海洋石油安全管理细则》《海洋钻井手册》和《深水钻井规程与指南》的要求采取防护或撤离措施。

（17）测试期间严格执行工作许可证、倒班及交接班制度，工作许可包括但不限于：火工作业，放射源作业，起吊作业，带压设备管线和电气设备，高空及舷外作业，涉及点火源的热工和其他工作，电气和转动机械，进入有限空间等。

三、服务商管理及人员要求

（1）服务商的选择：选择具有良好安全和环境管理绩效的服务商。

（2）桥接文件及体系文件执行要求：与关键服务商签订 HSE 管理的桥接文件，明确各方的 HSE 职责和义务，服务商的健康安全环保管理体系应遵循作业者的安全环保要求，按照桥接文件中的要求，明确在应急情况下共同执行应急程序。

（3）人员配置要求：人员配置应考虑测试作业的连续性和复杂性，应配置足够的人员以满足作业需求。

（4）人员资质要求：

①所有作业人员须持有有效的五小证书；

②所有人员须持有县级以上的人民医院健康证明；

③DP 操作人员应取得具有资质的培训机构颁发的培训合格证书；

④特种作业人员须持有有效的特种工种证书；

⑤钻井和测试关键作业人员须持有有效的硫化氢防护、井控证书；

⑥作业人员持有的外籍证书，须经作业者认可。

四、危险品管理要求

危险物品控制原则：平台应保存有毒有害或危险物品的材料安全数据表（MSDS），做好有关物品清单、分类、限制和处理的记录，并通知到有关人员。

（一）甲醇的使用及储存要求

（1）甲醇性质：无色、吸湿性强、相对密度0.8、剧毒、易燃，火焰无光呈淡蓝色。

（2）使用时宜加入染色剂以区别。

（3）储存和运输应符合《储存罐一般规范》或等效标准。

（4）储存罐存放位置应符合《石油设施电气设备安装一级0类、1类和2类区域划分的推荐方法》或等效标准。

（5）储存罐应存放在通风和布置有消防设施的区域。

（6）操作人员必须经过专门培训，严格遵守操作规程，使用时操作人员佩戴化学安全防护眼镜、防化学品手套，必要时佩戴自吸过滤式防毒面具。

（7）泄漏时，应用大量水冲洗，冲洗水放入废水处理系统处理。

（8）由于甲醇燃烧很难看见，须在储存罐上撒盐以使火焰发光。

（9）失火时可用砂土、泡沫灭火器或惰性气体扑救。

（二）乙二醇的使用及储存要求

（1）乙二醇性质：无色、无臭、有甜味、黏稠液体。

（2）储存罐附近不允许或限制有潜在的火源和热源。

（3）储存罐应存放在通风和布置有消防设施的区域。

（4）操作人员必须经过专门培训，严格遵守操作规程，使用时操作人员佩戴化学安全防护眼镜，戴防化学品手套。

（5）泄漏时，应用大量水冲洗。

（6）失火时可用砂土、泡沫灭火器或惰性气体扑救。

（三）火工器材管理要求

（1）应遵守国家和政府有关火工器材安全管理法律、法规和国家及行业安全技术标准。

（2）主要负责人应为火工器材安全管理第一责任人，对火工器材安全管理工作全面负责。

（3）应取得当地相关部门合法的相关证件。

（4）平台甲板上各系统要求：

①主电源开关应能有效切断系统的所有电源；

②安全开关应能有效切断系统与电缆之间的连接；

③引爆系统应有多级安全控制环节。

（5）火工器材使用要求：

①作业人员到平台后，负责人应将作业通知单的内容通知测试总监，与测试总监、高级队长一起识别并纠正在射孔和爆炸作业过程中可能造成事故的因素；

②作业前应设置安全警戒线及醒目的安全警示标志，并应指定火工器材临时存放地点和装枪地点；

③涉爆人员应正确穿戴防静电劳保防护上岗；

④井口装枪作业期间应消除作业用电干扰，包括关闭应急保护系统、检查井架有无漏电，如有漏电，应立即采取措施消除，作业期间严禁电弧焊等热工作业；

⑤装配和拆卸射孔枪、切割弹、爆炸筒等工具，应按操作规程进行；

⑥装配现场除作业人员外，应严禁其他人员进入，严禁明火，装配时，作业人员应站在射孔枪、切割弹、爆炸筒的安全方位；

⑦应按操作规程进行起下射孔枪、切割弹、爆炸筒；

⑧作业后剩余的火工器材应由专人负责全部回收。

五、作业平台要求

（1）逃生通道及危险区域应在设备安装后重新标识。

（2）测试使用的危险设备应尽量远离安全区域。

（3）测试设备的摆放应满足甲板强度要求。

（4）与作业平台公用系统相连接的测试系统（例如与地面测试树相连的固井管线等），应安装单向阀进行隔离或使用独立的管线，以防止测试的烃类回流到平台公用系统内。

（5）系统间发生泄漏时必须关闭界面间的隔离阀门，防止烃类回流到钻井装置公用系统，避免交叉污染。

（6）作业平台消防系统：

①应具有足够的固定式消防能力；

②消防水能覆盖测试区；

③储存适量的盐（使潜在甲醇火可视），并配备能扑灭甲醇火的专用设备。

（7）放空布置：需配备合适尺寸的排放管线和放空管线，并支撑、固定牢固。

（8）应急关断关键点：

①测试的关断系统应与作业平台的关断系统匹配且有明确逻辑关系；

②测试期间应急关断时，测试总监、司钻和测试工程师之间保持有效联系；

③作业平台应急解脱时，司钻和动力定位操作人员之间应保持有效联系。

（9）火灾和气体探测：

①测试前应对气体、火灾传感器进行检测确认；

②作业平台需及时将报警信息反馈给测试总监、钻井总监；

③硫化氢气体传感器应考虑在以下地点安装，喇叭口、计量罐、钻井液活动池、重浆池区域、振动筛、司钻房、生活区、其他硫化氢可能聚集的地方；

④应对火灾和气体传感器定期检测。

（10）其他安全系统：作业平台安全系统、测试安全系统、紧急照明系统、公共广播和警报系统、应急通信等应覆盖所有测试区域。

（11）作业平台上关键设备的安全要求：在作业平台上，关键设备有井控系统、提升系统、钻井液循环系统、动力驱动系统、旋转系统、传动系统、钻机底座和钻机辅助设备系统，对于这些系统在测试前应按相关要求进行维护保养、检查、试运转或试压等工作，确保这些系统处于可使用状态。

六、水下测试树系统要求

（1）水下测试树的应急解脱时间必须满足隔水管应急解脱时间。

（2）水下测试树不能解脱时，BOP 必须能够剪切水下测试树的剪切短节。

（3）水下测试树的控制由测试服务公司专业岗位人员负责。

（4）水下测试树和钻井防喷器这两个系统的解脱程序和操作控制，须由水下测试树工程师与防喷器水下工程师清晰地界定和充分沟通协调。

七、守护船要求

(一) 基本要求

(1) 测试作业期间, 现场宜安排有两艘守护船。

(2) 守护船应优先选择具备动力定位、艏 (艉) 侧推能力强的船只。

(3) 要求配备应急设备和器具, 取得认证机构发放的认证级别, 并经有关管理部门审核登记。

(4) 守护船应能提供后勤供应补给、守护 (救助)、消防等作业支持和应急服务。

(5) 测试期间若平台发生应急情况, 守护船应全力以赴应急抢险。

(6) 能够储运和输送测试作业的物料和器材, 船舱及甲板的装载能力满足深水油气测试作业需求。

(7) 守护船在守护期间, 未经允许不得擅自离开作业现场。

(8) 守护船若要离靠平台时, 必须事先通知作业监督, 征得同意后方可离靠。

(9) 在靠平台过程中, 守护船应由船长亲自操控, 相关人员须现场指挥。

(10) 守护船靠好平台后, 方可进行吊装作业, 并与平台保持良好沟通。

(11) 守护船的到达、离开、所载货物类型与数量等需记录在平台日志中。

(二) 应急响应能力

除满足深水钻井的基本要求外, 测试作业期间的守护船还要满足以下要求。

(1) 守护船需具备对外消防系统: 消防泵、泡沫、消防炮。

(2) 守护船宜具备溢油回收储存舱, 消油剂喷洒臂。

(3) 测试作业前, 守护船应与钻井平台联合进行溢油及消防演习, 各应急岗位人员必须到位, 确认消防系统正常。

(三) 溢油处理材料准备

守护船上应配备足够的溢油处理材料, 包括但不限于吸油毛毡、消油剂等。

(四) 人员要求

(1) 人员配置应满足法规要求, 且持有效证件。

(2) 船员应掌握溢油处理设备的使用。

八、废弃物处理要求

测试作业期间的生产作业废弃物按照国家废弃物管理规定进行处理, 测试产出的原油按照国家环保要求进行处理, 若作业在三级海域, 可通过燃烧臂充分燃烧进行处理, 防止油污落海。若产出含油污水等, 利用污油罐进行回收处理。

第三节 深水油气测试专项应急预案

一、热带气旋 (台风) 应急程序

(一) 主要职责划分

1. 测试总监

(1) 测试总监对全体作业人员负责, 确保人员和井的安全, 应严格按照《台风灾害应急预案》执行各项规程；

（2）负责防台期间的作业组织管理及与基地联络汇报工作，召开会议通知作业人员履行职责，确保作业人员、井下及设备的安全；

（3）根据当前作业内容以及热带气旋发展情况，制订作业台风应急计划（包括防台作业计划和人员撤离计划），报送项目组、钻完井部审核后，报送应急指挥中心审查和备案；

（4）根据应急中心的指令，统筹安排现场防台工作及人员撤离工作；

（5）一旦出现应急状态，根据实际情况协调处理，并根据事态评估结果依照应急程序进行汇报。

2. 高级队长工作职责

（1）不间断掌握热带气旋（台风）移动情况，提前做好各项应急预案准备，依照钻井总监的指令进行下步作业，并及时汇报各项作业进行的情况，以便采取合理有效的方案；

（2）负责平台人员及设备的安全；

（3）协助测试总监全面安排、检查防台工作，确保防台工作的落实到位，并向测试总监递交拟定的撤离平台人员名单；

（4）一旦出现应急状态，及时向测试总监汇报。

3. 安全监督工作职责

（1）协助高级队长做好各种安全资料的填报；

（2）监控现场各项作业的安全，保障人员和设备的安全；

（3）向高级队长递交拟定的防台人员名单及撤离平台人员，并登记人数，协助高级队长检查防台固定工作进展情况；

（4）一旦出现应急状态，及时向高级队长汇报。

4. 队长工作职责

（1）协助测试总监、高级队长安排并完成井下处理工作；

（2）协助高级队长对防台固定工作的安排、检查，确保防台工作完毕；

（3）负责组织处理钻井液排放，以满足稳性要求；

（4）协调当班人员各项工作的进行，保护好井口，保障人员、设备和井下的安全；

（5）维持撤离平台人员秩序，保证安全撤离；

（6）一旦出现应急状态，及时向高级队长汇报。

5. 船长工作职责

（1）确定平台合理载荷，对平台物料进行合理布置摆放，协助高级队长对防台固定工作的全面安排和检查；

（2）协助高级队长做好人员撤离的各项准备工作；

（3）协调平台与值班守护船的沟通；

（4）负责接收气象信息，标绘台风路径图；

（5）一旦出现应急状态，及时向高级队长汇报。

6. 其他服务商工作职责

（1）协助完成井下处理工作；

（2）协助完成相关设备、工具及材料的固定工作。

（二）防台警戒区的划分

（1）以作业船、平台为中心，半径 1500~1250km 海区为第一警戒区（蓝色）。当热带气旋八级大风半径前缘距平台 1500km 时，开始进入第一警戒区防热带气旋作业。西部公司气象台根据合同规定向作业船（平台）的测试总监、承包者以及应急办公室发布台风动态预报，收集海区气象资料。作业船、平台仍可正常作业，但必须作防台动员和对有关设备、器材进行加固工作；

（2）以作业船、平台为中心，1250~750km 海区或者 T-TIME+36h，为第二警戒区（黄色）；

（3）以作业船、平台为中心，750km 的海区或者少于 36h 路程为第三警戒区（红色）；

（4）当南海形成的热带气旋（俗称"土台风"）风力超过 25m/s 并可能袭击作业区时，平台人员的撤离和井下处理程序不受上述三种警戒区域防台时限的限制，应从南海热带气旋形成的突然性、风力加强、移动速度快、防不胜防等特点考虑，贯彻"预防为主""十防九空也要防"的防台指导思想，迅速做出反应，以策安全。

（三）防台应急行动

（1）当热带气旋或热带风暴进入北纬 12°~22°，东经 125°以西海域，或南海任何位置的热带低压风力达到八级或已形成台风，并有可能威胁到作业区，应执行防台应急程序；

（2）当台风或热带风暴进入上述海域，测试总监应立即通知承包者准备执行防台应急程序，并向应急办公室报告初步撤离计划；

（3）自收到台风警报起，测试总监应指令平台（船），要求及时收集台风报告和附近气象站的台风预报，并做好防台动员工作及防台准备；

（4）当台风或热带风暴八级大风半径进入以作业平台为中心半径 1500km 范围内，测试总监按照应急中心指令启动防台撤离作业；

（5）撤离现场非常驻人员，安排撤离全部人员的交通工具，联系撤离点；

（6）平台根据本井测试作业安全质量计划对平台的设备、设施、器材进行加固和固定；

（7）测试总监应根据作业内容倒推算出完成全部台风撤离程序所需要的时间，判定该作业的进度，决定采取的措施，并反映在每日生产作业报表上；

（8）应急办公室启动，开始 24h 防台值班，并同作业平台及有关方面加强联系；

（9）当台风或热带风暴八级大风半径进入作业平台为中心半径 540nmile（1000km）范围内时，钻井总监应宣布进入第二防台程序，并向应急办公室报告情况；

（10）立即停止正常作业，开始进行封井保护井口的工作。

热带气旋应急流程如图 7-1 所示。

二、内波流应急程序

孤立内波振幅基本集中分布在 20~29m，少数孤立内波振幅大于 50m，最大振幅达到 72m，在测试作业期间一旦遇到内波流，应按所制定的应急预案和钻井平台的安全管理规定处理。

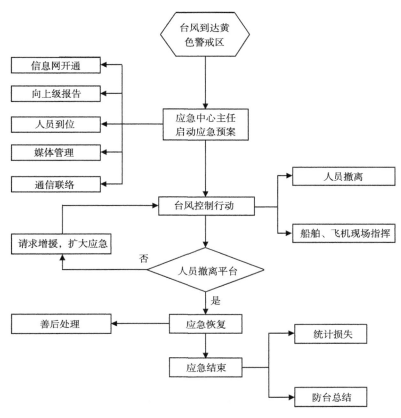

图 7-1　热带气旋应急流程图

（一）主要职责划分

1. 测试总监

（1）确保人员及井下安全；

（2）加强内波流检测；

（3）下令采取措施应对内波流影响。

2. 高级队长

（1）确保人员及平台设备安全；

（2）采取措施应对内波流影响；

（3）出现紧急情况，向测试总监汇报。

3. 船长

（1）时刻监测内波流情况，根据内波流情况，及时对船体及锚泊系统进行相应调整；

（2）停止一切靠船，与护航船保持联系；

（3）出现紧急情况，向高级队长汇报。

（二）应急行动

（1）平时利用多普勒声波测速仪（ADCP）来监测井场区域的孤立内波；

（2）若发现内波流，立即安排守护船前往内波流来向区域，利用守护船监测内波流来向、强度；

（3）根据守护船监测到的内波流流向及强度，调整锚泊系统，张紧上流方向锚链，放松下流方向锚链，向上流方向适当移船；

（4）根据守护船监测到的内波流流向及强度，若评估平台无法抵御内波流强度，及时处理井口，气钻至 BOP 以上，做好应急解脱准备；

（5）内波流抵达平台前 1h 到内波流离开的时间内，平台停止吊装作业，供应船处在平台两侧处守候；

（6）内波流流速超过钻井装置承受能力的上限时，启动"平台、船舶漂移失控应急程序"。

三、油气井失控应急程序

（一）主要责任划分

1. 井涌迹象发现者

（1）井涌迹象发现者应立即将井涌情况报告司钻及钻井总监；

（2）根据实际情况在能力范围内采取适当的控制措施。

2. 测试总监

（1）对现场全体人员的生命安全、井下和设备的安全负全责，在井喷应急处理过程中担任现场应急小组组长职务；

（2）按井控手册和该井的实际情况处理井涌；

（3）当有迹象表明井口压力可能超过井控设备的额定工作压力时，测试总监应立即向应急指挥中心值班室报告；

（4）全面负责现场应急指挥工作，组织研究处理措施，确保处理的全过程符合井控手册、本应急预案的要求和应急指挥中心的指令；

（5）向应急指挥中心值班室报告现场情况，保持与应急指挥中心联系；

（6）若是在油（气）田作业，应及时通知有海管连接的油（气）田和终端处理厂，根据实际情况关井或采取其他安全措施，确保各方的安全；

（7）宣布解除危险通知；

（8）记录事件经过。

3. 高级队长

（1）高级队长在井喷应急处理过程中担任应急小组副组长职务，应积极配合应急小组组长做好具体组织工作；

（2）全船通报危险情况；

（3）通知所有非必须人员到安全地点集合；

（4）指示报务员保证通信畅通；

（5）通知守护船待命或救援；

（6）通知现场医生根据伤员状况抢救治疗；

（7）井控危险消除后，通知并组织有关人员返回工作岗位；

（8）有直升机飞行时，做好接送机的准备工作；

（9）记录事件经过。

4. 队长、司钻

按照应急小组组长的指令实施井控措施。

5. 钻井液工程师

（1）按照应急小组组长的指令制订钻井液处理方案；

（2）迅速做好钻井液加重及压井准备工作。

6. 守护船

（1）随时保持与事故现场联系，注意观察事故现场的情况；

（2）做好施救的准备；

（3）做好撤离事故现场人员的准备工作。

7. 医生

（1）确定伤员状况，进行抢救治疗；

（2）与基地保持联系，随时报告现场受伤情况；

（3）确定是否需要医疗援助和伤员是否需要撤离。

8. 报务员

（1）根据事故现场应急小组组长的指令，立即向全体人员通报险情，传达施救命令；

（2）通知守护船待命或施救；

（3）坚守岗位，保持与应急指挥中心联系；

（4）有直升机飞行时，准确报告天气情况，保持与直升机联络，向主承包商现场负责人提供直升机到达时间；

（5）做好记录。

9. 全体人员

（1）保持警惕，按照操作规程作业；

（2）根据统一部署，积极参加救助工作；

（3）迅速到指定地点集合待命；

（4）一旦决定撤离，不要慌乱，按照部署有秩序地撤离。

（二）油气井失控应急行动

凡不能执行正常井控程序的井为井喷失控，应执行本应急程序。当油气井发生井喷失控时，钻井总监应根据情况采取自救措施：

（1）组织力量进行压井；

（2）做好防火、防爆措施；

（3）做好撤离人员准备，把非常驻人员撤到守护船上；

（4）发生井喷失控时，承包商应按钻井总监指令积极组织压井工作，并做好防火、防爆措施，协助钻井总监组织实施各项抢救措施；

（5）测试总监及时向应急办公室汇报井喷失控的情况和应急补救措施及现场所需压井物资器材：

①井深及钻遇地层；

②失控原因和失控时间；

③失控时的钻井液密度、立管和套管压力、井下钻具等情况；

④油气喷出的高度，是否存在火灾威胁；

⑤海面被污染的程度；

⑥现场气象、海况；

⑦井口防喷设备现状及损坏情况；

⑧现场压井物资库存数量；

⑨急需补充压井的物资、消防器材以及其他救援的要求；

⑩人员伤亡情况及救助要求和急救的措施。

（6）应急办公室获得事故消息后，立即向安全应急领导小组汇报，钻完井部召集有关会议，研究补救措施，提出所需物资器材计划；

（7）测试总监指令守护船驶向作业现场参加救援或接送已撤离事故现场的人员；

（8）由应急办公室协调后勤支援工作和救援工作；

（9）由应急办公室向海上搜救中心、海事局、海军、救助站等通报事故情况，必要时请求救援；

（10）如果发生火灾和爆炸，威胁到平台人员生命的安全，测试总监指令平台的船长按承包商平台弃船程序执行弃船，事后立即向应急办公室报告。

油气井失控应急流程如图7-2所示。

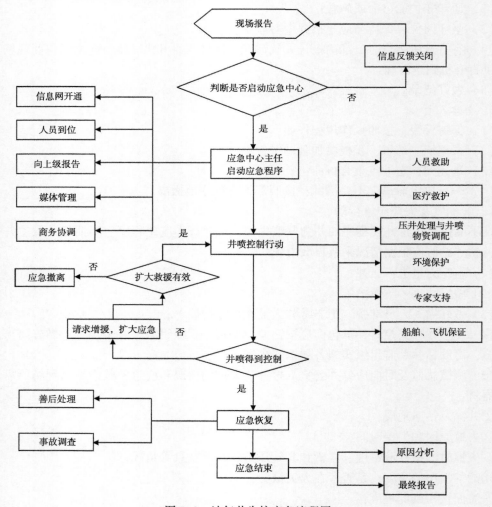

图7-2 油气井失控应急流程图

四、火灾、爆炸应急程序

（一）主要责任划分

1. 火灾或爆炸发现者

（1）发现火灾或爆炸后立即拉响警报，同时用附近合适的消防设备、器材灭火；

（2）立即向作业者现场负责人报告事件的位置、类型和程度。

2. 测试总监

（1）测试总监应对现场全体人员的生命安全、井下和设备的安负全责，在火灾或爆炸应急处理过程中担任现场应急小组组长职务；

（2）立即落实火灾或爆炸发生的位置、范围及类型并命令灭火；

（3）向应急指挥中心值班室报告现场情况；

（4）若火灾或爆炸发生在钻井平台，必要时应关井以减少火灾或爆炸的影响；

（5）确定并报告火灾或爆炸的原因，或保护现场，等待专家调查；

（6）记录事件经过。

3. 高级队长

（1）高级队长在火灾或爆炸应急处理过程中，应积极配合现场应急小组组长做好具体组织工作，是现场应急小组副组长；

（2）通知全体人员危险情况的存在；

（3）通知所有非必须人员到安全地点集合；

（4）根据火灾或爆炸的类型和位置，组织、指挥消防队员用适当的消防设备和方法灭火；

（5）指示报务员保证通信畅通；

（6）通知守护船待命或救援；

（7）通知现场医生根据伤员状况抢救治疗；

（8）有直升机飞行时，做好接送机准备工作；

（9）在接到现场应急小组组长的人员撤离命令后，组织所有人员有秩序地撤离；

（10）记录事件经过。

4. 守护船船长

（1）火灾就是命令，一旦得知，立即赶往事故现场附近待命，需要时，全力以赴投入灭火工作；

（2）随时保持与事故现场联系，注意观察事故现场的情况；

（3）做好撤离事故现场人员的准备工作。

5. 医生

（1）确定伤员状况，进行抢救治疗；

（2）与基地保持联系，随时报告现场伤病情况；

（3）确定是否需要医疗援助和伤员是否需要撤离。

6. 报务员

（1）根据现场应急小组组长的指令，立即向全体人员通报火情，传达施救命令；

（2）通知守护船待命或施救；

（3）坚守岗位，保持与应急指挥中心的联系；

（4）有直升机飞行时，准确报告天气情况，保持与直升机联络，向主承包商现场负责人提供直升机到达时间；

（5）做好记录。

7. 全体人员

（1）一旦发现火灾或爆炸，立即发出警报，同时视情况施救；

（2）根据统一部署，积极参加救助工作；

（3）无关人员，迅速到指定地点集合待命；

（4）一旦决定撤离，不要慌乱，按照部署有秩序地撤离。

（二）应急行动

凡属参与海上石油作业的平台、值班船，发生火灾或爆炸事故，都应执行本应急程序。当海上作业平台或船舶发生火灾或爆炸时，承包商的现场负责人（高级队长）应立即采取自救措施：

（1）组织力量进行灭火，其他人员到集合点集中；

（2）采取措施防止火势蔓延或连锁爆炸；

（3）抢救受伤人员；

（4）必要时发出呼救信号；

（5）准备执行弃船程序。

火灾、爆炸应急流程如图 7-3 所示。

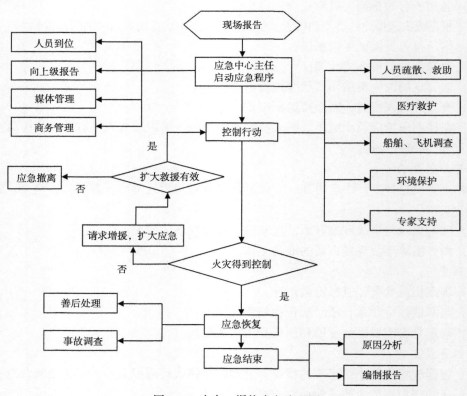

图 7-3　火灾、爆炸应急流程图

五、溢油与污染事故应急程序

（一）主要责任划分

1. 溢油发现者

立即采取有效措施切断溢油源，同时向作业者现场负责人汇报。

2. 测试总监

（1）作业者现场负责人应对现场全体人员的生命安全、井下和设备的安全全责，在溢油应急处理过程中担任现场应急小组组长职务；

（2）全面负责现场应急指挥工作；

（3）向应急指挥中心值班室报告现场情况并保持与应急指挥中心的联系；

（4）及时通知有海管连接的油（气）田和终端处理厂；

（5）宣布解除危险通知，记录事件经过。

3. 高级队长

（1）高级队长在溢油应急处理过程中，应积极配合现场应急小组组长做好具体组织工作，是现场应急小组副组长；

（2）告诫全体人员危险情况的存在，并组织人员回收溢油和喷洒消油剂；

（3）指示报务员保证通信畅通；

（4）通知有海底管线连接的油（气）田和终端处理厂采取有效措施或关井；

（5）通知守护船待命或救援；

（6）通知现场医生根据伤病员状况抢救治疗；

（7）有直升机飞行时，做好接送机准备工作；

（8）记录事件经过。

4. 守护船船长

（1）随时保持与事故船现场联系，注意观察事故现场的情况；

（2）需要时，全力以赴施救；

（3）做好撤离事故现场人员的准备工作。

5. 医生

（1）确定伤病员状况，进行抢救治疗；

（2）确定是否需要医疗援助和撤离伤员。

6. 报务员

（1）根据现场应急小组组长的指令，立即向全体人员通报险情，传达施救命令；

（2）通知守护船待命或施救；

（3）坚守岗位，保持与应急指挥中心的联系；

（4）有直升机飞行时，准确报告天气情况，保持与直升机联络，向主承包商现场负责人提供直升机到达时间；

（5）做好记录。

7. 全体人员

（1）发现溢油，应立即向作业者现场负责人报告并迅速采取措施制止事态扩大；

（2）根据统一部署，积极参加溢油回收和喷洒消油剂工作；

（3）一旦决定撤离，不要慌乱，按照部署有秩序地撤离。

（二）应急行动

凡在海上石油钻探作业中，因各种原因引起的重大溢油污染事故，都应执行本应急程序。

（1）一旦发现作业平台发生大量溢油污染，测试总监应指令承包商按作业船（平台）应急部署进行截、堵等措施，尽可能切断溢油来源，控制事故，防止污染蔓延扩大；

（2）当溢油严重危及作业平台时，首先考虑作业人员和设备安全，停止机器运转，切断一切火源，必要时撤离全部人员；

（3）事故发生后，测试总监应及时向应急办公室报告：

①溢油事故的船（平台）名称、溢油部位；

②溢油开始时间、溢油海区、溢油的起因；

③溢油量、溢油的物理性质；

④溢油控制情况，被污染海面的面积；

⑤溢油漂流的方向、速度；

⑥溢油区的海流方向、海涌、海况；

⑦现场处理措施及效果、是否需要援助；

⑧研究确定的消油、回收等补救措施。

（4）应急办公室获悉事故报告后，立即向安全应急领导小组汇报，听取指示；

（5）当溢油事故危及人员、平台安全时，应急办公室应首先考虑协调实施撤离或弃船程序，以确保人身安全；

（6）应急办公室尽快组织力量，回收或消除海面浮油，减少对平台的威胁和海洋污染；

（7）处理事故结束后，测试总监应及时向安全环保部提交事故发生、污染处理等情况的书面报告，由安全环保部向国家海洋环保部门报告。

现场溢油事故应急流程如图7-4所示。

六、硫化氢泄漏应急程序

（一）主要责任划分

1. 测试总监

（1）测试总监对现场全体人员的生命安全、对井和设备的安全负责任，在防硫化氢应急处理过程中担任现场应急小组组长职务；

（2）全面负责现场应急指挥工作，确保防硫化氢程序、硫化氢应急处理方案和应急指挥中心的指令得到执行；

（3）确保通知附近所有船只和直升机；

（4）向应急指挥中心值班室报告现场情况；

（5）向陆地主管领导汇报现场情况；

（6）安排人员始终监视空气中硫化氢的含量；

（7）确保所有作业现场人员及危险区有关人员佩戴呼吸器；

（8）根据井下情况，采取相应措施，必要时指示关井——注水泥塞封井、下桥塞封堵

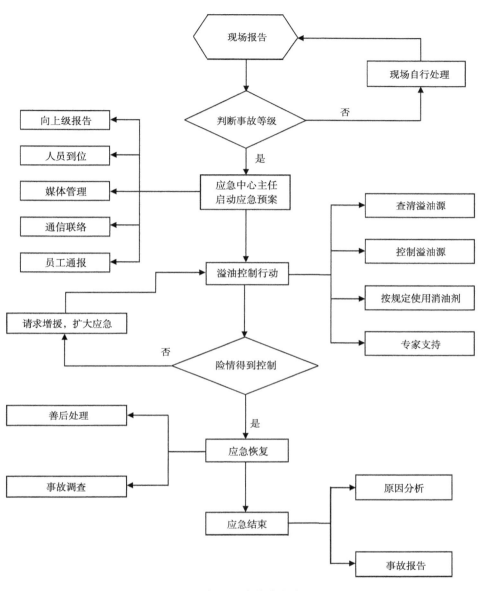

图 7-4　现场溢油事故应急流程图

或关闭防喷器；

（9）当硫化氢外溢无法控制时，下达撤离命令；

（10）硫化氢危险消除后，检查作业现场所有区域及设备是否残留硫化氢气体，确定现场安全后，宣布解除危险通知；

（11）记录事件的经过。

2. 高级队长

（1）高级队长在防硫化氢应急处理过程中，应积极配合现场应急小组组长做好具体组织工作，是现场应急小组副组长；

（2）通知全体人员危险情况的存在；

（3）确保不间断地监视天气的变化；

（4）指令有关人员关闭舱室门、舷窗和通风孔；

（5）通知所有非必须人员到安全地点集合；

（6）指示报务员保证通信通畅；

（7）通知守护船待命或救援；

（8）通知现场医生根据伤员状况抢救治疗；

（9）硫化氢危险解除后，通知并组织有关人员返回工作岗位；

（10）有直升机飞行时，做好接送机准备工作；

（11）记录事件的经过。

3. 队长、司钻、钻工

（1）发现硫化氢，立即报告作业者现场负责人和控制室；

（2）按指示佩戴呼吸器；

（3）按照作业者现场负责人的指令工作；

（4）通知钻井液录井人员、钻井液工程师；

（5）发现硫化氢，立即报告作业者现场负责人，测量其含量；

（6）按指示佩戴呼吸器；

（7）不间断地记录硫化氢的含量；

（8）根据作业者现场负责人指令制订钻井液处理方案；

（9）根据需要迅速做好钻井液处理工作。

4. 守护船船长

（1）随时保持与作业现场的联系，注意观察作业现场的情况；

（2）需要时，全力以赴施救；

（3）做好撤离的准备工作。

5. 医生

（1）监督现场人员佩戴呼吸器；

（2）准备好防硫化氢中毒的药品；

（3）确定伤病员状况，进行抢救治疗；

（4）确定是否需要医疗援助和伤员是否需要撤离。

6. 报务员

（1）根据现场应急小组组长的指令，立即向全体人员通报险情，传达救助命令；

（2）通知守护船到作业现场的上风向待命或施救；

（3）坚守岗位，保持与应急指挥中心的联系；

（4）有直升机飞行时，准确报告天气情况，保持与直升机联络，向主承包商现场负责人提供直升机到达时间；

（5）做好记录。

7. 全体人员

（1）保持警惕，不要盲目地依赖硫化氢报警系统；

（2）一经觉察到有硫化氢气体，立即报告作业者现场负责人，在确保安全的前提下，处理上风向来的气源；

（3）按指示佩戴呼吸器；

（4）根据统一部署，积极参加救助工作；

（5）迅速到指定地点集合待命；

（6）一旦决定弃船，不要慌乱，按应急部署有秩序地撤离。

（二）应急行动

当海上钻井作业船（平台）发现有硫化氢气体溢出或喷出井口扩散，危及人身安全，都应执行本程序。

（1）发生毒气（H_2S）外溢，测试总监应指令承包商按作业平台应急部署进行，将人员撤离到安全区（上风区），对中毒者进行抢救；

（2）组织实施井控程序，戴好防毒面具进行抢险，控制有毒气体喷出，控制事态的发展；

（3）测试总监应及时向应急办公室汇报情况：

①有害气体的浓度，外溢情况；

②井液中含硫化氢的浓度，平台井口空气中含硫化氢的浓度；

③井控情况；

④平台区域的气象、海况；

⑤中毒人数情况；

⑥抢救措施及其效果；

⑦防毒器材数量；

⑧急需救助的器材、物资。

（4）应急办公室获悉消息后，应立即向安全应急领导小组报告并采取以下措施：

①指令就近的租用的船舶协助疏散多余人员；

②通知医院组织医疗人员、器械和药品待命，并做好抢救准备工作；

③根据钻井总监、承包商要求，协调后勤物资、器材、交通各方面力量；

④通报海上搜救中心、就近海事局、各救助站，请求救援；

⑤向海事局申报封闭事故海区。

（5）若大量带有硫化氢气体喷出，危及人身安全，钻井总监有权决定弃船，并向应急办公室报告。

硫化氢泄漏事故应急流程如图7-5所示。

七、平台失控漂移应急程序

（一）主要责任划分

1. 测试总监

（1）测试总监应对现场全体人员的生命安全、井下安全负责，在漂移失控应急处理过程中担任现场应急小组组长职务；

（2）向应急指挥中心值班室报告现场情况；

（3）处理井眼，确保井眼安全；

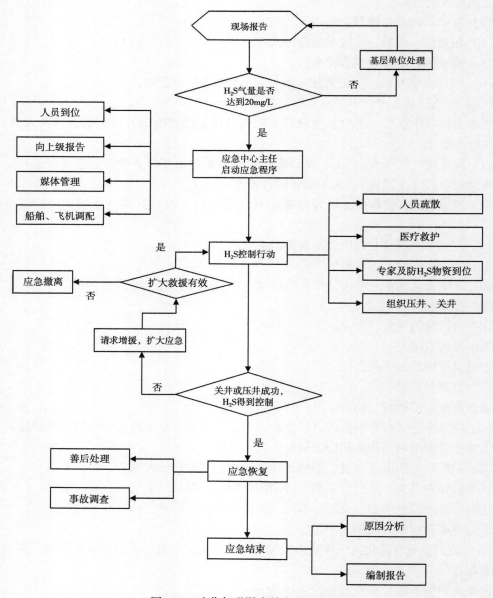

图 7-5 硫化氢泄漏事故应急流程图

（4）指挥现场做好应急解脱准备工作；

（5）确定并报告漂移失控的原因，等待专家调查；

（6）记录事件经过。

2. 高级队长

（1）高级队长对现场全体人员及平台设备负责，漂移失控应急处理过程中，应积极配合现场应急小组组长做好具体组织工作，是现场应急小组副组长；

（2）通知全体人员危险情况的存在；

216

（3）通知所有非必须人员到安全地点集合；

（4）组织现场相关人员确保平台锚泊设备正常；

（5）指示报务员保证通信畅通；

（6）通知守护船待命或救援；

（7）保存一切事故记录和资料；

（8）记录事件经过。

3. 队长

（1）配合高级队长确定平台失控原因，做好施救措施及应急解脱的现场准备工作；

（2）注意检测漂移失控平台的情况；

（3）随时将现场漂移情况报告现场应急小组组长。

4. 船长

（1）清楚了解保持船位及应急解脱程序；

（2）确定平台失控漂移原因，若为设备问题，应进行全力抢修；

（3）检测平台漂移情况，发出相应警报。

5. 医生

（1）将必需的药品随身携带，实施医疗救护；

（2）与基地保持联系，随时报告现场伤员情况。

6. 报务员

（1）根据应急小组组长的指令，立即向全体人员通报漂移失控情况，传达命令；

（2）通知守护船或直升机迅速赶往漂移失控平台周围待命或施救；

（3）坚守岗位，保持与应急指挥中心的联系；

（4）做好记录。

7. 救生艇艇长和操作人员

（1）去指定的救生艇；

（2）检查救生艇状况；

（3）检查并保证所有人员到位。

（二）应急行动

作业过程中平台（船）及工作船发生失控漂移时，高级队长或工作船船长应指令平台立即实施平台（船）漂移应急程序，采取有效的自救措施并尽快向应急办公室报告。

（1）组织力量进行抢救，根据船舶的装备、气象、海况，尽可能抛下锚，以减少漂移速度。

（2）船长命令全体人员做好弃船准备，并尽快向应急办公室报告失控漂移的情况：

①失控时间、海区（经纬度）；

②失控原因、经过及险情；

③现场的气象、海况、平台、船漂移方向、速度等；

④采取应急措施及其效果。

平台、船舶失控漂移应急流程如图7-6所示。

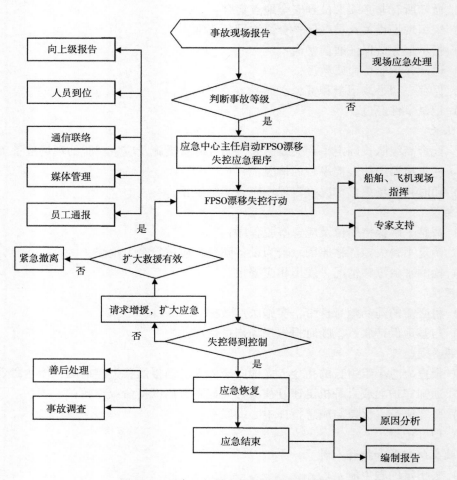

图 7-6 平台、船舶失控漂移应急流程图

第八章 深水油气测试技术在南海西部的成功应用

第一节 概 述

随着水深的增加，石油钻探作业技术难度成倍增加。从 2004 年开始，多家国际知名石油公司在南海深水区域开展合作钻探，作业遭遇严重的技术挑战，复杂情况频频发生，平均一口井钻井作业超过 65 天时间，投资成本超过 8 亿元人民币，在没有重大油气发现的情况下失去信心、纷纷退出。中国海油湛江分公司依托国家"十一五""十二五"重大专项开展深水钻完井科技攻关，在掌握深水常规作业技术的基础上，形成了一套具有自主知识产权的深水区域的钻完井技术体系，该技术体系整体达到国际先进水平，部分成果达到国际领先水平。2014 年中国海油湛江分公司利用海洋石油 981 深水半潜式钻井平台在南海进行钻探作业，成功发现了陵水 17-2 大气田，其井况数据见表 8-1。

表 8-1 LS17-2-1 井井况数据

井名	LS17-2-1
井别	预探井
井型	直井
完钻井深	3510m（转盘面）
人工井底	3413m
深度零点	转盘面
转盘高度	29.3m（从转盘至平均海平面）
水深	1447.2m（平均海平面水深）
主要目的层	黄流组
次要目的层	莺歌海组
开钻日期	2014 年 1 月 10 日
完钻日期	2014 年 2 月 9 日
钻井承包商	中海油田服务股份有限公司
施工平台	海洋石油 981
井底温度	预测井底温度约为 95℃
压力系数	目的层压力系数为 1.20~1.21
测试计划	回接测试

第二节　测试前准备

一、测试作业前设计审查

测试作业前，先后对陵水17-2构造深水井测试概念设计、基本设计、施工设计及HYSY981平台测试地面设备模块化设计等进行审查。其具体内容如下：

（1）《陵水17-2构造深水井测试概念设计审查》；

（2）《HYSY981平台测试地面设备模块化设计》；

（3）《陵水17-2构造深水井测试基本设计》；

（4）《LS17-2-1深水探井测试详细设计》；

（5）《陵水17-2构造深水井测试防台风应急预案》；

（6）《陵水17-2构造深水井测试防溢油风险分析及控制措施》；

（7）《陵水17-2构造深水井测试作业安全应急程序》；

（8）《深水钻完井项目桥接文件》；

（9）参与审核各专业设计，如《DST设计》《射孔设计》《水下树施工设计》等。

二、测试作业前检查工具准备情况

测试作业前，项目组人员多次前往服务商库房检查工具的准备情况。其具体工具如下：

（1）水下测试树设备；

（2）DST工具；

（3）射孔器材；

（4）测试地面模块；

（5）油管、油管短节及变扣；

（6）封隔器；

（7）油套管工具；

（8）提升框架；

（9）弃井桥塞及服务工具和校深工具。

图8-1　测试模块安装完成图

三、测试地面模块安装

本次地面测试模块是中国海油湛江分公司在深水油气测试系统中首次应用。截至2014年8月11日顺利完成全部安装工作，其测试模块安装完成图如图8-1所示。安装于2014年7月23日开始，8月11日结束，共计20天。针对测试过程中地面设备可能出现的问题，对已安装好的地面测试设备进行全方位的检查，并提出了 23 项整改措施。

四、平台就位

2014 年 8 月 6 日 12:00，LS17-2-3 井作业结束，转入 LS17-2-1 井测试作业，HYSY981
钻井平台自航前往 LS17-2-1 井位，如图 8-2 所示。其间对立管管汇试压，低压 300psi/5min，
高压 5000psi/min；对防喷旋塞阀试压，低压 300psi/5min，高压 6500psi/min；钻台预接
4½in PH4 油管立柱 2 柱，航行期间累计预接 4½in PH4 油管 15 柱。

图 8-2　HYSY981 钻井平台自航前往 LS17-2-1 井位

五、下 BOP 和隔水管并试压

起甩无浮力块隔水管 1 根，安装试压工具及试压管线，固井泵对阻流和压井管线试
压，低压 300psi/5min，高压 10000psi/15min，合格；水下试压泵对增压和两条控制液注入
管线试压，低压 300psi/5min，高压 5000psi/15min，合格。

连接下入带浮力块隔水管 9 根及充液阀短节，每根隔水管安装控制管线卡箍 2 个，安装
试压工具及试压管线，固井泵对阻流和压井管线试压，低压 300psi/5min，高压 10000psi/15min，
合格；水下试压泵对增压和两条控制液注入管线试压，低压 300psi/5min，高压 5000psi/15min，
合格；ROV 回收防腐帽，清洗高压井口头，放置 VX 钢圈。

下入伸缩节及升高短节，安装 5 根鹅颈管至伸缩节。期间月池解除隔水管张力器固
定。ROV 观察导管水平仪：3、4 象限 0.5°。Mudmat 水平仪：1、4 象限 0.5°。固井泵对
阻流和压井管线试压，低压 300psi/5min，高压 10000psi/15min，合格；水下试压泵对增压
和两条控制液注入管线试压，低压 300psi/5min，高压 5000psi/15min，合格。月池区域安
装蓝黄盒控制管线卡箍及支撑架，连接下入隔水管，移隔水管张力器至井口下方，挂支撑
环，安装伸缩节控制管线、隔水管张力器控制管线及潮差绳，移船至距井位 10m，模拟对
井口，移船，对井口，坐防喷器，下放 50klb，锁紧井口连接器，过提 50klb，确认锁紧。
坐防喷器到位后，ROV 观察 BOP 组水平仪 0.5°（50°方向），LMRP 水平仪 0.5°（290°方
向），导管及 Mudmat 水平仪读数未变。

关钻杆剪切闸板对井口连接器试压，低压 300psi/5min，高压 3500psi/15min，合格。调节隔水管张力器张力，解锁并打开伸缩节内外筒，甩送入隔水管，连接下入挠性接头，安装转喷器并锁紧，期间 ROV 向井口连接器注入 100L 乙二醇。拆甩隔水管卡盘、万向节及承重盘。

六、防喷器组试压及功能测试

组合 $9\frac{5}{8}$in 抗磨补心及试压杯，安装钻杆动力卡瓦，下 $9\frac{5}{8}$in 抗磨补心及试压杯至 960m，对转喷器功能试验，海水从左、右舷放喷管线排出，转喷器关闭时间 45s，合格；下 $9\frac{5}{8}$in 抗磨补心及试压杯到位。在司钻控制面板用蓝盒对防喷器组及水下事故阀试压，上、下万能试压，低压 300psi/5min，高压 6000psi/15min，合格；上、中闸板试压，低压 300psi/5min，高压 6000psi/15min，合格；水下事故阀试压，低压 300psi/5min，高压 6000psi/15min，合格；其间钻台预接 $4\frac{1}{2}$in PH4 油管 1 柱，累计预接 20 柱；在队长控制面板用黄盒对防喷器组进行功能测试，合格。起试压塞至 130m，其间在队长控制面板用黄盒对水下事故阀进行功能测试，合格。移除钻杆动力卡瓦，安装钻杆手提卡瓦，起甩 $9\frac{5}{8}$in 抗磨补心送入工具及试压杯。

七、钻水泥塞和桥塞

钻具组合：$8\frac{3}{8}$in 牙轮钻头+浮阀接头（带阀芯）+$6\frac{1}{2}$in 钻铤 11 根+$6\frac{1}{2}$in 震击器（带挠性接头）+变扣接头（VX57 B×411）+$5\frac{7}{8}$in 加重钻杆 12 根。

（一）钻 2#临时封井水泥塞

下钻探 2#临时封井水泥塞面至 1590m。海水钻 2#临时封井水泥塞至 1710m。钻井参数：2～5klb，60r/min，3600L/min，1700～1800psi，1000～4000 lbf·ft；增压泵排量，3600L/min；每柱泵入稠浆 20m^3 清扫井眼。循环参数：3600L/min，1750psi；增压泵排量，3600L/min；泵入稠浆 25m^3 清扫井眼。

（二）钻 1#临时封井水泥塞

下钻探 1#临时封井水泥塞面至 3413m。海水钻 1#临时封井水泥塞至 3436.5m。钻井参数：2～5klb，60r/min，3600L/min，2800～2850psi，1000～4000 lb·ft；增压泵排量，3600L/min。循环参数：3800L/min，2800psi；增压泵排量，3600L/min；泵入稠浆 25m^3 清扫井眼。期间安装钻杆动力卡瓦，钻台预接 $4\frac{1}{2}$in PH4 油管 30 柱。

起钻至隔水管内，关钻杆剪切闸板，对 $9\frac{5}{8}$in 套管试压：300psi/5min，4500psi/30min，合格。

第三节　测试作业

一、刮管洗井

刮管钻具组合：冲洗头（VX57 B）+5.875in 钻杆 1 柱+变扣接头（410×VX57 P）+$9\frac{5}{8}$in 旋转刮管器（410×411）+$9\frac{5}{8}$in 强磁（410×411）+$9\frac{5}{8}$in 套管刷（410×411）+ $9\frac{5}{8}$in 多功能过滤器（410×411）+变扣接头（VX57 B×411）+5.875in 钻杆 41 柱+变扣接头

（410×VX57 P）+BOP 喷射接头（410×411）+变扣接头（VX57 B×411）+5.875in 钻杆 10 柱+变扣接头（410×VX57 P）+19.63in 隔水管刷+变扣接头（VX57 B×411）+5.875in 钻杆 39 柱。

（1）刮管：下钻至 1450~1475m 循环海水冲洗防喷器，活动上、中、下闸板后，大排量循环冲洗一周。重点刮管井段：1550~1800m 及 3100~3430m。管柱下至 3430m，测上提／下放悬重：415000 lb/400000 lb。

（2）循环洗井：正替入清洗液 15m³+清洁液 15m³+高黏携砂液 15m³，海水顶替，循环洗井至返出干净。循环参数：2700~3900L/min，950~1650psi。停泵前测海水氯根：18000mg/L。

（3）替测试液：正循环替入 1.30g/cm³ 氯化钙盐水测试液。循环参数：2900~3800L/min，1000~1300psi。在 3160~3430m 替入储层保护射孔液，并用测试液顶替到位。

（4）加泄压试压：循环期间，关闭下万能防喷器，对钻井泵进行加泄压试验，参数如图 8-3 所示。

2#钻井泵	4#钻井泵
泵压：1100psi	1100psi
时间：60s	60s
泵入量：296L	296L
泵压：1100~1400psi	1100~1400psi
时间：45s	45s
泵入量：114L	114L
泵压：0~1400psi	0~1400psi
时间：45s	45s
针阀开度：10%	针阀开度：10%
泵压：553psi	553psi
时间：5s	5s
泵入量：114L	114L
泵压：553~640psi	553~640psi
时间：60s	60s
泵入量：22.8L	22.8L
泵压：0~640psi	0~640psi
时间：45s	45s
针阀开度：12%	针阀开度：12%

图 8-3　加泄压试验参数表

（5）起刮管管柱冲洗 BOP：起钻至 3086m，投 2.875in 堵头，小排量送堵头到位，继续加压至 1400psi 剪切 BOP 冲洗接头销钉，打开冲洗头，上下活动管柱冲洗 BOP。冲洗参数：排量 3000~4000L/min，1000~1300psi。其间开启增压泵，循环一个隔水管内容积。起钻完，检查刮管器刀片状态正常；回收刮管碎屑（图 8-4）占多功能过滤器容积的 20%，合格。

图 8-4　回收刮管碎屑

二、钻杆一趟下入打印及坐封封隔器管柱

（1）组合下入 9⅝in Quantum Max 插入式封隔器，并小排量循环打通。下钻至 1800m，连接模拟悬挂器。测上提/下放悬重：256klb/252klb。在模拟悬挂器上部第一根钻杆涂抹白油漆。下钻至 3279m，开补偿器将模拟悬挂器坐于井口抗磨补心。坐挂前测上提/下放悬重：380klb/376klb。下钻期间铁钻工故障，使用大钳上扣。

（2）电测校深：更换电测专用长吊环及手动吊卡；开补偿器，将模拟悬挂器坐于井口抗磨补心，悬重下放至 244klb；电测校深，关中、上闸板防喷器进行打印。封隔器比设计深度深 12.023m。

（3）坐封封隔器：拆电测井口及测试专用长吊环，更换 5⅞in 气动吊卡；接顶驱，小排量循环打通，投 41.275mm 坐封球，其间修理铁钻工；上提管柱至设计位置，坐封、验封封隔器。

①坐封程序：管柱内正加压 1650psi/20min，泄压至 0。

②验挂：过提 20klb，下压 20klb，验挂合格。

③验封：关下万能防喷器，环空打压 1000psi/5min，稳压合格。

④坐封后封隔器顶部深度：3260.25m。

⑤管柱内正加压至 2650psi/5min，泄压至 0，过提 26klb，脱手成功。

⑥上提 5m，管柱内正加压 3700psi 剪切球座。

⑦下压 60klb，管柱内加压 2000psi/10min，对封隔器下部密封验封合格。

⑧下压 20klb，加压 4000psi/10min，封隔器环空验封合格。

（4）压井、阻流管线摩阻测试：起钻至 1880m，起甩模拟悬挂器，记录打印数据，继续起钻，其间做压井、阻流管线摩阻测试（关剪切闸板防喷器）：

测试液相对密度 1.3，漏斗黏度 26s；

钻井泵参数见表 8-2。

表 8-2　钻井泵参数

钻井泵	行程（冲次/min）			备注
	20	30	40	
2#	190psi	310psi	490psi	压井管线泵入，阻流管线返出
4#	170psi	280psi	430psi	压井管线泵入，阻流管线返出

（5）起甩封隔器坐封服务工具：起钻至封隔器坐封服务工具，起甩封隔器坐封服务工具，检查服务工具正常。井口连接地面测试树下部变扣及 1 根 4½in PH4 油管，安装油管钳台架，更换吊卡及吊环。

三、下模拟管柱

射孔枪组合：枪尾+114 射孔枪+114 安全枪+枪头+液压延时点火头+2⅞in EUE 倒角短油管+长槽筛管+盲堵+2⅞in EUE 倒角油管+机械脱手装置+2⅞in EUE 倒角油管。

DST 工具组合：变扣+防砂筛管 3 根+变扣+压力计托筒（2 个管外，2 个管内）+变扣+插入定位密封单元+插入定位+变扣+油管试压阀（碟阀）TFTV+压力计托筒（3 个管内，1 个管外）+单向取样器 SCAR+智能双阀（循环阀+测试阀）IRDV+智能双阀（循环阀+测试阀）IRDV+变扣+4½in PH4 油管 2 根+变扣+反循环阀 SHRV+放射性接头 RA+变扣。

（1）DST 工具组合试压：下入防砂筛管及 DST 工具组合后，接 1 根 4½in PH4 油管，用测试液对 DST 工具组合试压，300psi/5min，6000psi/15min，合格。

（2）下入模拟管柱至化学药剂注入阀：移除钻杆动力卡瓦，安装 4½in 油管动力卡瓦。边接边下 4½in PH4 油管单根至 960m。用测试液对测试管柱试压：300psi/5min，6000psi/15min，合格。边接边下 4½in PH4 油管单根至 1348m。连接化学药剂注入阀及化学药剂注入管线并对测试管柱试压：

①管柱内加压 1000psi/3min，进行试注入，管柱内压力从 1000psi 上涨至 1140psi，注入正常；

②管柱内加压 5080psi/5min，保持管柱压力，以 1L/min 进行试注入，管柱内压力从 5080psi 上涨至 5200psi，注入正常；

③对测试管柱整体试压 6000psi/15min，稳压合格；

④保持管柱压力 6000psi，化学药剂注入端泄压至 800psi，单流阀功能测试，合格。

（3）下入模拟管柱至模拟悬挂器：边接边下 4½in PH4 油管单根至 1865m，其间每两根油管打化学药剂注入管线保护卡。用测试液对测试管柱试压：300psi/5min，6000psi/15min，合格。拆甩油管钳台架，更换 5⅞in 钻杆吊卡及吊环，测上提/下放悬重：222klb/220klb，连接模拟悬挂器。边接边下 5⅞in 钻杆立柱至 3300m，测上提/下放悬重：343klb/340klb。

（4）电测校深，起出上部送入管柱，配长：更换电测专用长吊环及手动吊卡，开补偿器，将模拟悬挂器坐于井口抗磨补心，安装电测井口，电测校深结果为管柱浅 12.293m，校深期间钻台打印中、上闸板防喷器。拆电测井口及专用长吊环，更换 5⅞in 钻杆吊环及吊卡，起钻至模拟悬挂器，起甩模拟悬挂器，记录打印数据。安装油管钳台架，更换吊环及吊卡。

四、下测试管柱

（1）连接水下测试树系统：连接 3/8in 化学药剂注入管线，配长单根、油管短节、水下测试树、滞留阀、储能器及立管控制模块，其间向储能器及立管控制模块上部腔室注入绝缘液 FR3，向下部腔室注入控制液 HT2；连接储能器及立管控制模块内部液控管线。

（2）水下测试树及滞留阀进行功能测试：

①对水下测试树及滞留阀的球阀进行开关功能试验；

②对水下测试树液控管线加压 5000psi，储能器加压 10000psi，并保持压力入井。

（3）测试管柱试压，并进行井下及水下测试树化学药剂试注入：安装 4½in 油管动力卡瓦，连接扶正器、快速接头至测试管柱，对测试管柱试压，并进行井下及水下化学药剂试注入。

①管柱内加压 1000psi/3min，进行试注入，管柱内压力从 1000psi 上涨至 1100psi，注入正常；

②管柱内加压 4500psi/5min，保持管柱压力，以 1L/min 排量进行试注入，管柱内压力从 4500psi 上涨至 4590psi，注入正常；

③对测试管柱整体试压 6000psi/15min，稳压合格。

（4）下入测试管柱到位：下入 4½in PH4 油管立柱至 3326m，其间每两根油管打一个脐带缆保护卡。连接防喷阀及其液压控制管线并做功能试验，合格。下测试管柱至 3341m。用测试液对测试管柱整体试压：300psi/5min，6000psi/15min，合格。其间分别通过两条管线进行试注入，注入正常。拆甩油管钳台架，更换 5½in 钻杆吊卡及吊环。

五、安装地面测试流程

（1）安装连续油管提升架及流动头：吊装连续油管提升架，安装地面测试树至提升架。

（2）化学药剂试注入：将化学药剂注入管线内的乙二醇替换为甲醇，注入参数如下。

①井下注入管线：注入排量 1.2L/min，注入压力 4000~4500psi。

②水下测试树注入管线：注入排量 3.8L/min，注入压力 1000psi。

（3）连接地面测试流程并试压：连接 4in 高压挠性软管及固井管线至地面测试树，4in 高压挠性软管至地面测试流程，地面测试树下部配长油管短节，并与测试管柱对接。安装地面测试树液压控制管线，并对测试树各液动阀进行功能测试合格。对地面紧急关断系统测试合格。对地面测试流程和测试管柱整体试压。

①整体试压：300psi/5min，6000psi/15min，合格。

②对生产阀及压井单流阀进行负压测试：6000psi/15min，合格。

（4）坐挂悬挂器：打开补偿器，将插入密封插入封隔器，插入密封进封隔器之前测上提/下放悬重为 366klb/365klb，在设计深度坐挂悬挂器，坐挂后悬重 260klb。

（5）低泵速试验：关闭中闸板防喷器，环空加压 1200psi 锁开油管试压阀。环空加压打开 IRDV-CV，打开防喷器，做低泵速试验：

①测试液相对密度 1.3，漏斗黏度 26s；

②4# 钻井泵参数见表 8-3。

表 8-3　4#钻井泵参数

行程（冲次/min）	20	30	40
泵压（psi）	170	370	630

（6）其间对所有地面紧急关断系统进行测试。

六、射孔，开关井

（一）射孔，点火

测试管柱内替入 113bbl 密度为 1.07g/cm³ 乙二醇混配的诱喷液垫。关闭中、上闸板防喷器，环空加压关闭 IRDV-CV，打开 IRDV-TV。固井泵正加压至 5200psi 点火，稳压 1min 后泄压至 80psi，延时等待；枪响。

（二）开井

（1）初开井清喷：使用 12.7mm 固定油嘴，尝试进分离器。

（2）初开井求产：

①12.7mm 固定油嘴进行求产，其间环空加压至 2300psi，稳压 15min 后泄压至 600psi，取第一组井下 PVT 样；

②9.525mm 固定油嘴进行求产，其间环空加压至 2950psi，稳压 15min 后泄压至 600psi，取第二组井下 PVT 样；

③19.05mm 固定油嘴进行求产；

④25.4mm 固定油嘴进行求产。

测试放喷求产现场如图 8-5 所示。

图 8-5　测试放喷求产

（3）初关井：环空泄压至 0 关闭 IRDV-TV，管柱内流体走燃烧臂燃烧，油嘴管汇处压力泄压至 100psi，关闭地面测试树生产翼阀，关闭油嘴管汇观察。

七、压井

（一）压井

（1）开生产翼阀，气体导至燃烧臂燃烧，开压井翼阀，固井泵小排量向管柱内泵入

17.5m³ 密度为 1.3g/cm³ 的测试液。

（2）反循环排气：关闭压井翼阀，环空加压打开 IRDV-CV，反循环 24.8m³ 测试液，返出天然气走燃烧臂燃烧，循环至进出口测试液密度一致后停泵。循环参数：440~780L/min，220~490psi。

（3）正挤储层保护液：固井泵正替入 8m³ 储层保护液，用测试液顶替至循环阀位置。关闭 IRDV-CV，打开 IRDV-TV，观察井口压力为 0，固井泵正挤 2.28m³ 储层保护液至封隔器以下套管环空及射孔段位置。挤注参数：0.1~0.5bbl/min，200~390psi。

（4）反循环排气：环空加压关闭 IRDV-TV 阀，打开 IRDV-CV 阀，反循环 21m³ 测试液，返出天然气走燃烧臂燃烧。循环参数：150~680L/min，560~800psi。期间保持井下和水下测试树同时进行化学药剂注入。

（5）正循环压井：关闭 IRDV-CV 阀，打开 IRDV-TV 阀，上提管柱 12.5m，关闭下万能防喷器，正循环 1.3g/cm³ 测试液压井至进出口测试液密度一致。循环参数：900L/min，1400psi；其间最高气测值 7.1%。

（6）处理圈闭气：从增压管线向万能防喷器上部隔水管内替入 1.37g/cm³ 的测试液 57.7m³，导通阻流管线，打开下万能防喷器，通过阻流管线诱导圈闭气至地面进行处理，并将压井阻流管线内替成 1.30g/cm³ 的测试液。阻流管线返出流体进平台油气分离器进行处理；返出最高气测值 17%。

（7）正循环密度为 1.3g/cm³ 的测试液压井至进出口密度一致，气测值稳定下降至 1% 以下。循环参数：890~1030L/min，1600~1770psi。期间最大气测值为 16%。观察井筒稳定，无溢流。

（二）起测试管柱

（1）拆甩连续油管提升架及测试树：拆甩地面测试树 4in 高压挠性软管及固井管线、地面测试树液压控制管线，并拆甩地面测试树下部油管短节、地面测试树及连续油管提升架。

（2）起测试管柱至放喷阀：更换 4½in PH4 油管吊环及气动吊卡；起测试管柱至防喷阀，其间边起边回收水下测试树脐带缆；拆除防喷阀液压控制管线，拆甩扶正器及防喷阀。

（3）起测试管柱至水下测试树：其间边起边回收水下测试树脐带缆；将 RCM 液压控制管线泄压至 0，拆甩水下测试树、储能器及 RCM，并拆除脐带缆。

（4）起测试管柱至化学药剂注入阀：其间边起边回收化学药剂注入管线；拆甩化学药剂注入阀。

（5）起测试管柱至 DST 工具：起甩 DST 工具组合，检查压力计数据正常，单相取样器正常取样；起甩射孔枪组合，检查射孔枪发射率为 100%，射孔位置正确。

八、油气层封隔

（一）回收封隔器

钻具组合：Quantum Max 封隔器回收工具（310）+变扣接头（410×311）+变扣接头（VX57 B×411）+变扣接头（VX57 P×431）+浮阀接头（430×410）+变扣接头（VX57 B×411）+短钻杆 1 根+变扣（410×VX57 P）+6½in 钻铤（带震击器）+变扣（VX57 B×411）+

$5\frac{7}{8}$in钻杆立柱。

（1）其间每下入 500m，管柱内灌满测试液。

（2）其间每下入 1000m 循环打通，循环参数为 1345L/min，57~80psi。

（3）下至 Quantum Max 封隔器顶部之前，测上提/下放悬重：383klb/380klb。回收 Quantum Max 封隔器。

（4）过提 20klb，剪切封隔器解封滑套，未能解封。

（5）逐步增加过提量至 35klb，反复尝试多次解封封隔器，未能解封。

（6）增加过提量至 49klb，激活回收工具解锁环，逐步增加过提量至 75klb，反复尝试多次，未能解封。

（7）过提 100klb 激活机械液压式震击器，过提 40klb，震击一次，解封封隔器，上提悬重 388klb，下探 2m，确认封隔器回收成功。

（8）排气：关闭防喷器，正循环排气，返出走压井阻流管汇。

①循环参数：450~810L/min，240~750psi。

②其间拆甩 $4\frac{1}{2}$in PH4 油管立柱 6 柱。

③其间最大气测值为 2.6%。

（9）起钻至震击器。移除钻杆动力卡瓦，安装钻杆手动卡瓦。起钻完，拆甩 Quantum Max 封隔器回收工具。

（二）钻杆下桥塞

（1）坐封桥塞程序如下。

①坐封：在坐封位置上提管柱 0.6m，管柱正转 20 圈，下放至设计深度，过提 40klb，保持 5min，下压 40klb，保持 5min。

②验挂：过提 40klb，保持 3min，验挂合格。

③脱手：过提 2klb，正转管柱 5 圈，成功脱手。

④验封：关上万能防喷器及上闸板防喷器，对桥塞试压，300psi/5min，2000psi/15min，稳压合格。

⑤桥塞坐封顶部深度：3307m。

（2）桥塞负压测试。

①上提管柱至 3304m，管柱内正替入 35m³ 海水。

②根据地层压力系数为 1.202，3307m 处地层压力为 5648psi，管柱内静液柱压力为 5006psi，负压值为 642psi。

③关闭上万能防喷器及上闸板防喷器，观察立管压力为 930psi，缓慢泄压至 300psi，关闭回流阀，监测立管压力稳定，打开回流阀泄压至 0，观察 15min，无回流，负压测试合格。

（3）反循环 1.3g/cm³ 测试液替出管柱内海水至进出口密度一致，循环参数：1190~1215L/min，128~700psi。起钻完，检查桥塞坐封工具正常。

（三）打水泥塞探塞试压，转入钻井临时弃井作业

（1）组合下入打水泥塞钻具至设计深度，循环。循环参数：3080L/min，1190~1320psi。其间对固井地面管线试压：300psi/5min，2500psi/15min，稳压合格。

（2）打 1# 弃井水泥塞，封固井段 3156~3306m。

①固井泵注入隔离液 30bbl；

②固井泵混泵平均密度为 1.9g/cm³ 的水泥浆 36.1bbl，耗混合水 24bbl，G 级纯水泥 8t；

③固井泵注入隔离液 20bbl；

④固井泵顶替盐水 217bbl；

⑤泄压检查无回流。

（3）起钻至 3040m 接固井管线，反循环出多余水泥浆，循环参数：1800L/min，1020~1250psi。起钻 1 柱，倒正循环流程，循环候凝。循环参数：1120~1140L/min，320~400psi。其间修理吊环摆臂及铁钻工。

（4）下压 8klb 探水泥塞顶部深度 3121m。2014 年 8 月 27 日 0:00 测试作业结束，转入钻井弃井作业。

第四节　结　　语

陵水 17-2 气田位于海南岛东南 150km 处，水深 1500m，海床低温温度仅为 4℃，作业风险高、技术难度大。针对该难题，中国海油湛江分公司开展 16 项专项研究，制订了科学合理的工程方案，创新了深水钻完井工艺，贯彻勘探开发一体化理念，形成了具有自主知识产权国际先进的深水钻完井技术：首次在陵水 17-2 气田钻探作业中成功实现探井转为开发井；特别是利用自主研发的测试地面流程模块化设备，进行首次自营深水油气测试作业。同时所有钻探作业安全高效完成，创造了中国海域深水最高作业效率，平均一口井钻井作业时间降低 38.5%，投资成本降低 65%，也就是说国外公司 1 口井的投资成本，我们可以钻探 2~3 口井。本次测试是海洋石油 981 平台建成以来的首次测试作业，同时也创造了中国海域自营气田测试日产量最高纪录。本气田的发现更加坚定了中国海油在南海寻找大油气田、进军远海的信心和决心。中国海油将以陵水 17-2 深水气田重大发现为契机，继续落实建设海洋强国、加快海洋石油工业发展的战略部署，加快海洋油气勘探开发步伐，随时做好到南海中南部勘探开发的准备。